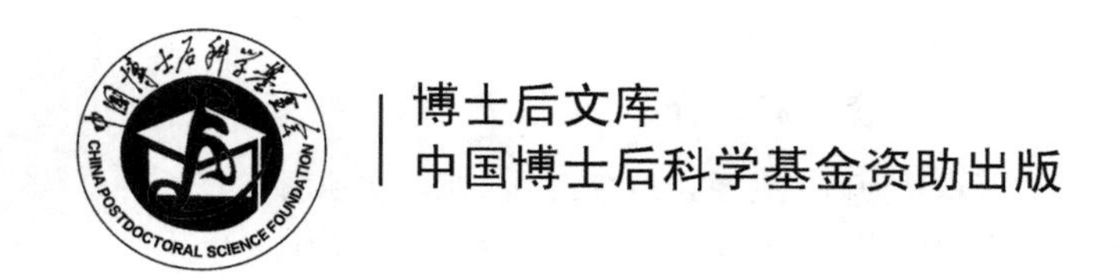

博士后文库
中国博士后科学基金资助出版

哈尔滨城市森林特征与生态服务功能

王文杰　著

科学出版社
北京

内 容 简 介

本书以哈尔滨市建成区森林为研究对象，结合相关文献，实地调查了市区内城市森林的树种和鸟类组成，实测了树木胸径、枝下高、冠幅、乔灌草组成、林分健康（叶色及支架）等森林群落基本参数，基于实测空气温度、湿度、光照、土壤温度等气象参数计算了多重森林微气候调节功能，室内测定了叶片滞尘量及其化学组成，土壤有机碳、氮、磷、钾，以及土壤容重、pH、电导率和含水量等理化性质，旨在从城市森林基本组成特征、遮阴降温增湿功能、物种多样性保护功能、固碳功能、滞尘功能、土壤肥力维持、网络街景数据新方法等多角度探究城市森林特征与生态服务功能及其调控提升的可能性。全书共分 13 章，相关研究成果对哈尔滨城市绿化建设、植被管理及其科学评价具有指导意义。

本书适合城市生态学、环境科学、城市园林等领域的科研工作者、研究生使用，也可为相关行政管理部门提供参考与数据支撑。

图书在版编目（CIP）数据

哈尔滨城市森林特征与生态服务功能/王文杰著. —北京：科学出版社，2019.10

（博士后文库）

ISBN 978-7-03-061537-4

Ⅰ. ①哈… Ⅱ. ①王… Ⅲ. ①城市林－特征－研究－哈尔滨 ②城市林－生态系统－服务功能－研究－哈尔滨 Ⅳ. ①S731.2

中国版本图书馆 CIP 数据核字(2019)第 109423 号

责任编辑：张会格 白 雪 / 责任校对：郑金红
责任印制：吴兆东 / 封面设计：刘新新

科学出版社 出版
北京东黄城根北街 16 号
邮政编码：100717
http://www.sciencep.com

北京虎彩文化传播有限公司 印刷
科学出版社发行 各地新华书店经销
*
2019 年 10 月第 一 版 开本：B5 (720×1000)
2019 年 10 月第一次印刷 印张：13 3/4
字数：277 000

定价：149.00 元

(如有印装质量问题，我社负责调换)

《博士后文库》编委会名单

《博士后文库》序言

1985年，在李政道先生的倡议和邓小平同志的亲自关怀下，我国建立了博士后制度，同时设立了博士后科学基金。30多年来，在党和国家的高度重视下，在社会各方面的关心和支持下，博士后制度为我国培养了一大批青年高层次创新人才。在这一过程中，博士后科学基金发挥了不可替代的独特作用。

博士后科学基金是中国特色博士后制度的重要组成部分，专门用于资助博士后研究人员开展创新探索。博士后科学基金的资助，对正处于独立科研生涯起步阶段的博士后研究人员来说，适逢其时，有利于培养他们独立的科研人格、在选题方面的竞争意识以及负责的精神，是他们独立从事科研工作的“第一桶金”。尽管博士后科学基金资助金额不大，但对博士后青年创新人才的培养和激励作用不可估量。四两拨千斤，博士后科学基金有效地推动了博士后研究人员迅速成长为高水平的研究人才，“小基金发挥了大作用”。

在博士后科学基金的资助下，博士后研究人员的优秀学术成果不断涌现。2013年，为提高博士后科学基金的资助效益，中国博士后科学基金会联合科学出版社开展了博士后优秀学术专著出版资助工作，通过专家评审遴选出优秀的博士后学术著作，收入《博士后文库》，由博士后科学基金资助、科学出版社出版。我们希望，借此打造专属于博士后学术创新的旗舰图书品牌，激励博士后研究人员潜心科研，扎实治学，提升博士后优秀学术成果的社会影响力。

2015年，国务院办公厅印发了《关于改革完善博士后制度的意见》（国办发〔2015〕87号），将“实施自然科学、人文社会科学优秀博士后论著出版支持计划”作为“十三五”期间博士后工作的重要内容和提升博士后研究人员培养质量的重要手段，这更加凸显了出版资助工作的意义。我相信，我们提供的这个出版资助平台将对博士后研究人员激发创新智慧、凝聚创新力量发挥独特的作用，促使博士后研究人员的创新成果更好地服务于创新驱动发展战略和创新型国家的建设。

祝愿广大博士后研究人员在博士后科学基金的资助下早日成长为栋梁之才，为实现中华民族伟大复兴的中国梦做出更大的贡献。

中国博士后科学基金会理事长

前　　言

城市化正在全球快速扩张，在提升居民生活水平的同时，也使生态环境受到巨大的威胁。城市森林，作为城市地域内绿化的主体，在改善小气候、保护生物多样性、维持碳氧平衡、净化空气、保持土壤肥力等方面起到重要作用。国家已经把森林城市建设作为改善城乡生态环境和民生福祉、促进城市转型升级和绿色发展的重要手段。

哈尔滨作为中国最北端的省会城市，自 1896 年中东铁路修建以来，便开始了城市化进程，在经济快速发展的同时，也面临着日益严重的城市环境问题。当前，对哈尔滨城市森林特征与生态服务功能尚未开展系统的研究，深入探究生态服务功能与城市森林特征演变规律，将有助于城市森林绿地建设，为东北老工业基地城市森林建设提供理论支撑。本书共分 13 章，主要论述了哈尔滨城市森林的基本组成特征、遮阴降温增湿功能、物种多样性保护功能、固碳功能、滞尘功能、土壤肥力维持及其相关调控提升建议。

主要研究内容为：第 1 章简要介绍了目前城市森林生态服务功能的研究进展及哈尔滨市自然地理概况、社会经济状况和历史沿革。第 2 章概述了哈尔滨城市森林城市植被组成、结构与空间分布特征。第 3 章介绍了哈尔滨市近 30 年来城市土地利用类型的变化。第 4 章对哈尔滨城市森林树种组成的配置合理性进行了评价。第 5 章阐述了哈尔滨城市绿地土壤肥力空间分布格局特征。第 6 章将历史数据与实测数据相结合，探讨了哈尔滨城市木本植物多样性、功能群变化规律及其与鸟类组成变化的关系。第 7 章从林型、环路、建成历史、行政区多个角度分析了城市树木生物量和土壤碳截获功能的变化规律。第 8 章运用遥感技术分析了城市森林景观格局特征与碳汇功能的关系，为从景观角度提升城市森林碳汇功能奠定基础。第 9 章分析了哈尔滨市森林遮阴、增湿、降温等生态服务功能，并探讨了其与树木大小和外在环境（光照、温度、湿度等）的关系。第 10 章选取哈尔滨市常见树种，开展树种叶片滞尘量及其化学组成差异研究，对通过优化种间配置、提升城市森林滞尘功能进行了探讨。第 11 章以哈尔滨市主要造林树种为对象，综合排序其对土壤肥力、理化性质与碳截获影响能力差异，相关结果为城市造林树种的科学选择提供依据。第 12 章利用百度街景对哈尔滨城市行道树树木大小及健康状况进行了评价，探究了利用网络大数据开展城市森林研究的可能性。第 13 章归纳总结了哈尔滨城市森林特征与生态服务功能及其影响因素，对今后哈尔滨城市森林建设提出了建议。

本研究是在笔者主持的中国科学院百人计划项目（Y3H1051001）、国家自然基金项目（41373075）、中国科学院重点部署项目（KFZD-SW-302-04）与中央高校基本科研业务费专项资助下完成的，特致殷切谢意。本书内容部分来自笔者指导的研究生吕海亮、肖路、张波、周伟、徐海军、王洪元、刘晓等的学位论文。特别致谢中国博士后出版基金对本书出版的资助，特别致谢城市森林研究领域著名科学家、中国科学院东北地理与农业生态研究所何兴元所长对本研究的大力支持与帮助。此外，限于作者的水平，本书尚存在诸多缺点和疏漏，恳请读者批评指正。

王文杰

2019年4月8日

目　　录

第1章　绪　　论

1.1　城市森林的概念与分类

1.1.1　城市森林的概念

城市森林指分布于城市中，以乔木为主体且达到一定规模的生物和非生物综合体。城市森林的概念20世纪六七十年代由美国首次提出，之后多学科交叉进行了广泛的探讨。欧洲80年代主要在学术领域进行了较多的独立思考，且多数是在美国相关启蒙的基础上开展（Konijnendijk et al. 2006）。我国于20世纪80年代开始城市森林的研究，在21世纪初随着经济发展和城市化发展而迅速发展，起步较晚但成果颇多。

关于城市森林的定义，不同国家存在一些差异。美国有学者认为：城市森林是城市内及人口密集的聚居区周围所有木本植物及其相伴植物，是一系列街区林分的总和，它是城市环境的重要组成部分，既包括郊区人口聚集区分布的森林树木，也包括大都会区域内分布的森林与树木（Konijnendijk et al. 2006）。欧洲学者更加狭义地把城市森林定义为城市及周围的木本植物群落（woodland）。我国城市森林研究者认为：城市森林是指生长在城市（包括郊区）、对所在环境有明显改善作用的林地及其相关植被。它是具有一定规模、以林木为主体、包括各种类型（乔、灌、藤、竹、草本植物和水生植物等）的森林植物、栽培植物和生活在其间的动物、微生物及它们赖以生存的气候与土壤等自然因素的总称（刘常富等 2003）。

国家林业局（现国家林业和草原局）正在开展国家森林城市的评选。从2004年起，全国绿化委员会、国家林业局启动了"国家森林城市"评定程序，并制定了《"国家森林城市"评价指标》和《"国家森林城市"申报办法》。其宗旨是"让森林走进城市，让城市拥抱森林"，现已成为保护城市生态环境、提升城市形象和竞争力、推动区域经济持续健康发展的新理念。2016年8月，国家林业局发布关于《国家森林城市称号批准办法》（以下简称《办法》）公开征求意见的通知。《办法》指出，国家林业局批准国家森林城市称号后，应当组织有关方面每3年进行复查。

本章主要撰写者为王文杰、肖路和吕海亮。

1.1.2 城市森林的分类

根据位置、功能及管理方式等的不同，可把国内城市森林与树木分成不同类型。何兴元等（2004）把城市森林分为：道路林（road forest，RF；主要包括各种铁路、公路与街道的行道树，保护道路、指引交通及改善环境）、附属林（affiliated forest，AF；主要包括城市居住区和企事业单位的建筑物周围及附近的城市森林，为城市居民提供休闲娱乐的空间，改善居住区与办公区等环境质量）、风景游憩林（landscape and relaxation forest，LF；主要包括普通公园、森林公园及风景名胜林等，为人们提供风景游憩功能）、生态公益林（ecological public welfare forest，EF；主要是在城市及其周边范围内，防风、保持水土、防洪护堤及减少污染与噪声）及生产经营林（production forest，PF，主要是生产性苗圃等）。这一分类系统目前在国内使用比较普遍。

此外，为了不同的研究目的，往往还根据行政区进行划分，相关研究结果更有助于行政部门的政策依据。也有研究按照城乡梯度进行划分，如按环路发展分成一环内森林、二环内森林、三环区域森林等；又如按建成历史分成建成100年区域森林、建成80年区域森林等。根据环路、建成历史等城乡梯度划分是理解城市化效应对城市森林作用的很好的方式。

1.2 城市森林生态服务功能

由于城市森林与自然森林的位置差异，城市森林的生态服务功能更加与人类自身利益相关（图1-1）。城市森林的生态服务功能是指城市森林生态系统为维持市民身心健康提供物态和心态产品、环境资源和生态公益的能力。它在一定时空范围内，为人类社会提供生态服务功能，如调节微气候、维持生物多样性、固碳释氧、滞尘、维持土壤肥力及为人类提供鸟语花香的居住环境等。随着对可持续发展研究的深入，人们发现维护城市森林生态服务功能是实现城市可持续发展的基础。城市森林对于城市系统的可持续发展具有重要作用，维护和提高城市森林生态服务功能是实现城市可持续发展的基础。城市森林生态服务功能主要包含以下几个方面。

1.2.1 微气候调节功能

城市森林在城市遮阴、降温、增湿方面起着重要的作用。Shashua-Bar 和 Hoffman（2000）对比了林下与裸地气温，发现林下气温要比裸地低很多。Potchter 等（2006）对3种不同类型的城市公园进行了研究，结果发现盖度较高的绿地平

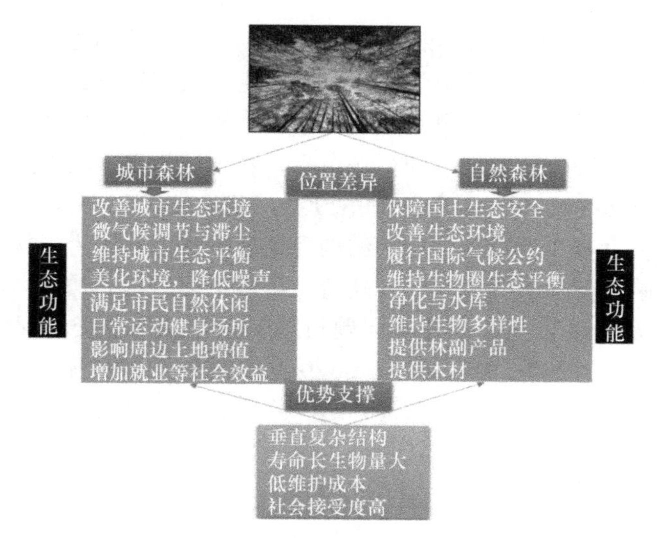

图 1-1 城市森林与野外森林的比较（彩图请扫封底二维码）

均可降温 3.5℃。地面温度与植被覆盖关系研究表明，城市绿地覆盖能够有效地降低地表温度（Tran et al. 2006）。Dimoudi 等（2013）在 2011 年夏季对比观测希腊北部某城市中街道和郊区小气候情况，发现城市中心街道比郊区温度高 5~5.5℃。小型公园降温效应的研究发现，公园空气温度与公园外建筑环境的温差高达 6.9℃（Oliveira et al. 2011）。除了降温外，Nasir 等（2015）指出植物还具有增湿并影响通风的功能。城市森林气候调节功能受到多种因素的影响，如不同下垫面降温效果不同，表现为乔木>灌木>草坪（Jonsson 2004）；太阳辐射强度和空气湿度在绿地降温效应中起关键性作用，且树木高大、郁闭度大的绿地降温效果更显著（Alexandri and Jones 2008）。Tsiros（2010）调查了树木对城市街道热环境和周围建筑耗能的影响，结果发现，在午后 14:00 时树荫下温度可以降低 0.5~1.6℃，树木可以有效降低日间 2.6%~8.6%的空调耗能。在绿色城市、生态城市、低碳城市的建设浪潮中，增加城市绿地面积和植被覆盖率、优化城市绿地空间格局，已被认为是缓解城市热岛效应、增强城市环境舒适度的重要方法。

1.2.2 物种多样性保护功能

城市森林在维持植物多样性方面起着重要作用。已有研究指出，城市森林与农区和人工林相比具有较高的植物种类，尤其是具有较多的科、属组成（Zerbe et al. 2003；Xiao et al. 2016）。随着经济的发展，人们越来越重视居住环境的美化，且更加重视城市的宜居性，在城市中建造了大量的城市公园等公共绿地，同时还大量引种观赏价值较高的外来种，人为养护提高了这些植物在城市的适应能力（Walker et al.

2009；Knapp et al. 2010；Ye et al. 2012）。但是，在广域范围内，不同城市间的绿化植物种类同质化已经引起了科学家的普遍关注（Groffman et al. 2014）。

城市森林也是重要的鸟类栖息地，其中木本植物群落构成对鸟类群落结构有显著影响。城市化的快速发展，使得城市森林甚至成为很多鸟类尤其是陆生鸟类的避难所（Jokimäki 1999；Melles et al. 2003；Xiao et al. 2016），而且还直接或间接地为鸟类提供食物。城市鸟类群落结构受植被丰富度、人为干扰、林地面积等多种因素的影响（阮亚男等 2009）。随着全球城市化进程的加快，城市污染、资源的过度利用及城市景观的变迁等问题日趋严重，城市鸟类的保护仍任重道远（Aldrich and Coffin 1980；Pautasso et al. 2011）。城市生态系统是一个复杂的组合体，其影响城市生物多样性的机理尚需进一步研究，而这又恰好是提升城市森林多样性保护能力的基础。

1.2.3 固碳释氧功能

固碳释氧是森林的另一重要生态服务功能。全球气候变化、CO_2浓度升高等给城市带来了诸多环境问题，同时城市化进程的加快、城市人口的增长迅速、建设用地面积的快速增长，导致城区碳排放不断增加，加剧破坏城市人居环境质量。城市森林作为生态系统的初级生产者，通过光合作用，利用可见光的能量，在光合色素的帮助下固定大气中的CO_2，并释放出O_2，调节自然界的物质循环与能量流动，维持空气中的碳氧平衡，以有机物的形式进行碳封存，形成一定规模的碳汇，达到改善空气质量、净化空气、维持城区碳氧平衡的作用，能够部分缓解全球变化与城市化背景下的碳排放增加压力。城市森林年固定CO_2量对工业碳排放的抵消从0.2%至18.57%不等（Zhao et al. 2010；Zhao et al. 2016）。

1.2.4 滞尘功能

在当前空气污染严重、雾霾频发的情况下，更多人关注城市森林树木在缓解雾霾方面的作用，其中滞尘功能是重要依托。空气污染及其对人体健康的危害已受到国际上的高度关注（Dockery et al. 1993；Shah and Balkhair 2011）。大气颗粒物（particulate matter）被广泛认为是对人体最为有害的空气污染物之一（Burke et al. 2001）。植物在清除大气颗粒物方面具有重要功能（Dzierzanowski et al. 2011；Tallis et al. 2011；Terzaghi et al. 2013；Janhäll 2015；Sgrigna et al. 2015），且不同种类植物的滞尘能力存在差异（Janhäll 2015；Sgrigna et al. 2015）。尽管也有研究认为，城市绿色植物挥发的有机物可能会增强雾霾的形成，树木降低风速能够减缓城市污染的流通，但是综合来看森林的益处远远大于其害处。若简单地将各种植物有机的组合并不能有效地发挥植物滞尘功能，只有深入了解植物种间滞尘能力的差异性，并在此基础上将不同种类植物进行合理的配置，方能有效地提升城市植被的滞尘功能。

1.2.5　土壤肥力维持

土壤是城市森林植被生长的物质基础，既可以为植被生长提供水分和营养物质，也可以调节温度、缓冲毒素。土壤质量好坏与植被健康与否有着直接的关系，其中土壤肥力是一个关键因子，对城市植被生态服务功能起到关键支撑作用（刘占锋等 2006）。土壤肥力是指土壤为植被生长提供水、肥、气、热的综合能力，是生态环境的综合反映（郭艳娜等 2004），土壤容重、pH、有机质、氮、磷、钾及其有效态等是土壤肥力的重要表现形式，其含量的高低及其空间分布特征将直接影响植物生产力（Li J et al. 2014；纪浩和董希斌 2012；张丽娜等 2013）。土壤肥力调控提升将为城市造林绿化提供基础。

城市化往往伴随着土壤质量的恶化，土壤物理性质、土壤肥力都会受到较大影响。土壤与植被是相互联系、相互影响的有机统一的整体，维持和恢复土壤自然肥力及人工施肥是提高土壤肥力的有效途径（郭艳娜等 2004）。在构建可持续发展城市进程中，建立基于自然的解决方法（nature-based solution）能够减少城市森林绿地的维护成本，而选择适宜树种能够有效改良、改善土壤。土壤肥力评价是土壤调控提升的前提，系统研究城市森林绿地土壤肥力特征，能够为基于土壤肥力特征的城市绿色基础设施建设与管理提供支撑，进而提升城市植被生态服务功能。

1.2.6　生态服务功能的调控提升

城市森林生态服务功能的调控提升是一个复杂的生态过程，其受到各种各样因素的影响。例如，受到树种组成的直接影响：城市森林树种组成与生物多样性保护、城市土壤肥力提升、碳汇功能等与生服务功能有着紧密的联系（Xiao et al. 2016；Zhai et al. 2017；路嘉丽等 2016）。合理的树种组成能够提升城市森林的生态服务功能，是保障城市绿地生态服务功能提升的最经济手段之一。

近年的研究表明，城市森林景观格局特征，如斑块大小、斑块形状、斑块聚集分散程度等可在一定程度上能够影响生态过程，改变森林斑块特征可改变森林斑块与周围环境的物质能量交换过程。例如，热量交换、空气交换等，进而影响城市森林的降温、降噪（Tucker et al. 2014），以及碳储存（Ren Z et al. 2013）及滞尘等功能。同时斑块大小、连通性及破碎化情况决定栖息地质量，能够影响物种多样性与丰富度（Di et al. 2009）。通过景观格局特征的适当调整，提升城市森林服务功能是低影响城市发展的重要手段。

城市森林生态服务功能是当前城市生态系统研究的热点之一，城市森林生态系统是森林生态系统的分支。我国已经建设森林城市 200 个左右，并且正在谋划建设森林城市群。城市森林研究兴起的时间不长，城市森林生态系统服务功能的综合研究还刚刚起步。开展这方面的研究无论从理论上还是实际应用意义上都是十分必要的。

1.3 哈尔滨自然地理概况

1.3.1 地理位置

哈尔滨市地处东北亚中心地带，位于中国东北平原东北部地区、黑龙江省南部，是我国东北地区重要的中心城市，也是第一条欧亚大陆桥和空中走廊的重要枢纽，素有“冰城”之称。黑龙江省省会城市，也是黑龙江省最大城市。地理坐标位于 44°04′~46°40′N、125°42′~130°10′E 之间。总面积 5.31 万 km^2，市辖区面积 1.0198 万 km^2。东与牡丹江市、七台河市接壤，北与伊春市、佳木斯市接壤，西与绥化市接壤，南与吉林省长春市、吉林市、延边朝鲜族自治州接壤（图 1-2）。

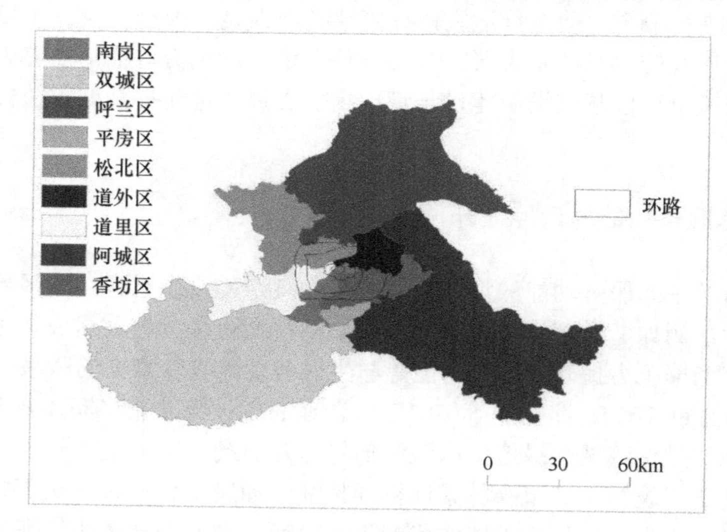

图 1-2 哈尔滨市重要城区

哈尔滨市境内的大小河流均属于松花江水系和牡丹江水系，主要有松花江、呼兰河、阿什河、拉林河、少陵河、五岳河、马家沟、何家沟和信义沟等。哈尔滨城市空间布局主要沿松花江沿岸分布，形成了典型的依河流建立的城市。境内松花江干流由西向东贯穿哈尔滨市地区中部，2011 年，哈尔滨政府充分利用湿地景观价值，借助湿地文化开展湿地生态旅游，并着力打造“万顷松江湿地，百里生态长廊”，松花江湿地规划区总面积约 1080km²。2018 年 8 月，经国际湿地公约常务委员会第 54 次会议审议通过，哈尔滨市正式被评定为首届“国际湿地城市”。这是目前国际上在城市湿地生态保护方面规格高、分量重、含金量足的一项大奖。

1.3.2　气候与土壤

哈尔滨市坐落于松嫩平原东端至依勃盆地之间，东南邻张广才岭支脉丘陵，北部为小兴安岭山区，中部有松花江通过，市区地域平坦、低洼，山势不高，河流纵横，兼有丘陵和平原的地貌特点，平均海拔 151m，属中温带大陆性季风气候，春季干燥多风，夏季温热湿润，秋季初霜较早降温迅速，冬季漫长而寒冷且多刮西北风。年平均日照时数 2670h，年日照率 55%~66%。全年平均降水量 569.1mm，主要集中在 6~9 月，夏季降水量占全年的 60%，集中降雪期为每年 11 月至次年 1 月。冬季 1 月平均气温-18.4℃，夏季 7 月的平均气温约 23℃，全年无霜期 140 天。多年连续数据分析显示，温度上升趋势明显，年均温上升速率达到 0.17℃/10 年，降水量有降低趋势（图 1-3）。

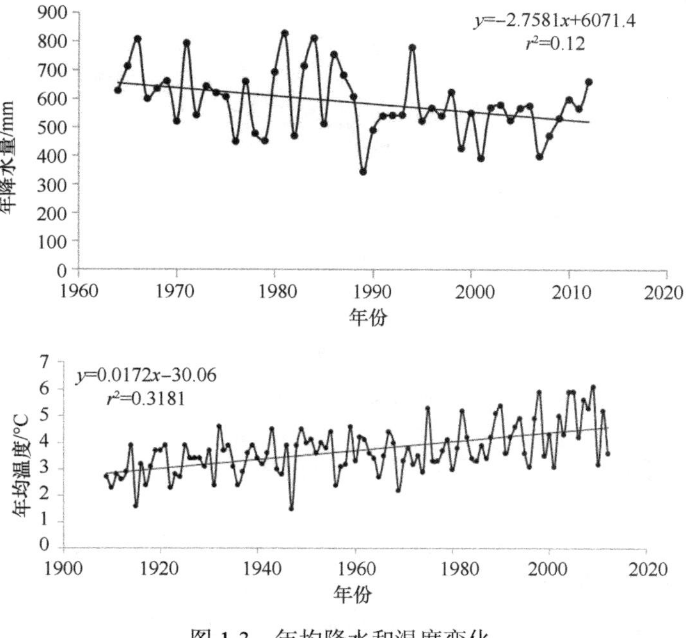

图 1-3　年均降水和温度变化

土壤类型较多，共有 9 个土类（黑土、草甸土、黑钙土、草甸黑钙土、水稻土、碱土、泛滥土、砂土、沼泽土）、21 个亚类、25 个土种。黑土是分布最广、数量最多的土壤类型。同时也有黑钙土、草甸土分布。

1.4 哈尔滨社会经济状况

1.4.1 行政区划与人口

哈尔滨市下辖 9 个市辖区（道里区、南岗区、道外区、平房区、松北区、香坊区、呼兰区、阿城区、双城区）和 7 个县（依兰县、方正县、宾县、巴彦县、木兰县、通河县、延寿县），代管 2 个县级市（尚志市、五常市）。本研究区位于哈尔滨市中心城区，包括道里区、南岗区、道外区、松北区、香坊区 5 个行政区的大部分区域。

哈尔滨市是我国省辖市中陆地管辖面积最大、户籍人口居第三位的特大城市。自 1949 年以来，哈尔滨市人口逐年增加（y=11.39x–21 834，r^2=0.94，图 1-4）。截至 2018 年年末，哈尔滨户籍总人口 1085.8 万人。哈尔滨市是少数民族散杂居地区，共有包括朝鲜族、满族、蒙古族、锡伯族、达斡尔族、鄂温克族、鄂伦春族等在内的 47 个少数民族，少数民族人口 61.67 万人。

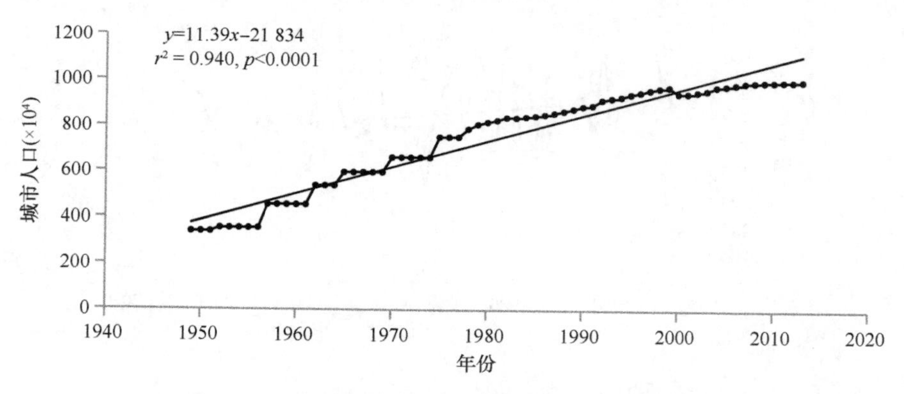

图 1-4 1949 年以来哈尔滨市年末总人口变化

1.4.2 经济发展

哈尔滨是中国重要的商品粮生产基地，适合种植各种食用和纺织用农作物。哈尔滨在建市之初的工业体系主要以食品、纺织等轻工业为主。新中国成立后，哈尔滨市成为国家重点建设的重工业基地。哈尔滨市的四大工业依次为食品工业、装备制造、石化和医药。哈尔滨同时是重要的国际性商贸金融都会，大批国际知名外资金融机构曾进驻哈尔滨。截至 2015 年年底，共有哈尔滨银行及龙江银行等两家城商行总部设立在哈尔滨。

截至 2014 年，哈尔滨全年实现地区生产总值 5340.1 亿元。其中，第一产业增加值 626.5 亿元、第二产业增加值 1784.0 亿元、第三产业增加值 2929.6 亿元。第一、二、三产业对地区生产总值增长的贡献率分别为 11.7%、33.4%和 54.9%。哈尔滨市经济增长迅速，1978 年以来，哈尔滨市地区生产总值呈指数增长（y=28.86e$^{0.1477x}$，r^2=0.993，图 1-5）。

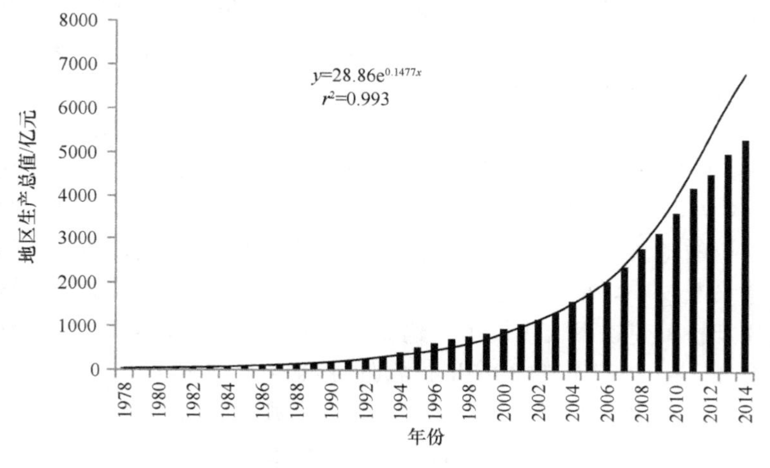

图 1-5　1978 年以来哈尔滨市地区生产总值变化

1.5　哈尔滨历史沿革

哈尔滨是 1896 年随着中东铁路的修建而发展起来的城市，有着长而清晰的历史分界。1896~1906 年哈尔滨属中东铁路附属城镇地，《中俄密约》的签订让俄国攫取了中国东北境内租借土地修筑铁路的权利，中东铁路的修筑使哈尔滨成为交通便利的枢纽之地，这里迅速发展为东北北部最大的商品集散地。经过铁路附属地的多次扩张，外侨外商涌入，住宅工厂不断修建，近代工商业迅速发展，人口增至 25 万余人。

1907 年哈尔滨正式开埠通商后，其成为中东铁路、呼海铁路与松花江、黑龙江的水陆交通枢纽，是物资集散中心与国际商埠城市。开埠通商不仅带动了哈尔滨商业贸易的发展，还催生了一批近代工业企业，加速了哈尔滨的城市近代化和近代城市化的步伐。

1932 年 2 月 5 日，日军占领哈尔滨。哈尔滨成为日本扶持下的伪满洲国的一个重要经济城市。同年 5 月日伪提出“大哈尔滨都邑计划”，规划以顾乡屯火车站为中心约 9km 的半径为规划城区。拉滨铁路、滨北铁路都修建于这个时期。哈尔滨市的主要结构性路网基本确立，但由于战争影响，哈尔滨城市规模在这一时期并未有很大发展。

新中国成立后，中国进入国民经济恢复时期，哈尔滨按照变消费城市为生产城市的方向，成为国家重要的工业基地。随着“一五”计划的实施，初步形成了香坊、平房、动力（现已与香坊区合并）工业区。大批高等院校和科研院所也在这时修建。新中国成立后的哈尔滨，市政府重视城市绿化工程，在城区和郊区大量栽种果木花草和植树造林，恢复园林建设。1949~1963 年，先后建成 9 个公园。群众春季进行植树运动，对公园、江北风景区、马家沟河两岸、公共绿地和市内主要街道都进行了绿化。

改革开放以来，哈尔滨市进入了一个城市化快速发展的时期，地区生产总值呈指数增长，由 1978 年的 39.3 亿元增加至 2018 年的 6300.5 亿元。人口逐年增加，由 1978 年的 784 万人增加至 2018 年的 951.5 万人，是中国省辖市中面积最大、人口居第三位的特大城市。“八五”至“十三五”期间，哈尔滨进行了对外交通规划、公路建设及发展规划、航运和港口建设发展规划、民航和机场建设规划、城市道路交通及桥梁建设发展规划等，建成区面积不断扩张，同时城市园林绿地面积也不断增加，由 1997 年的 3933hm^2 增加到 2014 年的 13 452hm^2。

整体来看，哈尔滨市作为中国东北地区一个典型的省会城市，研究其城市森林生态服务功能对于今后其他城市的研究也具有很强的借鉴意义。

第 2 章　城市森林基本特征

在全球变化和快速城市化的背景下，城市环境问题日益突出，包括碳排放增加（Houghton et al. 2012）、热岛效应明显（Li WF et al. 2014）、有害昆虫暴发（Meineke et al. 2013）、生物多样性变化、空气污染问题严重（Kendall et al. 2011；Nowak et al. 2013b）及对人类健康的影响（Douglas 2012）等。城市植被，包括城市森林、湿地、耕地等，在缓解碳排放（Jo 2002；Poudyal et al. 2010；Zhao et al. 2010；Chen 2015）、发挥其冷岛效应（Ren et al. 2013b）、改善城市生态环境（Vailshery et al. 2013）及提升居民健康水平（Tzoulas et al. 2007）等方面发挥重要作用。

城市森林在城市空间的分布与配置、树种组成等群落结构特征是探究城市植被生态服务功能的基础。本章首先对哈尔滨城市森林、湿地、耕地的空间分布与群落特征进行初步的研究，为之后各章生态服务功能分析提供基础数据。

2.1　研 究 方 法

2.1.1　遥感影像的城市植被覆盖提取

购买与使用 2014 年 9 月获得的 2m 分辨率高分一号多光谱遥感影像数据（中国资源卫星应用中心，CRESDA），同时结合百度地图与谷歌地球数据作为辅助数据进行城市森林、湿地、耕地面积提取。图像预处理过程包括辐射校正、大气校正、正射校正、图形融合与裁剪等。预处理后的数据通过基于规则的面向对象特征分类方法，按图像的光谱、纹理、几何信息在 ENVI 5.2 软件中进行图像分割与城市森林、湿地、耕地面积提取。结合野外实地调查与研究者对研究区的了解等经验知识、百度地图与谷歌地球分类数据，在 ArcGIS 10.0（ESRI Inc.）软件中完成解译结果的修订与不同类型森林、湿地、耕地的属性赋值。所调查的哈尔滨城市森林、湿地、耕地空间分布见图 2-1，具体野外调查图片参考图 2-2，哈尔滨市各种植被的实际分布见图 2-3。

依据遥感解译结果及碳储量研究的目的，笔者调查了 4 种类型的城市森林、6 种类型的湿地及 6 种类型的耕地。其中城市森林主要由附属林、道路林、风景游憩林、生态公益林组成。自然及半自然湿地主要由乔木和草本覆盖的河滩、滩涂、岛屿、

本章主要撰写者为王文杰和吕海亮。

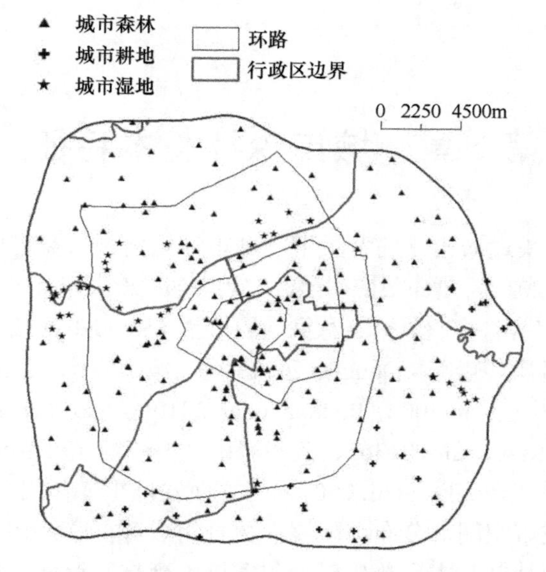

图 2-1 哈尔滨四环内城市森林、湿地、耕地采样地点空间分布

图 2-2 哈尔滨城市森林与湿地野外调查记录（彩图请扫封底二维码）

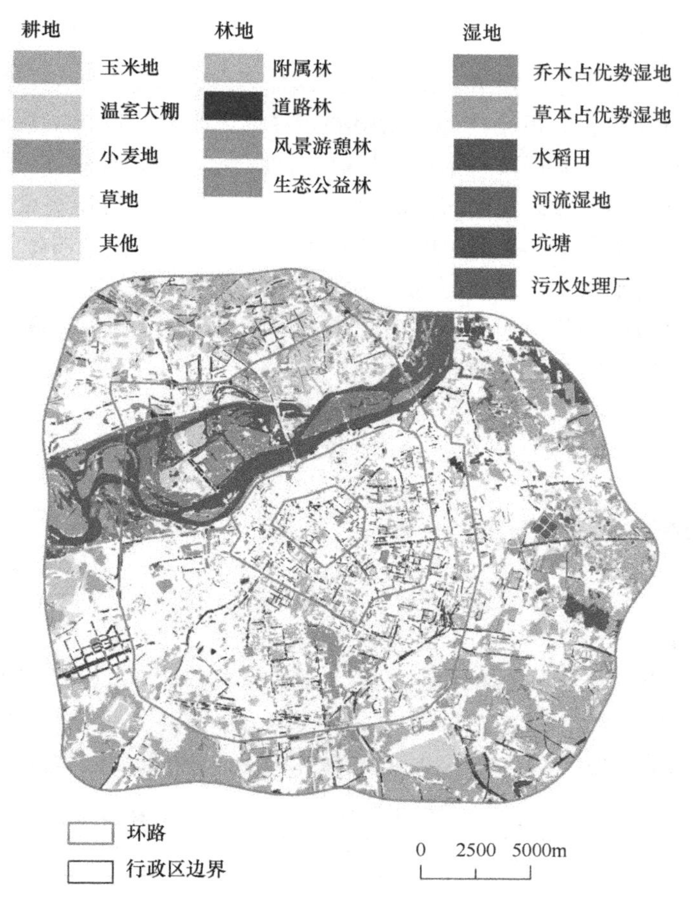

图 2-3　哈尔滨四环内城市森林、湿地、耕地空间分布（彩图请扫封底二维码）

湿地公园及水域覆盖的松花江等河流组成。人工湿地主要包括水稻田、坑塘、污水处理厂等。影像解译中主要分为乔木占优势湿地、草本占优势湿地和河流、水稻田、坑塘、污水处理厂。野外调查主要调查了乔木占优势湿地、草本占优势湿地和水稻田。耕地主要由玉米地、小麦地、温室大棚、草地及蔬菜地、弃耕地等其他耕地类型组成。

2.1.2　样地布设与野外样地调查

本研究于 2014 年 8 月及 2015 年 9 月，在哈尔滨市四环路内城区依据行政区与环路划分进行随机采样，共调查了 199 个城市森林、20 个城市耕地及 35 个城市湿地，野外调查样地分布见图 2-1。城市森林样地大小 $400m^2$ 左右，每个样地记录中心点经纬度坐标，同时调查样地内乔灌木的树种组成、树木密度、冠幅、胸径/基径、树高。

自然及半自然湿地(包括河滩、岛屿、滩涂、湿地公园等)乔木样地大小 $400m^2$、草本样地大小 $100m^2$。每个样地记录中心点经纬度坐标，同时调查样地内植被种类与盖度，木本植物调查其树木密度、冠幅、胸径/基径、树高等。草本植物采取刈割的方式每个样地取 2 个 20cm×20cm 的小样地现场称量鲜重后带回实验室烘干至恒重测量其干重。图 2-2 是城市森林与湿地野外调查的部分图像记录。

水稻田与耕地的植被调查记录作物种类，在城市森林、湿地、耕地植被调查过程中，城市森林与耕地于样地内用土壤环刀随机采集 4 份 0~20cm 表层土壤，合并至土壤袋中带回实验室进行样品分析。

2.2 结果与分析

2.2.1 城市植被的组成与空间分布

如图 2-3、表 2-1 和表 2-2 所示，哈尔滨市四环内城市森林面积约 $39.7km^2$，其中附属林面积在所有林型中最大，为 $13.42km^2$，生态公益林面积最小，为 $6.45km^2$。城市湿地面积 $22.4km^2$，其中木本占优势湿地 $9.4km^2$，草本占优势湿地 $8.82km^2$，人工水稻田湿地 $4.18km^2$。水域（河流湿地）面积 $39.21km^2$。耕地面积 $138.4km^2$（包括草地 $35.02km^2$），是城市森林的 3.5 倍、城市湿地的 6 倍（表 2-1）。

表 2-1 哈尔滨市四环路内城市森林、湿地、耕地面积

城市植被与水域	不同类型	面积/km^2	采样点
耕地、草地	玉米地	76.73	20
	温室大棚	8.33	
	草地	35.02	
	小麦	1.00	
	蔬菜地等其他耕地	17.31	
	总计	138.40	
湿地	木本占优势湿地	9.40	17
	草本占优势湿地	8.82	13
	水稻田	4.18	5
	小计 1	22.40	35
	河流湿地	39.21	
	坑塘	1.56	
	污水处理厂	0.76	
	小计 2	41.53	
	总计	63.93	

续表

城市植被与水域	不同类型	面积/km²	采样点
城市森林	附属林	13.42	58
	道路林	10.14	62
	风景游憩林	9.69	42
	生态公益林	6.45	36
	总计	39.70	198
合计		242.03	

表 2-2 哈尔滨市不同环路城市绿色植被覆盖面积

区域		植被覆盖面积/km²				绿地率/%	河流坑塘水域湿地面积/km²
		城市森林	湿地	耕地	总计		
不同环路	一环	0.70	0	0	0.70	6.65	0
	二环	3.74	0	0	3.74	7.76	0
	三环	18.73	8.23	14.84	41.80	20.41	23.26
	四环	16.47	14.17	123.56	154.20	46.98	18.27
行政区	香坊	13.92	1.69	57.36	72.97	43.60	0.76
	道外	5.27	5.94	17.42	28.63	29.86	6.43
	道里	4.00	5.15	12.12	21.27	23.55	7.55
	南岗	6.64	0	16.25	22.89	24.77	0
	松北	9.81	9.62	35.25	54.68	38.23	26.79
总计		39.64	22.40	138.40	200.44	33.86	41.53

注：绿地率是指城市森林、湿地、耕地面积之和与研究区四环面积的比值

城市从中心向四周扩张的同时，城市环路也在扩张，环路在一定程度上能代表城乡梯度。哈尔滨市从一环至四环绿地率分别为 6.65%、7.76%、20.41%和 46.98%，绿地率不断增加（表 2-2）。一环、二环是市中心，城市森林面积分别仅有 0.7km² 和 3.74km²，且无湿地及耕地分布，绿地率不足 10%。三环的城市森林面积最大，占整个城区城市森林面积的近一半，植物园、太阳岛、东北林业大学林业示范基地等大型公园都分布于三环，同时三环还有 8.23km² 的湿地及 14.84km² 的耕地，绿地率较高。四环城市森林面积 16.47km²，湿地面积 14.17km²，同时有大面积的耕地。在未来城市化中如不加以保护，绿地很容易丧失，应该注意保护。

2.2.2 城市植被的群落特征

2.2.2.1 城市森林、湿地的物种组成

城市森林野外采样共调查了 25 467 株（丛）树木，记录了 131 个树种，其中

包括 75 个乔木种、52 个灌木种、4 个木质藤本种。这些树种分属于 33 科 69 属。在乔木种中，有 59 个阔叶树种、16 个针叶树种，分属于 22 科 38 属。在灌木种中，有 48 个阔叶树种、4 个针叶树种，分属于 13 科 17 属。哈尔滨最常见的开花树种是丁香，其次是杨柳科植物（表 2-3）。

表 2-3　城市森林树木组成、科属种分布

科	属	种	株（丛）数	科	属	种	株（丛）数
蔷薇科 Rosaceae	13	26	2 213	芸香科 Rutaceae	1	1	124
杨柳科 Salicaceae	2	13	6 983	鼠李科 Rhamnaceae	1	3	31
榆科 Ulmaceae	2	6	986	壳斗科 Fagaceae	1	1	37
松科 Pinaceae	4	12	1 873	卫矛科 Celastraceae	1	2	50
木犀科 Oleaceae	4	8	10 296	云实亚科 Caesalpiniaceae	1	2	29
桦木科 Betulaceae	2	2	460	桑科 Moraceae	1	1	1
忍冬科 Caprifoliaceae	4	8	456	五加科 Araliaceae	1	2	5
柏科 Cupressaceae	3	7	241	紫葳科 Bignoniaceae	1	1	47
槭树科 Aceraceae	1	5	705	无患子科 Sapindaceae	1	1	5
胡桃科 Juglandaceae	1	1	99	小檗科 Berberidaceae	1	2	2
椴树科 Tiliaceae	1	2	66	山茱萸科 Cornaceae	1	1	586
豆科 Leguminosae	5	5	84	漆树科 Anacardiaceae	1	1	29
虎耳草科 Saxifragaceae	4	7	36	茄科 Solanaceae	1	1	6
杜鹃花科 Ericaceae	1	1	3	红豆杉科 Taxaceae	1	1	1
柽柳科 Tamaricaceae	1	1	1	萝藦科 Asclepiadaceae	1	1	2
木兰科 Magnoliaceae	2	2	3	大戟科 Euphorbiaceae	1	1	2
葡萄科 Vitaceae	3	3	5				
总计：33 科 69 属 131 种；乔灌木总株（丛）数：25 467							

笔者将本研究区的松花江城市湿地（包括河滩、岛屿、滩涂、湿地公园等）按优势种不同分为木本占优势湿地和草本占优势湿地。在调查的 35 个城市湿地样地中，优势木本多为柳树（*Salix* spp.），其次为杨树（*Populus* spp.）、榆树（*Ulmus* spp.）等，在狗岛（松浦大桥下）、阳明滩桥下的半岛和一湖三岛等岛屿偶有耐旱的樟子松（*Pinus sylvestris* var. *mongolica*）、梣叶槭（*Acer negundo*）等人工种植树种分布。一湖三岛、狗岛等江心洲湿地都有明显的旅游开发等人为活动干扰，湿地海拔较高，洪水频率很低，存在向林地过渡的趋势（表 2-4）。草本优势种较多，如芦苇（*Phragmites australis*）、香蒲（*Typha orientalis*）、稗（*Echinochloa crusgalli*）、蒌蒿（*Artemisia selengensis*）、红蓼（*Polygonum orientale*）、芒（*Miscanthus* spp.）

等，环境适宜区域偶见浮水植物（浮萍等）。在草本占优势的湿地中，如阳明滩及其他一些小岛上也存在旅游开发及其他人为活动影响迹象，其洪水周期较短，在调查期间就有部分湿地处于水淹状态。

表 2-4　哈尔滨城市湿地的优势种与环境特征

城市湿地类型	优势种	人为影响	海拔/m	水文特征及洪水频率	地点
木本占优势湿地	柳属、杨属、榆属等	中等程度的旅游开发及钓鱼等活动	118.22	间歇性洪水，周期较长（10 年以上）	狗岛（松浦大桥下）、一湖三岛、半岛（阳明滩大桥下）等
草本占优势湿地	芦苇、香蒲、稗、蒌蒿、红蓼、芒等	低水平的旅游开发	117.47	间歇性洪水，周期较短	阳明滩、四方台、滨江桥下小岛等
人工湿地	水稻	人类主导生产	124.80	周期性灌溉	香坊区、道里区等

本研究调查的人工湿地主要为水稻田湿地，这种湿地类型主要受人为支配，位于市区中距离河道较近的位置，需要引水灌溉，周期性水淹下的水稻土有机质含量一般较高。

2.2.3　城市森林的群落结构

哈尔滨城市森林树木中，树高小于 7m 的树近一半，小于 10m 的树近 70%，大于 18m 的树仅占 1%。枝下高在 1~3.5m 的树占总数的 75%，枝下高大于 5m 的树仅占 2%。哈尔滨市树木的冠幅大部分小于 $50m^2$，占总数的 69%，冠幅在 $50~100m^2$ 的树木占 21%，冠幅大于 $250m^2$ 的大树占 4%。哈尔滨市胸径小于 100cm 的树占 81%，大于 200cm 的树仅占 2%（图 2-4）。

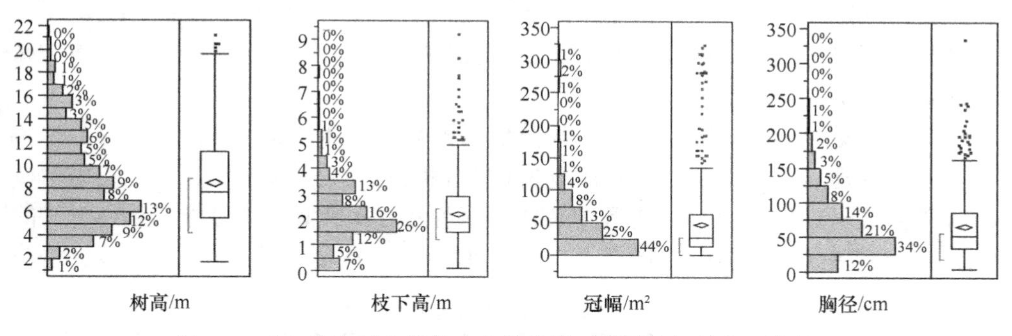

图 2-4　哈尔滨市树木长势分布箱线图（彩图请扫封底二维码）

哈尔滨市树木树高、枝下高、冠幅、胸径的平均值分别为 8.57m、2.2m、$47.93m^2$ 和 66.3cm（表 2-5）。

哈尔滨四环内城市森林树木平均胸径 17.77cm、平均树高 8.69m、平均冠幅 $49.6m^2$、枝下高 2.29m、树木密度 902 株/hm^2（表 2-6）。除三环外，其他三个环

表 2-5 树木生长状态指标分布表

统计值	树高/m	枝下高/m	冠幅/m^2	胸径/cm
75%四分位数	11.2	2.90	62.72	86
50%中位数	7.70	1.90	26.88	52
25%四分位数	5.50	1.50	12.80	34.43
均值	8.57	2.20	47.93	66.30
标准差	3.99	1.27	56.41	44.73
均值标准误差	0.15	0.05	2.19	1.74
均值 95%上限	8.87	2.30	52.23	69.71
均值 95%下限	8.26	2.11	43.63	62.89

表 2-6 哈尔滨不同环路城市森林群落结构特征（各因子平均值）

测树因子	一环	二环	三环	四环	全城
胸径/cm	20.86	17.79	15.35	19.64	17.77
树木密度/（株/hm^2）	435	568	803	1251	902
枝下高/m	2.46	2.71	2.22	2.15	2.29
冠幅/m^2	60.35	67.47	40.32	49.48	49.60
树高/m	8.64	8.73	7.77	9.67	8.69

路的平均胸径均高于全城平均值。其中，一环树木的平均胸径最大，为 20.86cm，四环次之，为 19.64cm，二环平均胸径为 17.79cm。树木密度随环路增加呈现递增趋势，一环平均树木密度最小，只有 435 株/hm^2，四环最大，为 1251 株/hm^2，几乎是一环的 3 倍。枝下高范围为 2.22~2.71m，而不同环路间枝下高差异从最小的四环（2.15m）至最大的二环（2.71m）。树木平均冠幅与枝下高一样，均是二环最大，为 67.47m^2，其次是一环，为 60.35m^2，远大于三环、四环（40.32m^2、49.48m^2）。树木平均树高最高的是四环，为 9.67m，高出全城平均树高近 1m，高出平均树高最小的三环近 2m（表 2-6）。

表 2-7 表明，生态公益林树木较其他三种类型的林分长势好。生态公益林树高、胸径分别显著大于其他三种林型 3m 左右和 20cm 左右。4 种林分之间树木枝下高差异显著，风景游憩林枝下高最高，生态公益林最低，这可能与人们对其的利用方式有关。道路林的冠幅小于其他三种林分 6~21m^2。

表 2-7 4 种林分生长指标的差异

测树因子	附属林	道路林	风景游憩林	生态公益林
树高/m	8.14A	8.28A	8.38A	11.49B
枝下高/m	2.28B	2.46BC	2.57C	2.01A
冠幅/m^2	54.69B	36.56A	42.51A	57.88B
胸径/cm	66.58A	63.02A	63.99A	85.03B

注：表中不同大写字母表示 4 种林分之间差异显著（P<0.05）

2.3 本章小结

（1）城市植被组成与空间分布：哈尔滨建成区（四环内）城市植被总面积约 200km²（不含河流、坑塘等水域面积），绿地率 33.86%。其中，耕地面积最大，城市森林与湿地次之。城市森林主要由附属林、道路林、风景游憩林、生态公益林组成。湿地主要由乔木和草本覆盖的河滩、滩涂等湿地及水稻田、坑塘、河流、污水处理厂等组成。耕地主要由玉米地、小麦地、温室大棚、草地及弃耕地等组成。各环路间城市森林、湿地、耕地覆盖差异很大，绿地率随环路增加，表现出明显的随城乡梯度上升趋势。

（2）城市森林、湿地物种组成与群落结构：哈尔滨城市森林树木种类较丰富，共 33 科 69 属 131 种。城市森林树木密度较高，且各环路间树木密度差异较大。树木密度随环路由内到外呈增加趋势，外环树木密度明显大于内环，而内环树木冠幅明显大于外环，枝下高差异较小。城市湿地木本优势种以柳属植物为主，其次为杨树、榆树等，偶有适合沙地生存的樟子松等旱生树种；草本优势种以芦苇、香蒲、稗、蒌蒿、红蓼、芒等为主。

（3）哈尔滨城市森林树高、枝下高、冠幅、胸径平均值分别在 8m、2m、48m²、66cm 左右。对比 4 种林分发现，生态公益林树木的树高较其他三种林型高 3m 左右，胸径大 20cm 左右，道路林冠幅小于其他三种林分 6~21m²。

第 3 章　城市植被历史演变

城市扩张将非城市用地转变为城市用地，同时伴随景观变化。城市化和土地利用与覆盖变化对碳估算的生态影响已经成为生态学热点问题之一（He et al. 2016）。城市植被在空间的分布与配置能够影响其与大气及土壤等介质的物质能量交换过程，是其诸多生态功能的重要前提。城市植被生态系统相关生态服务功能，如碳汇功能（Jo 2002；Poudyal et al. 2010；Zhao et al. 2010；Chen 2015）、冷岛功能（Ren Z et al. 2013）等，均与植被生态系统历史格局的演变紧密相关。城市植被生态系统历史格局的演变是明确城市化影响的基础，也是未来城市设计的参考。本章主要对哈尔滨城市森林、湿地、耕地等生态系统的历史格局、空间分布与景观结构特征进行初步的研究。

3.1　材料与方法

3.1.1　数据收集与准备

本章主要数据来自于 Landsat 系列卫星影像数据，包括专题制图仪（thematic mapper，MT）、增强型专题制图仪（enhanced thematic mapper，ETM）、操作陆地成像仪（operational land imager，OLI）影像数据，数据获得年份分别为 1985 年、1993 年、2001 年、2007 年、2014 年，影像分辨率 30m。为了更好地区分森林、农田与湿地，根据物候特征与水位变化，每个年份选择春季（五六月，生长开始期，水位较低）和夏季（七八月至 9 月初，生长旺盛期，水位较高）两幅影像，5 个年份共 10 幅无云的影像数据。影像数据获取时间见表 3-1。

表 3-1　遥感影像数据源

数据来源	获取时间	分辨率	行/列号
Landsat TM	1985.05.28/1985.08.16	30	118/28
Landsat TM	1993.05.18/1993.09.07	30	118/28
Landsat TM	2001.06.25/2001.08.12	30	118/28
Landsat TM	2007.06.10/2007.08.29	30	118/28
Landsat OLI/ETM	2014.06.13/2014.08.08	30	118/28

本章主要撰写者为王文杰和吕海亮。

影像数据预处理过程包括图像配准、辐射校正、大气校正、归一化植被指数（normalized differential vegetation index，NDVI）图层生成、改进的归一化差异水体指数（modified normalized difference water index，MNDWI）图层生成、非监督分类结果图层生成及图层叠加。所有 10 幅图像都经过上述处理过程。

3.1.2　土地利用与覆盖类型分类

本研究区典型土地利用与覆盖类型包括城市森林、耕地、湿地、城市用地、水体及其他用地。不同土地利用与覆盖类型遥感影像解译标志见表 3-2。湿地的分类根据水位（丰水期与枯水期），将两幅影像中周期性水体覆盖的植被区域视为湿地。本研究采用决策树分类方法，在 ENVI 5.2 软件中完成影像解译。影像后处理方法采用最大最小值后处理，并采用 ENVI Classic 工具完成对解译结果的修改。土地利用与覆盖类型最终结果见图 3-2。

表 3-2　哈尔滨市 6 种土地利用与覆盖类型（彩图请扫封底二维码）

土地利用类型	分类	解译标志
耕地	主要包括玉米地、小麦地、温室大棚、牧草地等	
城市森林	城市中以乔灌木为主体的公园绿地、街边绿地、机关单位附属林地，以及生产及防护林地等	
湿地	洪泛湿地、河漫滩、江心洲、水稻田	
水体	松花江、阿什河等	
城市用地	建筑用地、工业用地、城市道路等不透水层	
其他用地	上述分类中未包括的用地类型	

采用谷歌地球与高分一号卫星高分辨率影像进行土地利用覆盖分解结果精度验证。2001 年解译结果总精度为 86.36%，kappa 系数为 0.86；2014 年解译结果总精度为 92.84%，kappa 系数为 0.91。

3.1.3　景观指数分析

景观指数分析基于土地利用类型图在 Fragstats v4.2.589 中完成。景观指数选取基于其生态学意义及前人的研究基础（Gao and Yu 2014；刘常富等 2009）。最后，共选择 5 个指数（表 3-3）。其中包括面积与边长指数：景观百分比 PLAND 和斑块大小 AREA_MN；聚集度指数：斑块密度 PD、平均邻近距离/欧式距离 ENN、连接度指数 COHESION。分析尺度选用 Landsat TM/OLI，影像分辨率 30m，采用 8 邻域规则分析。

表 3-3 本章所用的景观指数、计算公式及生态学意义描述

缩写	公式	公式描述及生态学意义
PLAND	$=100\frac{\sum \alpha_i}{A}$ （%）	景观百分比，某一类型景观占总景观的面积百分比。a_i，第 i 个类型的斑块总面积（m^2）；A，景观总面积（m^2）。
PD	$=(10000)(100)\frac{n_i}{A}$ （斑块数量/100hm^2）	斑块密度，斑块数量除以相应类型的景观总面积。n_i，景观类型 i 的斑块数量。
AREA_MN	$=\frac{1}{10000}\frac{\sum \alpha_i}{n_i}$ （hm^2）	斑块大小，主要反映景观配置。n_i，某类型景观的斑块数量。
ENN_MN	$=h_{ij}$ （m）	平均邻近距离/欧式距离，主要反映斑块的连通性。h_{ij}，斑块 ij 与距离最近的同类型斑块的距离（m）。
COHESION	如下	连接度指数，某一类型中，斑块与斑块的连通性。p_{ij}，根据栅格表面数量统计的斑块 ij 的周长；a_{ij}，依据栅格数量统计的斑块 ij 的面积；Z，景观中栅格总数。

$$\text{Cohesion}=\left[1-\frac{\sum_{i=1}^{m}\sum_{j=1}^{m}p_{ij}}{\sum_{i=1}^{m}\sum_{j=1}^{m}p_{ij}\sqrt{a_{ij}}}\right]\times\left[1-\frac{1}{\sqrt{Z}}\right]^{-1}\times(100)$$

3.2 结果与分析

3.2.1 土地利用与覆盖类型和土地覆盖变化

根据 Landsat TM/OLI 影像解译出的土地利用类型图，总共分出了 6 种土地利用与覆盖类型，包括城市森林、湿地、耕地、城市用地、水体及其他用地（图 3-1）。城市用地（建设用地）是哈尔滨市四环内的主要用地类型，在哈尔滨市 30 年的城市化进程中，城市用地面积从 1985 年的 195.93km^2 迅速扩张到 2014 年的 328.56km^2，同时城市用地所占的比例从 33%迅速增加至 56%（图 3-2、表 3-4）。与此同时，城市绿地（城市森林、湿地、耕地）覆盖面积则由 1985 年的 336.17km^2（56.8%）迅速降低至 2014 年的 223.88km^2（37.8%）。城市扩张带来的主要用地变化结果就是绿地的减少。哈尔滨市新增加的城市用地中，超过 65%的用地由耕地转变而来，15%由湿地转变而来，10%由其他用地类型转变而来，5%由城市森林转变而来，5%由水体转变而来（表 3-4）。

如图 3-3 所示，1985~2001 年，哈尔滨城市扩张速度较慢，城市用地面积以 0.68km^2/年的速度向周围扩张，同时城市森林面积以 3.35km^2/年的速度增加，耕地面积则以 2.27km^2/年的速度增加，随后以 1.24km^2/年的速度减少。2001~2014 年，哈尔滨城市扩张速度加快，城市用地面积以 9.46km^2/年的速度迅速增加，同时耕地以 7.44km^2/年的速度迅速减少。城市森林面积 2001~2007 年增加，2007~2014 年则缓慢下降。水体与湿地面积比较波动，主要受年际波动及雨洪管理等影响。

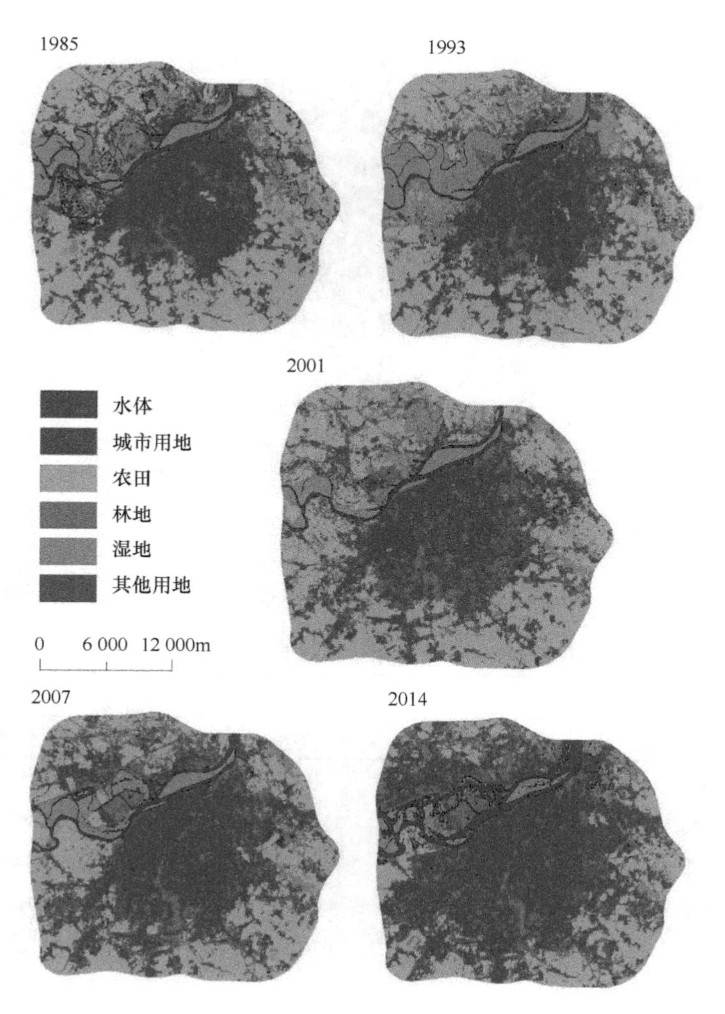

图 3-1　哈尔滨市不同年代（1985~2014 年）土地利用类型图（彩图请扫封底二维码）

3.2.2　不同土地利用类型景观格局特征变化

如图 3-4 所示，哈尔滨市耕地景观在快速城市化进程中一直呈下降趋势，其 PLAND 由 1985 年的 30.54%缓慢下降至 1993 年的 27.98%，随后急速下降至 2014 年的 14.70%。与此同时，城市用地不断增加，城市用地面积比由 1985 年的 27.60%缓慢增加至 2001 年的 29.15%，随后迅速增加至 2014 年的 46.28%。耕地的 AREA_MN 及 COHESION 在快速城市化的 30 年中下降也非常多；城市用地的上述指数随着城市扩张过程而迅速增加。

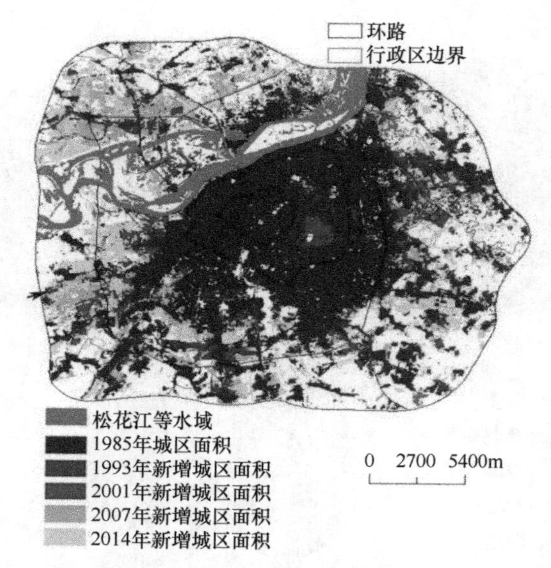

图 3-2 研究区位置与哈尔滨城市用地面积扩张（1985~2014 年）（彩图请扫封底二维码）

表 3-4 哈尔滨市 1985~2014 年土地利用变化转移矩阵（单位：km^2）

		1985						
		水体	城市森林	城市用地	耕地	湿地	其他用地	总计
2014	水体	16.3	2.58	2	1.29	15.82	2.45	40.44
	城市森林	2.91	12.57	15.65	35.32	10.17	5.86	82.48
	城市用地	8.75	21.87	172.5	90.31	22.19	12.94	328.56
	耕地	1.7	4.39	4.04	83.3	7.95	2.94	104.32
	湿地	3.3	2.55	1.74	6.64	19.2	2.52	35.95
	其他用地	0	0	0	0	0	0	0
	总计	32.96	43.96	195.93	216.86	75.33	26.71	0
新增城市用地转变率/%		5	5	—	65	10	10	100

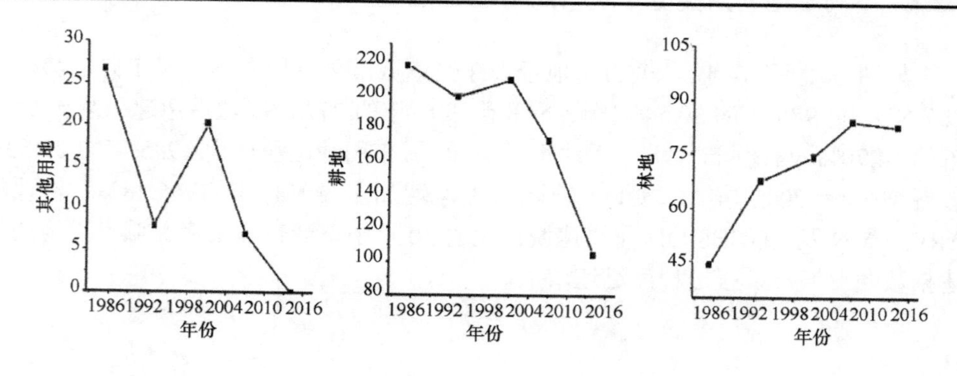

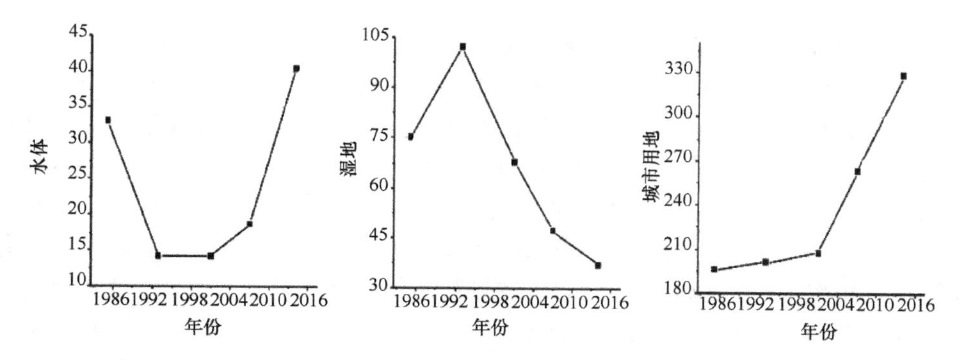

图 3-3　不同年代哈尔滨市土地利用与覆盖类型面积变化（单位：km^2）

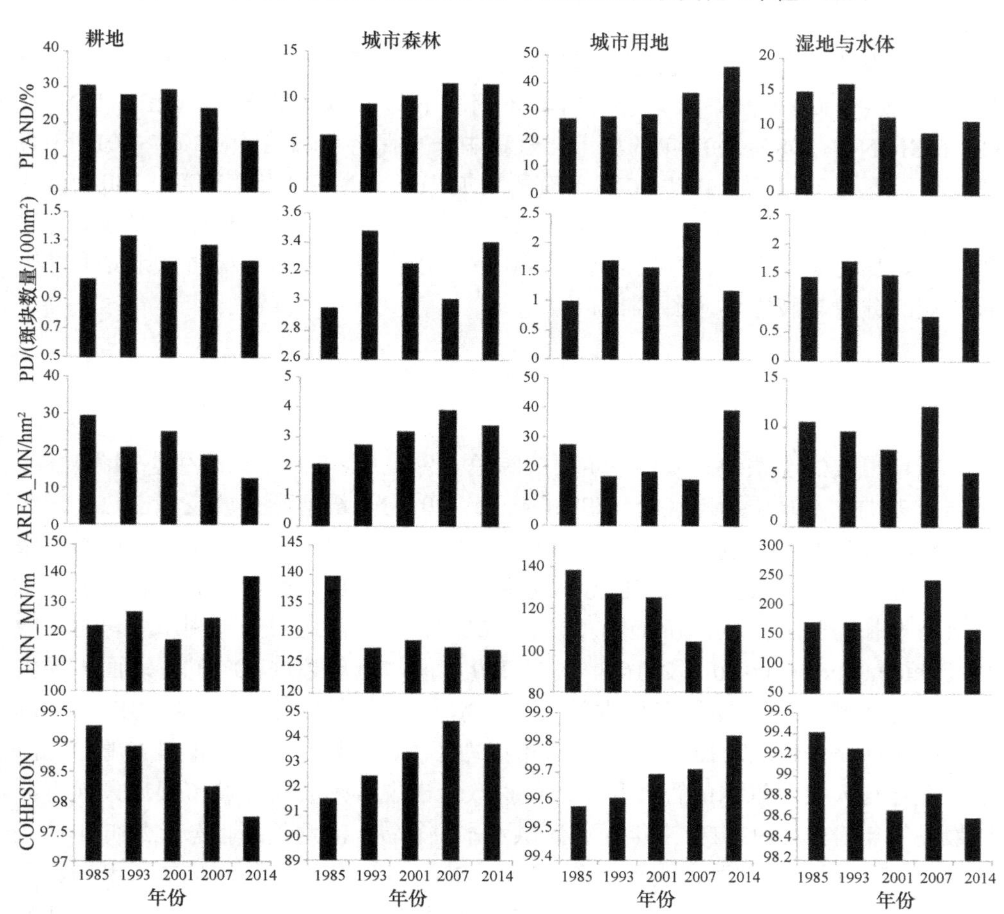

图 3-4　哈尔滨城市森林、湿地、耕地、城市用地景观指数变化对比

PLAND（%）景观百分比，PD（斑块数量/100hm^2）斑块大小，AREA_MN（hm^2）斑块大小，ENN_MN（m）平均邻近距离/欧式距离，COHESION 连接度指数

为了更准确地估算城市生态系统碳储量，本研究在统计碳储量时将湿地与水体分开计算。然而，由于湿地与水体在诸多生态功能及其保护上都难以分割，因此在分析景观格局时将湿地与水体进行整体分析。湿地与水体景观面积比由1985年的15.27%逐渐下降至2007年的9.24%，1993年出现短暂上升，其湿地与水体的景观面积比为16.37%，是本研究观测年份中的最高值。2007~2014年，由于哈尔滨市政府对城市湿地的重视，投入财政收入进行湿地修复与保护，湿地与水体景观出现小幅上升，2014年湿地与水体景观面积比上升至10.92%。尽管湿地与水体景观的PLAND在2007~2014年有所增加，但其COHESION、AREA_MN及ENN_MN却有所下降，表明湿地保护对其景观覆盖有积极作用，但加剧了景观破碎化。

城市森林景观随城市化进程不断增加，其景观面积比从1985年的6.19%逐渐增加至2007年的11.74%，至2014年稍有下降。林地景观的AREA_MN及COHESION在1985~2007年的城市化进程中一直保持增加趋势，2007~2014年有所下降。而其PD却在2007~2014年有所增加。ENN_MN由1985年的140m迅速下降至1993年的128m，随后一直在127~129m波动。森林景观覆盖在城市化进程中的增加对斑块大小、斑块连通性等都有积极作用，森林景观面积比的下降导致景观的分散与破碎化（图3-4）。

3.3 讨　　论

城市植被生态系统是城市中重要的绿色基础设施，其提供诸多生态服务功能。例如，提供休闲娱乐场地（Scott Shafer et al. 2013）、缓解碳排放及城市热岛效应（Li et al. 2012）、增加房产价值（Liu and Hite 2013）等。随着城市化与城市扩张不断加深，城市植被生态系统能够服务更多的城市人口。城市化对生态社区是一个日益增长的威胁（Johnson et al. 2013）。其中，城市湿地对土地利用变化尤其敏感（Valdez and Ruiz-Luna 2016）。过去200年间，全球超过50%的湿地面积损失殆尽，导致栖息地与物种多样性的丧失及水文与地球生物化学循环功能的下降（Van Meter and Basu 2015）。哈尔滨城市湿地（洪泛湿地与江心洲湿地）随松花江水位变化与人类对洪水的管理和湿地保护政策出现年际波动。城市湿地景观百分比最高的年份是1993年，当年松花江洪水水位较高。湿地景观百分比最低年份是在2007年，根据哈尔滨市统计年鉴，2001~2004年哈尔滨市防洪堤的长度增加了11.8km（哈尔滨市统计局 2013），这可能是湿地面积减少的重要原因之一。此间哈尔滨市的城市扩张速度也可能是导致湿地损失与退化的重要原因之一。城市扩张伴随着毁林与植树造林活动，对森林覆盖与破碎化有重要影响（Miller 2012）。有研究表明，大城市的城市化进程常伴随着森林覆盖率的提升（Wang Q et al.

2014），哈尔滨市林地景观百分比在城市扩张速度较慢的时期随城市化增加而增加；然而当城市扩张速度加快，2007~2014 年林地景观百分比出现小幅下降，其景观破碎化也随之增加，这也可能与湿地绿化增加有关，即将更多的资金投入湿地恢复中。

城市扩张是一个土地利用及覆盖变化的过程，将非城市用地转变为城市用地（Xiao et al. 2006）。在所有被转换的土地覆盖类型中，耕地通常在其中占有的比例最大（Wu et al. 2013），笔者研究也确认了这一点，这一现象在中国等正在经历快速城市化的发展中国家和地区尤为明显（Chen 2007）。本研究结果表明，哈尔滨市四环内城区 1985~2014 年超过 60%的新增城市用地均由耕地转变而来，这一比例远超过杭州，略高于石家庄，杭州市 1978~2008 年 35%的新增城市用地由农田转变而来（Wu et al. 2013），石家庄市 1987~2001 年 47%的新增城市用地由农田和蔬菜用地转变而来（Xiao et al. 2006）。这一对比清晰地显示了快速城市化 30 年间哈尔滨市四环内耕地的损失。景观面积损失伴随景观格局的变化。快速城市化 30 年间，耕地景观平均斑块变小，虽然利于斑块与周围环境的物质能量交流，对非专有种昆虫的保护有其独特的作用（Tscharntke et al. 2002）；但耕地斑块间距离增加、连通性减弱、景观呈现破碎化趋势（图 3-4），对粮食生产（Yan et al. 2009）和鸟类的物种多样性（Bonthoux et al. 2013）都有负面影响。耕地损失换来城市用地的扩张和城市景观斑块间距离的缩短及斑块间连通性的增强，加剧城市热岛效应。

3.4　小　　结

哈尔滨城市植被系统历史变化研究结果表明，城市化进程中耕地面积损失最为严重，超过 60%的新增城市面积由耕地转化而来，同时耕地的 AREA_MN 及 COHESION 在快速城市化的 30 年中大幅下降。城市森林景观在城市化进程中呈增加趋势，其景观面积在 30 年间增加了近 80%，其 LPI、AREA_MN 及 COHESION 在 1985~2007 年的城市化进程中大幅增加。城市湿地景观面积比较波动，主要受松花江季节性雨洪及湿地管理等的影响，1993 年湿地景观面积最大，2007~2014 年受湿地保护政策的影响，其景观面积及斑块连通性有所增加，哈尔滨大力实施湿地保护政策对其景观覆盖与斑块间交流都有积极作用。

第 4 章　城市森林树种组成特征分析

对维持城市森林健康及较高的生物多样性，不同的学者提出了不同的城市森林植物配置法则（Raupp et al. 2006；陈俊瑜和冯美瑞 1985）。其中比较被人们认可的是 Santamour Jr（2004）提出的 10/20/30 法则（10/20/30 rule），即城市森林中任何一个物种的相对多度不能超过 10%，任何一个属的相对多度不能超过 20%，任何一个科的相对多度不能超过 30%，否则将影响森林生态系统的健康稳定。这样的植物组成既能降低城市森林病虫害的发生率，又能维持较高的生物多样性。Kendal 等（2014）从全球选取了 108 个城市，对这一经验法则进行了验证，并指出将 10/20/30 法则用于指导城市森林植物的配置对城市森林的健康和多样性的维持是合理的，具有一定的普适性。在国外，很多城市参考这一植物配置法则并将其用于城市森林配置（Kendal et al. 2014），而在国内关于这方面的运用和研究还较少，Zhang（2015a）运用这一法则对长春市城市森林植物配置进行了评价，显示这一法则在国内也具有适用性。

哈尔滨市是我国最北方的省会城市，城市建设已经长达 100 年以上，近几年处于快速城镇化的进程中，城市森林树种组成和配置情况是否合理、哪些区域需要进行调整及所需树种选择等问题急需科学回答。目前关于中国东北地区城市尤其是哈尔滨市这方面的研究还相对匮乏，本章在对哈尔滨市树种组成调查的基础上，进行以下 3 个方面的研究：

（1）哈尔滨城市森林树种组成情况；

（2）根据 10/20/30 法则对哈尔滨城市森林做出评价；

（3）根据研究结论为今后哈尔滨城市森林规划提出建议。

4.1　研 究 方 法

4.1.1　样地设置

依据哈尔滨城市森林的特点，分层随机抽样选取 196 个样地。样地具体设置为：道路林与生态公益林常为规则的条形，样地设置依据其固定的宽度并调整调查的长度使调查面积在 400m^2 左右；风景游憩林通常面积较大，样地设置为

本章主要撰写者为肖路和王文杰。

20m×20m；附属林因其形状不定，根据其实际情况设置样地形状，尽量保证面积在 400m²。在环路城乡梯度上，把哈尔滨分为一环（一环路以内区域）（16）、二环（一环路与二环路之间区域）（32）、三环（二环路与三环路之间区域）（77）和四环（三环路与四环路之间区域）（71）。不同行政区域采样数据为：香坊区（50）、南岗区（49）、道里区（33）、道外区（30）和松北区（34）5 类。根据何兴元等（2004）对城市森林的划分，野外调查分为风景游憩林（42）、道路林（59）、单位附属林（58）和生态公益林（37）4 类。

4.1.2　植物调查与数据处理

记录样地内所有乔木（暴马丁香这类小乔木、大灌木亦视为乔木，人为修剪成灌木状绿篱的乔木视为灌木）的种名、属名、科名及株数。计算出每个区域城市森林每个种、属和科的相对多度（R）。计算公式为 $R=S_i/S$，式中 S_i 为区域内种（属、科）的数目，S 为该区域记录的所有种（属、科）的树木数量之和。依据 10/20/30 法则对哈尔滨城市森林进行评价，具体评价看该区域最常见种（属、科）的相对多度是否低于 10%（20%、30%），若低于此则该区域种的配置合理，反之则不合理。植物配置不合理的区域，植物选择依据为哈尔滨市原生植物且适宜在城市生长，且在该区域所占比例较小。

4.2　结果与分析

4.2.1　哈尔滨城市森林树种组成

本研究在研究范围内共调查到 66 种常见树木，隶属于 18 科 34 属，共计 11 227 株。银中杨（*Populus alba*×*Populus berolinensis*）、小叶杨（*Populus simonii*）、旱柳（*Salix matsudana*）、榆树（*Ulmus pumila*）和暴马丁香（*Syringa reticulata* var. *amurensis*）是哈尔滨城市森林中常见的树种（表 4-1）。常见属为杨属（*Populus*）、柳属（*Salix*）、榆属（*Ulmus*）、丁香属（*Syringa*）和松属（*Pinus*）（表 4-2）。常见科为杨柳科（Salicaceae）、松科（Pinaceae）、蔷薇科（Rosaceae）、木犀科（Oleaceae）和榆科（Ulmaceae）（表 4-3）。本研究选取常见的 15 个种、15 个属和 10 个科进行分析。如表 4-1 所示，哈尔滨城市森林不同树种所占比例不同。虽然哈尔滨市常见绿化种有 66 种，但银中杨、小叶杨（*Populus simonii*）、旱柳、榆树、暴马丁香和山杨（*Populus davidiana*）等少数几个种在城市森林物种组成中占据主导作用（共计占总数的 50.2%）。其他树种如樟子松（*Pinus sylvestris* var. *mongolica*）等非主要树种所占比例较小（均<5%）。在哈尔滨城市森林中不同属所占的比例

不同（表 4-2）。哈尔滨城市森林树种常见属共 34 属，而占显著地位的是杨属、柳属、榆属、丁香属、松属和云杉属（*Picea*）（表 4-2）。不同科在哈尔滨城市森林中所占的比例也不同。其中杨柳科所占比例最大为 45.5%，其余科所占比例较大的科分别为松科（14.5%）、蔷薇科（9.6%）、木犀科（8.8%）和榆科（7.9%），而槭树科等其他科所占比例均小于 5%。

表 4-1　哈尔滨城市森林常见种相对多度分布情况（单位：%）

序号	树种	拉丁名	占种类百分比	城市森林种组成百分比												
				行政区域					城市环路				林型			
				道外区	道里区	松北区	香坊区	南岗区	一环	二环	三环	四环	单位附属林	道路林	风景游憩林	生态公益林
1	银中杨	*P. alba*×*P. berolinensis*	13.5	36.1	7.7	2.2	16.0	5.9	0.2	0.6	5.9	27.6	0.6	7.4	3.0	43.6
2	小叶杨	*Populus simonii*	9.7	5.9	4.3	24.0	10.3	6.8	5.7	4.6	9.9	12.4	3.5	22.1	4.7	11.7
3	旱柳	*Salix matsudana*	7.7	9.7	9.7	8.9	5.4	6.6	3.7	10.0	8.4	7.3	6.9	13.5	5.8	6.0
4	榆树	*Ulmus pumila*	7.2	4.6	7.1	5.5	10.1	7.6	10.9	9.6	10.2	3.1	11.4	6.0	9.4	1.7
5	暴马丁香	*Syringa reticulata* var. *amurensis*	6.3	0.0	4.8	9.3	4.8	10.7	22.1	9.3	3.6	3.6	12.1	4.6	7.5	0.0
6	山杨	*Populus davidiana*	5.8	4.8	3.2	6.4	5.4	7.8	0.4	0.0	1.4	12.8	0.0	2.3	0.8	18.8
7	红皮云杉	*Picea koraiensis*	4.8	2.3	11.9	3.6	5.3	3.2	1.9	11.3	4.8	3.2	6.1	4.8	8.0	0.9
8	樟子松	*Pinus sylvestris* var. *mongolica*	4.0	3.9	4.7	2.4	5.0	3.7	0.9	10.3	5.0	1.5	4.8	4.6	7.1	0.1
9	钻天杨	*Populus nigra* var. *italica*	4.0	8.4	0.0	7.9	0.2	4.1	0.6	3.2	1.9	6.7	0.9	5.8	0.2	9.1
10	白桦	*Betula platyphylla*	3.9	0.8	5.0	2.7	5.6	4.7	12.5	4.4	4.2	1.6	7.2	2.7	5.4	0.1
11	窄冠杨	*Populus* sp.	3.0	10.9	0.0	0.5	1.4	2.0	0.0	0.9	0.0	6.8	1.9	2.1	0.0	7.1
12	杏	*Armeniaca vulgaris*	2.7	1.7	5.0	0.7	1.4	4.2	9.0	1.8	3.5	0.8	4.9	4.8	1.0	0.0
13	水曲柳	*Fraxinus mandschurica*	2.6	0.0	5.5	1.0	5.7	1.1	0.2	3.7	4.4	1.3	3.2	1.5	6.0	0.0
14	落叶松	*Larix* spp.	2.3	0.0	0.0	0.0	6.0	3.4	6.5	2.5	2.9	0.9	2.3	0.0	6.3	0.9
15	茶条槭	*Acer ginnala*	2.1	1.2	5.0	2.1	0.1	2.8	0.0	1.8	4.7	0.6	1.4	1.9	5.8	0.0
16		其他	20.0	9.7	25.9	22.8	17.3	25.5	25.3	26.1	29.2	9.9	32.6	15.8	29.0	0.0

表 4-2　哈尔滨城市森林常见属相对多度分布情况（单位：%）

序号	属	拉丁名	占种类百分比	城市森林属组成百分比												
				行政区域					城市环路				林型			
				道外区	道里区	松北区	香坊区	南岗区	一环	二环	三环	四环	单位附属林	道路林	风景游憩林	生态公益林
1	杨属	*Populus*	37.6	67.9	18.7	44.9	33.8	26.6	6.9	9.3	22.6	67.4	7.8	40.9	11.1	90.3
2	柳属	*Salix*	7.9	9.8	9.7	8.9	5.6	7.1	4.0	10.4	8.7	7.3	8.2	13.8	5.9	6.0
3	榆属	*Ulmus*	7.8	4.6	7.8	5.9	11.9	7.7	10.9	10.2	10.4	4.2	13.6	7.0	10.3	1.7
4	丁香属	*Syringa*	6.3	0.0	4.8	9.3	4.8	10.7	22.1	9.3	3.6	3.6	13.5	4.6	7.5	0.0

续表

序号	属	拉丁名	占种类百分比	城市森林属组成百分比												
				行政区域					城市环路				林型			
				道外区	道里区	松北区	香坊区	南岗区	一环	二环	三环	四环	单位附属林	道路林	风景游憩林	生态公益林
5	松属	*Pinus*	6.1	3.9	5.9	3.0	8.0	7.7	0.9	14.1	9.0	1.9	11.0	5.5	8.8	0.1
6	云杉属	*Picea*	5.8	2.6	16.1	3.6	5.5	4.0	2.0	12.2	7.0	3.2	8.0	4.8	10.9	0.9
7	槭树属	*Acer*	4.2	1.2	6.3	4.5	1.3	7.4	10.6	2.8	6.7	1.3	5.9	4.9	7.5	0.0
8	桦木属	*Betula*	3.9	0.8	5.0	2.7	5.6	4.7	12.5	4.4	4.2	1.6	8.1	2.7	5.4	0.1
9	杏属	*Armeniaca*	2.7	1.7	5.0	0.7	1.4	4.2	9.0	1.8	3.5	0.8	5.5	4.8	1.0	0.0
10	梣属	*Fraxinus*	2.6	0.0	5.5	1.0	5.8	1.1	0.2	3.7	4.5	1.3	3.7	1.5	6.0	0.0
11	落叶松属	*Larix*	2.3	0.0	0.0	0.0	6.0	3.4	6.5	2.5	2.9	0.9	2.6	0.0	6.3	0.9
12	稠李属	*Padus*	2.2	1.9	4.2	2.5	1.5	1.9	0.4	3.3	3.4	1.4	4.3	2.2	2.8	0.0
13	梨属	*Pyrus*	1.1	1.8	0.2	0.5	0.2	2.1	5.4	2.6	0.1	0.2	2.4	0.4	1.5	0.0
14	黄檗属	*Phellodendron*	1.0	0.0	0.0	0.1	2.1	1.8	0.6	0.2	2.2	0.5	1.4	0.6	2.2	0.0
15	李属	*Prunus*	1.0	0.0	1.4	2.8	1.1	0.4	0.0	0.4	1.6	0.9	3.1	0.1	0.6	0.0
16	其他		8.0	3.7	9.4	9.7	5.4	9.4	7.9	12.9	9.5	3.7	1.0	6.2	12.1	0.0

表 4-3　哈尔滨城市森林常见科相对多度分布情况（单位：%）

序号	科	拉丁名	占种类百分比	城市森林科组成百分比												
				行政区域					城市环路				林型			
				道外区	道里区	松北区	香坊区	南岗区	一环	二环	三环	四环	单位附属林	道路林	风景游憩林	生态公益林
1	杨柳科	Salicaceae	45.5	77.8	28.4	53.8	39.4	33.7	10.9	19.7	31.2	74.7	14.3	54.7	17.0	96.3
2	松科	Pinaceae	14.5	6.5	22.0	6.7	20.1	15.7	9.6	29.3	19.7	6.0	20.2	10.3	26.2	1.9
3	蔷薇科	Rosaceae	9.6	6.4	15.9	9.7	6.5	10.8	17.7	13.0	10.5	5.6	16.8	10.6	10.7	0.0
4	木犀科	Oleaceae	8.8	0.0	10.3	10.2	10.5	11.8	22.3	12.9	8.0	4.8	15.3	6.1	13.5	0.0
5	榆科	Ulmaceae	7.9	4.6	7.8	5.9	12.0	7.7	10.9	10.2	10.5	4.2	12.3	7.0	10.3	1.7
6	槭树科	Aceraceae	4.2	1.2	6.3	4.5	1.3	7.4	10.6	2.8	6.7	1.3	5.2	4.9	7.5	0.0
7	桦木科	Betulaceae	4.0	0.8	5.0	3.2	5.6	4.8	12.7	4.4	4.4	1.6	7.3	2.7	5.7	0.1
8	柏科	Cupressaceae	1.1	0.3	0.5	0.3	0.1	3.4	3.3	1.1	1.8	0.1	3.5	0.0	0.4	0.0
9	芸香科	Rutaceae	1.0	0.0	0.0	0.1	2.1	1.8	0.6	0.2	2.2	0.5	1.3	0.6	2.2	0.0
10	豆科	Leguminosae	0.6	0.3	1.4	0.3	0.2	1.0	0.1	1.0	1.1	0.2	0.6	0.7	1.4	0.0
11	其他		2.6	2.1	2.3	5.3	2.2	1.9	1.3	5.3	3.8	1.0	3.4	2.5	5.0	0.0

4.2.2 不同行政区域差异

道外区相对多度最高的是银中杨（36.1%），其次为旱柳（9.7%）和小叶杨（5.9%），其余相对多度（除窄冠杨外）均低于 8.5%；道里区红皮云杉相对多度（11.9%）最高，其次为旱柳（9.7%）；松北区小叶杨的相对多度最高为 24.0%，其余的均在 9.4%以下；香坊区和南岗区常见植物间相对多度差别均不大，南岗区暴马丁香（10.7%）和山杨（7.8%）相对多度较高（表 4-1）。如表 4-2 所示，各行政区杨属的相对多度均最高，除道里区（18.7%）外，其他区域杨属植物都占据主导地位。杨柳科（77.8%）在道外区占据了绝对优势，各科所占比例差异较大；道里区相对多度较高的几个科的相对多度均低于 30%，各优势科所占比例相对比较均衡；松北区相对多度最高的是杨柳科（53.8%）；香坊区除杨柳科（39.4%）超过 30%外，其余科所占比例都在 21%以下；南岗区相对多度最大的为杨柳科（33.7%），其余科的相对多度均在 15.8%以下（表 4-3）。

如表 4-1 所示，道外区最常见种相对多度最高为 36.1%，其次为松北区（24.0%）和香坊区（16.0%）。道里区和南岗区最常见种相对多度在 10%左右（11.9%和 10.7%）。道外区（67.9%）、松北区（44.9%）、香坊区（33.8%）和南岗区（26.6%）最常见属相对多度均高于 20%，而道里区（18.7%）低于 20%。道里区和南岗区最常见科相对多度在 30%左右，分别为 28.4%和 33.7%，而道外区、松北区和香坊区均高于 30%（图 4-1）。

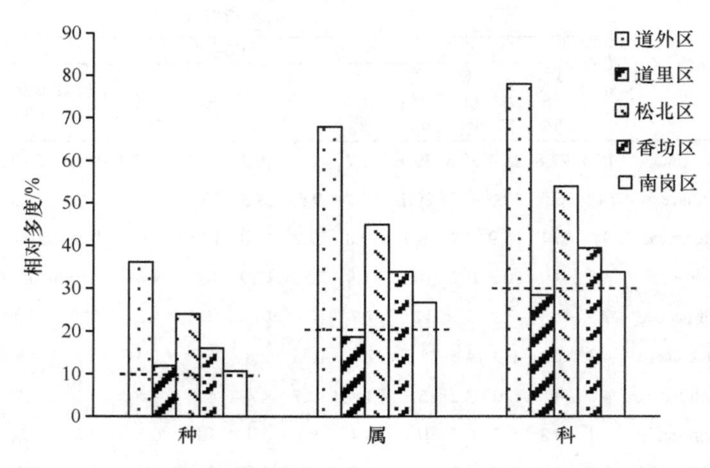

图 4-1　不同行政区域城市森林最常见种、属、科的相对多度（虚线表示 10/20/30 法则）

4.2.3 不同城市环路差异

如表 4-1 所示，在一环城市森林中暴马丁香（22.1%）、白桦（12.5%）和榆树

（10.9%）所占比例较大，而其余树种相对多度均小于 10%；二环各树种的所占比例相对较均衡，相对多度较大的是红皮云杉（11.3%）、樟子松（10.3%）和旱柳（10.0%）；三环各树种相对多度较接近，仅榆树大于 10%；四环各树种相对多度差别较大，分布最多的是银中杨（27.6%）。一环、二环和三环城市森林常见属间相对多度差别不大，仅有一环的丁香属（22.1%）和三环的杨属（22.6%）相对多度高于 20%，而四环杨属相对多度最高，占该区的 67.4%，其余属均低于 7.4%（表 4-2）。一环和二环各科的相对多度差别均不大，一环分布相对较多的是杨柳科、蔷薇科、木犀科和桦木科，二环为杨柳科、松科、蔷薇科和木犀科；四环杨柳科相对多度（74.7%）远大于其他科（表 4-3）。

如表 4-2 所示，从种的水平上来看，四环（27.6%）和一环（22.1%）最常见种相对多度大于 10%，而二环（11.3%）和三环（10.2%）最常见种相对多度均在 10%左右。从属的水平上看，一环（22.1%）、二环（14.1%）和三环（22.6%）最常见属相对多度在 20%左右，四环最高（67.4%），是一环的 3.05 倍、二环的 4.78 倍和三环的 2.98 倍。四环最常见科相对多度最高为 74.7%，是其他区域的 2.39~3.34 倍，而一环（22.3%）、二环（29.3%）和三环（31.2%）均在 30%左右（图 4-2）。

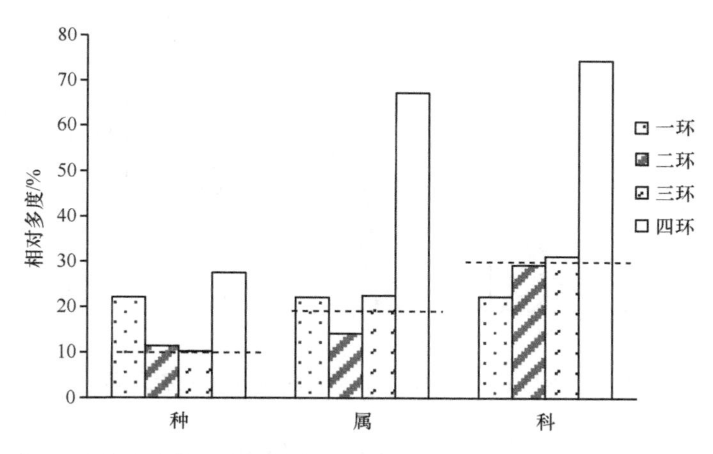

图 4-2　不同环路城市森林最常见种、属、科的相对多度（虚线表示 10/20/30 法则）

4.2.4　不同林型差异

单位附属林和风景游憩林各树种的相对多度差别均不大，而道路林和生态公益林主要以杨树类为主，其中道路林小叶杨所占比例达 22.1%，生态公益林银中杨所占比例达 40.6%。单位附属林和风景游憩林各属相对多度差别不大，而道路林和生态公益林各属间相对多度差别较大。单位附属林榆属（13.6%）、丁香属（13.5%）和松属（11.0%）相对较多，但均低于 13.7%；风景游憩林较多的是杨属

（11.1%）、云杉属（10.9%）和榆属（10.3%），相对多度均低于 11.2%；道路林包含的属较丰富，但杨属占主要地位，其余属的相对多度都低于 13.9%；生态公益林仅包含 7 个属，90.3%为杨属植物。单位附属林和风景游憩林各科的相对多度差别不大；道路林中杨柳科相对多度（54.7%）较高，其他科的相对多度差别不大；生态公益林共分布 4 个科，而杨柳科占据了 96.3%，其他科相对多度均小于 2%（表 4-3）。

如表 4-3 所示，从种的水平来看，生态公益林（40.6%）最常见种相对多度最高，其次为道路林（22.1%），风景游憩林和单位附属林最常见种相对多度分别为 9.4%和 12.1%，均在 10%左右。风景游憩林（11.1%）和单位附属林（13.6%）最常见属相对多度在 10%左右，而道路林和生态公益林分别为 40.9%和 90.3%。单位附属林（20.2%）和风景游憩林（26.2%）最常见科相对多度低于 30%，而道路林（54.7%）和生态公益林（96.3%）超出 Santamour Jr（2004）提出的最常见科不超过 30%的 0.8~2.2 倍（图 4-3）。

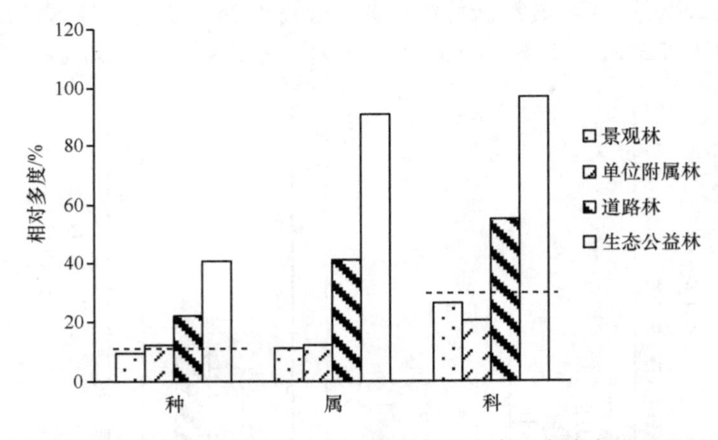

图 4-3　不同林型城市森林最常见种、属、科的相对多度（虚线表示 10/20/30 法则）

4.3　讨论与分析

哈尔滨城市森林常见树种 66 种，隶属 18 科 34 属，低于沈阳的 94 种（隶属 28 科 47 属），与长春 66 种（隶属 20 科 37 属）相当（Zhang et al. 2015a）。此外陈俊瑜和冯美瑞（1985）研究显示，20 世纪 80 年代哈尔滨城市森林植物为 85 种（隶属 19 科 39 属）。说明当前哈尔滨城市森林植物组成比较单一。哈尔滨市地区原生植被为榆树疏林草地，原生植被主要包括榆树、黄檗（*Phellodendron amurense*）、杏、樟子松、茶条槭、水曲柳和白桦等植物资源丰富，但这些本地植物目前在哈尔滨城市绿化中所占的比例较小（表 4-1~表 4-3），在今后的绿化中应加强对这些本地种的利用。

Kendal 等（2014）从全球选取了 108 个城市（其中包括有中国城市）对 Santamour Jr（2004）提出的 10/20/30 法则进行了验证，指出 10/20/30 法则是合理的并具有普适性，因此能运用这一法则对哈尔滨城市森林植物配置的合理性进行评价。如表 4-4 所示，哈尔滨城市森林最常见种、属和科的相对多度分别为 13%、37%和 45%，其属和科的值高于全国 7 个城市的平均水平（24%、31%）和全球范围平均值（26%、32%）。Kendal 等（2014）研究指出，在城市森林在种水平上，世界平均值为 20%，全国 7 个城市的平均值为 19%，可见哈尔滨城市森林在种的水平上是比较合理的。在属的水平上，哈尔滨市常见属相对多度分别高出 10/20/30 法则、世界平均值及全国平均值 85%、42.3%和 54.2%；在科的水上高分别高出 50%、40.6%和 45.2%。哈尔滨城市森林在属和科的水平上配置不合理。陈俊瑜和冯美瑞（1985）研究显示，20 世纪 80 年代哈尔滨城市森林最常见种、属和科的值分别为 15%、17%和 29%，均低于 10/20/30 法则，说明哈尔滨城市森林配置在 20 世纪 80 年代前是合理的，而近年的造林绿化使得结构不尽合理。

表 4-4 不同城市森林植物配置研究结果比较（单位：%）

	种	属	科	文献
哈尔滨（20 世纪 80 年代）	15	17	29	陈俊瑜和冯美瑞（1985）
哈尔滨	13	37	45	本研究
长春	7	14	23	Zhang 等（2015a）
遵义	40	40	50	钱能志（2005）
合肥	27	27	28	彭镇华（2003）
海口	26	26	35	陈秀龙（2007）
香港	5	8	13	Zhang 和 Jim（2014）
台北	18	24	24	Jim 和 Chen（2009a）
平均值	19	24	31	
世界 108 个城市平均值	20	26	32	Kendal 等（2014）
10/20/30 法则	10	20	30	Santamour Jr（2004）

4.3.1 不同行政区域建议

基于 10/20/30 法则，各行政区域城市森林在种、属和科的水平上均存在不合理的情况且单种（属、科）优势明显。在种的水平上，道外区、松北区和香坊区的常见种相对多度明显高于 10%；在属的水平上，除道里区外均高于 20%；在科的水平上，道外区、松北区和香坊区明显高于 30%，南岗区和道里区在 30%左右

（图 4-1、表 4-1~表 4-3）。道外区、松北区和香坊区城市森林在种的水平上均是杨树类植物占主导地位（大于 10%），其中道外区银中杨相对多度高达 36.1%，而其他树种相对较少（低于 10%）甚至没有分布，因而导致该区域植物配置不均衡。杨属和杨柳科在各区域（除道里外）的城市森林中均占据绝对优势，单属和单科优势明显（表 4-2）。为解决各行政区域城市森林植物配置不合理的问题，在今后树种的选择上可以参考表 4-5。

表 4-5 哈尔滨城市森林树种选择建议

		减少及慎用的种、属、科	应增加的种、属、科
行政区域	道外区	银中杨、小叶杨 杨属 杨柳科	暴马丁香、白桦、水曲柳、落叶松和榆树等 非杨柳科
	道里区	/	/
	松北区	杨属 杨柳科	杏、水曲柳、落叶松和榆树等 非杨柳科
	香坊区	杨属 杨柳科	桦木属、梣属、落叶松属和榆属等 非杨柳科
	南岗区	杨属	桦木属、梣属、落叶松属和榆属等 非杨柳科
城市环路	一环	暴马丁香、白桦 丁香属	樟子松、银中杨、水曲柳和茶条槭等
	二环	/	/
	三环	杨属	/
	四环	杨树类 杨属 杨柳科	杏、落叶松和茶条槭等 杏属、落叶松属、梨属及黄檗属等 松科、蔷薇科及芸香科类的植物
林型	单位附属林	榆树、暴马丁香	/
	道路林	杨树类、旱柳	红皮云杉、樟子松、落叶松、茶条槭、杜松和圆柏等
	风景游憩林	/	/
	生态公益林	银中杨 杨属 杨柳科	红皮云杉、榆树、樟子松、白桦 松属、云杉属、落叶松属、柳属 松科、榆科、桦木科等

4.3.2 不同环路建议

在种的水平上，仅二环和三环的城市森林符合 10/20/30 法则，而属、科的水平上，一环、二环和三环均满足 10/20/30 法则（表 4-1~表 4-3、图 4-2）。在今后城市森林树种的选择上一环可以优先选择樟子松、银中杨、水曲柳及茶条槭。哈尔滨市四环区域处于城乡结合部，这部分区域的城市森林大多属于生态公益林（如农田防护林），树种组成比较单一，主要以杨、柳类树种为主，这样的树种配置极易发生病虫害（Kendal et al. 2014；潘宏阳 2002）。四环城市森林树种选择在种的水上可以选择杏、落叶松和茶条槭，在属的水平上可以选择杏属、落叶松属、梨属及黄檗属等植物，在科的水平上应减少杨柳科植物的使用频率，更多地使用松科，蔷薇科及芸香科类的植物。

4.3.3 不同林型建议

各行政区域和不同城市环路树种组成主要受同林型树种组成的影响（表 4-1~表 4-3）。因此在对不同行政区域和不同环路城市森林整体植物总体配置时，还应考虑该区域内具体林型树种的配置。哈尔滨市各林型（除单位附属林和风景游憩林）在种、属和科的组成上单种、属和科优势明显，植物组成单一，均以杨柳类植物作为基调树种（表 4-1~表 4-3）。单位附属林和风景游憩林在种、属和科的配置上均比较合理。哈尔滨市的行道树植物种类比较单一，研究表明，杨柳科的植物为主要的行道树种，其中又以杨树占绝对优势。这些行道树绿化面积大、生长迅速、易于成活，但在一定程度上群落结构简单、物种单调、层次单一，增加了树种受病虫害侵染的概率（Kendal et al. 2014；唐亚森和张铮 2007）。根据哈尔滨市道路林植物组成现状，哈尔滨市在道路林树种上可以通过增加红皮云杉、樟子松、落叶松、茶条槭、杜松（*Juniperus rigida*）及圆柏（*Sabina chinensis*）的使用率来解决当前种、属和科配置不合理的状况。目前哈尔滨市生态公益林形成杨柳科植物一枝独秀的局面，结构简单，很多地方是纯林（表 4-1~表 4-3、图 4-3）。基于生态公益林树种选择的特殊性，为增加哈尔滨市生态公益林的稳定性及生物多样性，在种的水平上可以选择红皮云杉、榆树、樟子松和白桦；在属的水平上增加松属、云杉属、落叶松属和柳属植物；在科的水平上增加松科、榆科和桦木科等植物的数量（表 4-5）。

城市化正在全球范围内迅速扩张，预计 2050 年世界城市人口将达到总人口的 66%（United Nations 2014）。城市化快速发展的同时，人们也面临着一系列的环境问题，如雾霾、热岛、噪声污染及空气污染等，而作为城市生态系统重要组成部分的城市森林在改善环境方面起着举足轻重的作用（Jim and Zhang 2013；Li X et al. 2013；Yang et al. 2005；柴一新等 2002）。人们逐渐认识到城市森林的重要性，城市森林的功能及多样性方面的研究越来越被当作研究热点（李海梅等 2004）。笔者的研究结果对于哈尔滨城市园林的建设具有实践意义。

4.4 小　　结

哈尔滨城市森林最常见的树种是银中杨（13.5%）、最常见的属是杨属（37.6%）、最常见的科是杨柳科（45.5%）。根据 10/20/30 法则，哈尔滨城市森林在种的水平上配置比较合理，但在属和科的水平上不尽合理。主要原因是各行政区、不同环路和不同林型的城市森林存在单种、属和科占绝对优势的现象。为解决哈尔滨城市森林植物配置不合理的问题，可以从以下 3 个方面入手：

（1）从城市行政区域方面，道外区在城市森林树种选择时应减少杨树类，而提高榆树、暴马丁香、白桦、水曲柳和落叶松等这些非杨树类树种在城市森林中的使用比例；松北区应适当增加杏、水曲柳和落叶松等的使用比例；香坊区应适当地减少杨树类的使用比例。在属和科水平上，各区应减少杨属和杨柳科的使用而增加其他科属植物的使用频率。

（2）从城市环路方面，一环应优先选择樟子松、水曲柳、银中杨及茶条槭等；四环应优先选择杏、落叶松和茶条槭，杏属、落叶松属、梨属及黄檗属等植物，松科、蔷薇科及芸香科类的植物。

（3）从林型方面，道路林树种选择时应提高红皮云杉、樟子松、落叶松、茶条槭、杜松及圆柏的使用率；生态公益林在种的水平上可以优先选择红皮云杉、榆树、樟子松和白桦，在属的水平上增加松属、云杉属、落叶松属和柳属植物的数量，在科的水平上增加松科、榆科和桦木科等植物的数量。

第5章 城市绿地土壤肥力评价

城市绿地土壤肥力对城市植被生态服务功能起到关键支撑作用（刘占锋等 2006）。评价土壤肥力包括很多方法，如内梅罗综合指数法（单奇华等 2009；田绪庆等 2015；杨皓等 2015）、层次分析法（纪浩和董希斌 2012；汪贵斌等 2010）等，而在众多评价方法中内梅罗综合指数法对土壤肥力的综合评价具有优势（包耀贤等 2012）。地理信息系统（geographic information system，GIS）与地统计学相结合研究土壤肥力及其空间分布特征已经得到广泛应用（Peng et al. 2013；沈一凡等 2016），该方法能够有效解释空间格局对生态过程与功能的影响，有利于探讨土壤养分与环境因子之间的关系（司建华等 2009；张伟等 2013）。

目前，城市土壤研究主要集中在理化性质调查及污染物分析等方面，城市绿地土壤肥力及其空间分布相关研究还较少（顾兵等 2010；杨奇勇等 2011）。本章以哈尔滨城市绿地为研究对象，对其城市绿地土壤各肥力指标进行分析，并利用ArcGIS地统计学模块工具研究了城市绿地土壤肥力空间结构特征，绘制了土壤肥力指标分布图，以期提供可靠的城市绿地土壤养分数据和信息，为合理规划利用城市土壤、科学施肥管理等提供科学依据，这将有助于城市绿化造林实践。

本章内容在对哈尔滨城市绿地土壤各肥力指标测定分析的基础上，旨在解决如下问题：

（1）哈尔滨城市绿地土壤肥力现状如何？形成原因是什么？

（2）不同绿地类型土壤肥力差异多大，其限制因子有哪些？

（3）基于土壤肥力特征提升城市植被生态服务的建议？

5.1 材料与方法

5.1.1 土壤采集

2014年8月，以网格法均匀选取哈尔滨市257个样地（图5-1），按照城市森林绿地的分类（何兴元等 2004），分别选取风景游憩林绿地（主要为市区公园等）、单位附属林绿地（市区住宅小区、学校绿地等）、道路林绿地（市区主干道及街道绿化带等）、生态公益林绿地（农田防护林等）及郊区农田。取样深度为0~20cm，

本章主要撰写者为王文杰和周伟。

每个样地取 4 环刀混为 1 个样品，共采集 257 个土样（道路林绿地 58 个、风景游憩林绿地 43 个、单位附属林绿地 58 个、生态公益林 58 个、农田 40 个）。待样品自然风干至恒重，粉碎研磨，过 2mm 和 0.25mm 土壤筛备用。

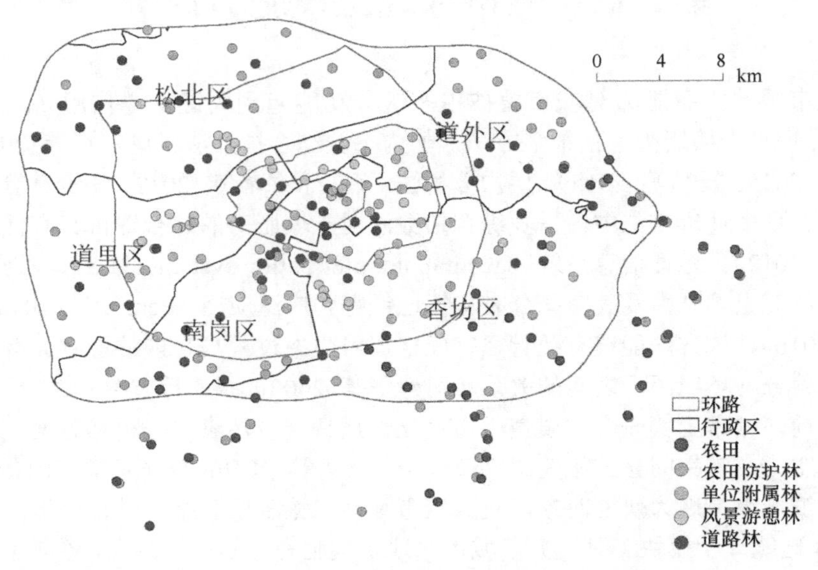

图 5-1 哈尔滨城市绿地样点分布图（彩图请扫封底二维码）

5.1.2 土壤指标测定

对 pH、容重、有机质、全氮、全磷、全钾、碱解氮、速效磷、速效钾等 9 个指标进行测定。pH 测定采用 pH 计法、土壤容重测定采用环刀法、有机质测定采用重铬酸钾外加热法、全氮测定采用半微量凯氏定氮法、全磷测定采用 NaOH 熔融钼锑抗比色法、全钾测定采用 NaOH 熔融原子吸收分光光度计法、碱解氮测定采用 NaOH 碱解扩散法、速效磷测定采用 $NaHCO_3$ 浸提钼蓝比色法、速效钾测定采用乙酸铵浸提原子吸收分光光度计法（鲍士旦 2000）。

5.1.3 土壤质量评价方法

5.1.3.1 土壤肥力单项指标评价

参照表 5-1 全国第二次土壤普查及有关标准（阚文杰和吴启堂 1994；单奇华等 2009；田绪庆等 2015；杨皓等 2015），对哈尔滨城市绿地土壤有机质、全氮、全磷、全钾、碱解氮、速效磷、速效钾、pH、容重等肥力指标进行评价，并比较不同绿地土壤差异。

表 5-1　土壤养分含量分级标准

级别	有机质/（g/kg）	全氮/（g/kg）	全磷/（g/kg）	全钾/（g/kg）	碱解氮/（mg/kg）	速效磷/（mg/kg）	速效钾/（mg/kg）	备注
1	>40	>2	>1	>25	>150	>40	>200	很高
2	30~40	1.5~2	0.8~1	20~25	120~150	20~40	150~200	高
3	20~30	1~1.5	0.6~0.8	15~20	90~120	10~20	100~150	中上
4	10~20	0.75~1	0.4~0.6	10~15	60~90	5~10	50~100	中下
5	6~10	0.5~0.75	0.2~0.4	5~10	30~60	3~5	30~50	低
6	<6	<0.5	<0.2	<5	<30	<3	<30	很低

5.1.3.2　土壤综合肥力评价

采用改进的内梅罗综合指数法对哈尔滨城市绿地土壤肥力质量进行综合评价（阚文杰和吴启堂 1994；单奇华等 2009；田绪庆等 2015；杨皓等 2015）。

参照全国第二次土壤普查中的土壤各属性分级标准（表 5-2）对所选指标参数进行标准化以消除各参数之间的量纲差别，标准化处理的方法如下：

当属性值属于差的一级，即 $c_i \leqslant x_a$ 时，$F_i=c_i/x_a$（$F_i \leqslant 1$）　(1)

当属性值属于中等一级，即 $x_a<c_i \leqslant x_c$ 时，$F_i=1+(c_i-x_a)/(x_c-x_a)$（$1<F_i \leqslant 2$）(2)

当属性值属于较好一级，即 $x_c<c_i \leqslant x_p$ 时，$F_i=2+(c_i-x_c)/(x_p-x_c)$（$2<F_i \leqslant 3$）(3)

当属性值属于好一级，即 $c_i>x_p$ 时，$F_i=3$　(4)

上述各式中，F_i 为属性分系数，c_i 为该属性测定值，x_a、x_c、x_p 为土壤各属性内梅罗分级指标。

表 5-2　土壤各属性分级标准

土壤属性	内梅罗分级指标		
	x_a	x_c	x_p
有机质	10	20	30
全氮	0.75	1.5	2
全磷	0.4	0.6	1
全钾	5	20	25
碱解氮	60	120	180
速效磷	5	10	20
速效钾	50	100	200
pH（>7.0）	9	8	7
pH（≤7.0）	4.5	5.5	6.5
容重	1.45	1.35	1.25

此外，由于土壤容重在 1.14~1.26g/cm^3 比较有利于幼苗的出土和根系的正常生长，其标准化后的指数数值应该较大，而大于或小于这个范围的土壤容重不利于植被生长，其标准化后的指数数值应该较小，因此，对容重标准化做特殊处理，具体方法如下（单奇华等 2009）。

当容重（c_i）≥1.45g/cm^3 时，F_i=1.45/c_i（F_i≤1） （5）

当 1.35g/cm^3≤c_i<x_c 时，F_i =1+（c_i-1.45）/（1.35~1.4）（1<F_i≤2） （6）

当 1.25g/cm^3≤c_i<1.35g/cm^3 时，F_i=2+（c_i-1.35）/（1.35~1.45）（2<F_i≤3）（7）

当 1.14g/cm^3≤c_i<1.25g/cm^3 时，F_i =3 （8）

当 pH≤7 时，适用公式 1~4，当 pH>7 时，适用公式 5~8，标准 pH 9、8、7 分别对应容重 1.45g/cm^3、1.35g/cm^3、1.25g/cm^3。

最后采用改进的内梅罗综合指数法对城市森林绿地土壤肥力质量作综合评价。修正的内梅罗计算公式：

$$F=\sqrt{\frac{(\overline{F}_i)^2+(F_{i\min})^2}{2}}\cdot\left(\frac{n-1}{n}\right)$$

式中，F 为土壤综合肥力指数；$\overline{F}_i$ 为各分肥力指数的平均值；$F_{i\min}$ 为各分肥力指数中最小值；n 为参评指标数。根据 F 值将土壤肥力分为 4 级，即 1 级 F>2.7 时，土壤肥力为很肥沃；2 级 F=2.7~1.8 时，土壤肥力为肥沃；3 级 F=1.8~0.9 时，土壤肥力为中等；4 级 F<0.9 时，土壤肥力为贫瘠。

5.1.4 土壤肥力空间结构分析

运用 ArcGIS 10.2 地统计学 Geostatistical Analyst 模块球状模型、指数模型、高斯模型等进行半方差函数拟合分析，半方差函数拟合的前提是数据符合正态分布或对数正态分布，pH、全氮、全钾既不符合正态分布也不符合对数正态分布，故不进行拟合。根据均方误差（MSE）最接近于 0，标准均方根误差（RMSSE）最接近于 1，选择最优拟合模型（Zhang et al. 2016；崔潇潇等 2010）。块基比（C_0/C_0+C）又称块金效应，是研究土壤养分空间依赖性或结构性的重要指标，表示随机部分引起的空间异质性占系统总变异的比例。若此值大于 75%说明系统空间相关性很弱，空间变异主要受随机因素影响；小于 25%说明系统具有强空间相关性，空间变异主要受结构因素影响；介于 25%~75%，说明系统具有中等空间相关性，空间变异受随机因素及结构因素共同影响（Li J et al. 2014；司建华等 2009）。

5.1.5 土壤肥力指标及综合肥力指数空间分布图示

克里金（Kriging）插值法和反距离权重（inverse distance weighted，IDW）插

值法是空间统计分析的常用方法。本章根据各肥力指标值并结合全国第二次土壤普查标准，应用 ArcGIS 10.2 将样地的土壤肥力指标及综合肥力指数进行插值。数据的正态分布或对数正态分布是克里金插值的前提条件，而 pH、全氮、全钾不符合正态分布或对数正态分布，所以这三个指标采用 IDW 插值，其他指标进行克里金插值（王辛芝等 2006）。其中容重插值划分为<1.3、1.3~1.4、>1.4；pH 分为酸性（6~6.5）、中性（6.5~7.5）、偏碱性（7.5~8.5）、碱性（>8.5）；有机质、碱解氮划分为 4 个等级，分别是中下（有机质<20g/kg、碱解氮<90mg/kg）、中上（有机质 20~30g/kg、碱解氮 90~120mg/kg）、高（有机质 30~40g/kg、碱解氮 120~150mg/kg）、很高（有机质>40g/kg、碱解氮>150mg/kg）；全磷划分为 3 个等级，分别是低（<0.4g/kg）、中下（0.4~0.6g/kg）、中上（>0.6g/kg）；速效钾分别为中下（<100mg/kg）、中上（100~150mg/kg）、高（150~200mg/kg）、很高（>200mg/kg）；综合肥力指数划分为<1.3、1.3~1.5、>1.5。本研究中全钾含量和速效磷含量较高，如果按照表 5-1 等级划分，将无法在空间图上体现差异，故更精细地将全钾划分 3 个等级，分别是较高（<50g/kg）、很高（50~100g/kg）、非常高（>100g/kg）；速效磷划分 3 个等级，分别为中下（<20mg/kg）、中上（20~30mg/kg）、较高（>30mg/kg）。从而绘制了城市绿地土壤各肥力指标及综合肥力指数空间分布图。

5.1.6　数据处理

应用 JMP 10.0 对不同类型土壤肥力指标进行方差分析和多重比较，采用 SPSS 17.0 进行 K-S 检验，利用 Excel 2010 分析土壤肥力指标的统计学特征并绘制表格。

5.2　结果与分析

5.2.1　土壤肥力指标的描述性统计

哈尔滨城市土壤 pH 均值为 7.4，容重均值为 1.37g/cm^3，有机质、全氮、全磷、全钾、碱解氮、速效磷、速效钾平均含量依次为 34.26g/kg、1.22g/kg、0.5g/kg、63.23g/kg、124.43mg/kg、21.45mg/kg、134.86mg/kg，综合肥力指数（*F*）平均值为 1.51。从变异系数（CV）来看，土壤容重和 pH 最小，分别为 7.86%和 13.04%，其他土壤养分 CV 均在 40%以上，依次为速效磷（65.92%）>碱解氮（64.19%）>速效钾（58.97%）>全钾（57.1%）>有机质（53.68%）>全磷（48.2%）>全氮（40.72%），*F* 的 CV 为 19.5%。K-S 检验显示，容重、有机质、全磷及 *F* 服从正态分布，碱解氮、速效磷、速效钾服从对数正态分布，pH、全氮、全钾既不服从正态分布也不服从对数正态分布（表 5-3）。

表 5-3 哈尔滨城市绿地土壤描述性统计量

土壤属性	最大值	最小值	平均值	标准差	CV/%	分布型
pH	10.13	4.88	7.4	0.97	13.04	非正态
容重/（g/cm^3）	1.7	0.99	1.37	0.11	7.86	正态
有机质/（g/kg）	142.75	1.79	34.26	18.39	53.68	正态
全氮/（g/kg）	4.55	0.13	1.22	0.5	40.72	非正态
全磷/（g/kg）	1.56	0.07	0.5	0.24	48.2	正态
全钾/（g/kg）	172	24.27	63.23	36.11	57.1	非正态
碱解氮/（mg/kg）	556.5	10.5	124.43	79.87	64.19	对数正态
速效磷/（mg/kg）	89.08	3.74	21.45	14.14	65.92	对数正态
速效钾/（mg/kg）	545.1	29.74	134.86	79.53	58.97	对数正态
F	2.53	0.82	1.51	0.29	19.5	正态

5.2.2 不同类型土壤肥力指标及综合肥力指数

不同类型土壤肥力指标如表 5-4 所示，除速效钾外，土壤各肥力指标多表现为差异显著（$P<0.05$），pH 和容重均表现为道路林绿地最高，农田最小；有机质表现为风景游憩林绿地（44.15g/kg）最高，道路林绿地（34.18g/kg）次之，其他 3 个类型最低且差异不显著（$P>0.05$）；全氮表现为农田（1.51g/kg）>生态公益林绿地（1.31g/kg）>风景游憩林绿地（1.27g/kg）>道路林绿地（1.07g/kg）>单位附属林绿地（1.05g/kg）；全磷表现为风景游憩林绿地（0.59g/kg）>农田（0.57g/kg）>道路林绿地=单位附属林绿地（0.48g/kg）>生态公益林绿地（0.44g/kg）；全钾表现为道路林绿地（75.2g/kg）>风景游憩林绿地（71.98g/kg）>生态公益林绿地（61.73g/kg）>单位附属林绿地（58.18g/kg）>农田（45.97g/kg）；碱解氮表现为农田（156.13mg/kg）最高，单位附属林绿地（105.78mg/kg）最低，其他 3 种类型居于两者之间，且差异不显著（$P>0.05$）；速效磷表现为农田（29.85mg/kg）显著高于其他 4 种绿地类型。

表 5-4 不同类型土壤肥力指标比较

类型	pH	容重/（g/cm^3）	有机质/（g/kg）	全氮/（g/kg）	全磷/（g/kg）	全钾/（g/kg）	碱解氮/（mg/kg）	速效磷/（mg/kg）	速效钾/（mg/kg）
道路林	8.05a	1.40a	34.18ab	1.07b	0.48ab	75.20a	114.53ab	21.14b	128.16a
风景游憩林	7.70b	1.35ab	44.15a	1.27ab	0.59a	71.98a	112.65ab	19.25b	148.56a
单位附属林	7.90ab	1.39a	30.24b	1.05b	0.48ab	58.18ab	105.78b	19.71b	145.12a
生态公益林	7.02c	1.38a	32.30b	1.31a	0.44b	61.73ab	139.16ab	19.00b	137.38a
农田	6.00d	1.32b	32.55b	1.51a	0.57ab	45.97b	156.13a	29.85a	111.29a

综合肥力指数如表 5-5 所示，农田显著高于道路林、单位附属林和生态公益林（P<0.05），具体表现为农田（1.66）>风景游憩林绿地（1.59）>生态公益林绿地（1.51）>道路林绿地（1.43）>单位附属林绿地（1.41）。道路林绿地、单位附属林绿地、风景游憩林绿地、生态公益林绿地碱解氮、容重、全氮、全磷 F_i 均小于 2，农田则只有全磷小于 2。

表 5-5 基于内梅罗指数的土壤肥力综合评价

类型	F_i									F_i 平均值	F
	pH	容重	有机质	全氮	全磷	全钾	碱解氮	速效磷	速效钾		
道路林	2.08	1.62	2.58	1.43	1.44	3	1.78	2.55	2.04	2.06	1.43b
单位附属林	2.26	1.65	2.35	1.39	1.4	3	1.58	2.53	2.19	2.04	1.41b
风景游憩林	2.36	1.95	2.8	1.71	1.78	3	1.83	2.51	2.1	2.23	1.59ab
生态公益林	2.84	1.74	2.43	1.7	1.29	3	1.92	2.35	2.24	2.17	1.51b
农田	2.41	2.03	2.69	2.07	1.66	3	2.33	2.79	2.02	2.33	1.66a

5.2.3 土壤养分空间变异的半方差函数拟合

由表 5-6 可以看出，容重、有机质、速效磷、速效钾、综合肥力指数的最佳理论模型是指数模型（E），全磷、碱解氮的最佳理论模型是球状模型（S）。容重和有机质的块金效应均≥75%，全磷、碱解氮、速效磷、速效钾及综合肥力指数的块金效应分别为 54%、65.4%、65.4%、46.4%、64.9%。

表 5-6 土壤各肥力指标及综合肥力指数半方差模型及参数

土壤属性	模型	块金值	基台值	块基比	变程/m	预测误差	
						均方误差	均方根误差
容重	E	0.01	0.013	0.751	396	0.011	1.044
有机质	E	310.55	361.12	0.86	396	−0.007	0.967
全磷	S	0.033	0.06	0.54	104	−0.003	1.055
碱解氮	S	0.217	0.332	0.654	143	−0.023	1.008
速效磷	E	0.238	0.364	0.654	122	−0.037	1.062
速效钾	E	0.148	0.318	0.464	113	0.022	0.916
综合肥力指数	E	0.064	0.1	0.649	396	−0.013	1.02

5.2.4 土壤肥力指标及综合肥力指数空间分布特征

土壤各肥力指标分布如图5-2所示，土壤容重大多数区域集中在1.3~1.4g/cm^3；pH大部分区域为7.5~8.5；有机质大部分区域为30~40g/kg；全氮大部分区域集中在1~1.5g/kg；全磷多数区域为0.4~0.6g/kg；全钾含量均较高，北部高于南部；碱解氮西北与东南部主要为>120mg/kg，中部主要为90~120mg/kg，西南部分区域为<90mg/kg；速效磷中部和东南为20~30mg/kg，其他区域多为<20mg/kg；速效钾大部分区域为>150mg/kg。综合肥力指数显示东部和中部>1.5，其他区域主要集中在1.3~1.5，小部分区域<1.3（图5-3）。

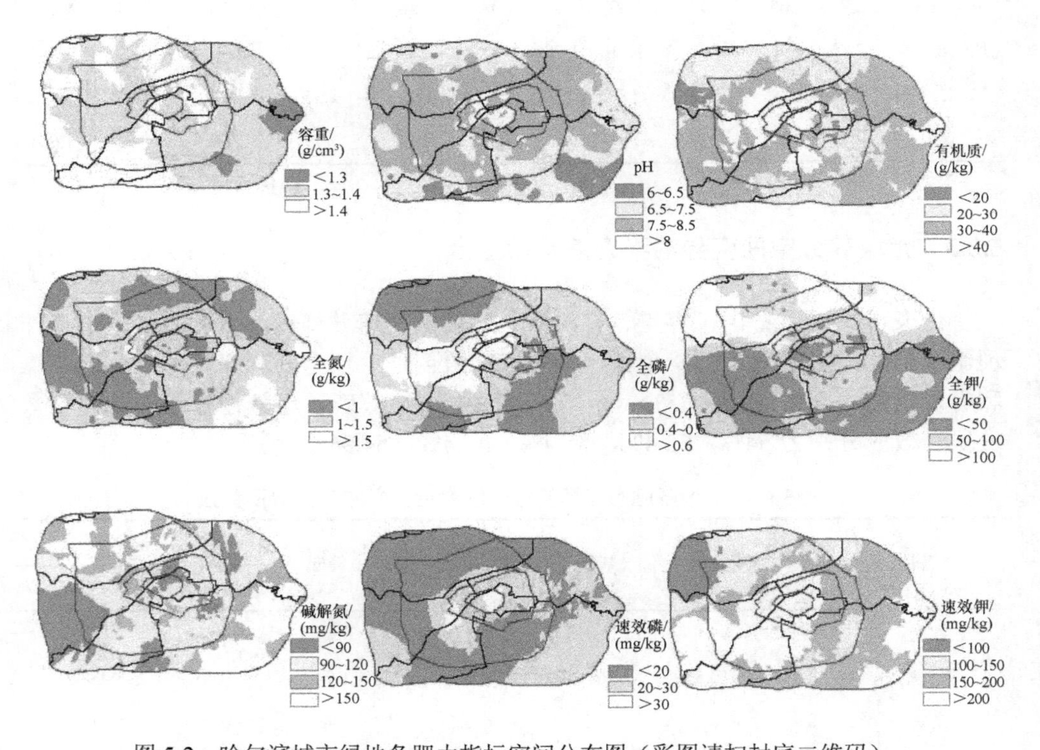

图5-2 哈尔滨城市绿地各肥力指标空间分布图（彩图请扫封底二维码）

容重绿色、黄色和白色区域分别表示有利、中等、不利于植物生长，pH绿色、黄色、褐色、白色分别表示酸性、中性、偏碱性、碱性。其他土壤指标图中参照表5-1分级标准进行画图（其中全钾、速效磷有更精细划分，以更好体现差异），有机质、碱解氮、速效钾绿色、黄色、褐色、白色分别表示中下、中上、高、很高水平；全磷绿色表示低，黄色中下，白色中上；全钾绿色、黄色、白色分别代表高、很高、非常高；全氮、速效磷绿色、黄色、白色分别表示中下、中上及较高水平

图 5-3　综合肥力指数空间分布图（彩图请扫封底二维码）

5.3　讨　　论

5.3.1　哈尔滨城市绿地土壤现状

参照全国第二次土壤普查分级标准（表 5-1），并结合土壤肥力指标空间分布特征（图 5-2），可知土壤有机质在空间上看达到了 2 级、高水平；全氮、碱解氮、速效磷大部分区域集中在 3 级、中上水平；全钾、速效钾空间上均为 2 级及以上水平；而全磷含量普遍较低，大部分为 0.4~0.6g/kg（4 级、中下水平），本研究结果与长春城市绿地土壤情况类似（周伟等 2017）。有机质在陆地生态系统中有重要作用，与土壤肥力和土壤健康紧密相关，氮磷钾为植物生长发育提供必需养分，是土壤施肥的主要元素（Zhou et al. 2016；张丽娜等 2013）。笔者发现各肥力指标的最大值与最小值间差异较大，最大值是最小值的 7~80 倍，这说明土壤养分分布存在本底差异，这与崔潇潇等（2010）结果相一致，在今后养分管理中应注意这种肥力的本底差异，精准施肥以提高养分利用。适合植物生长的土壤容重一般为 1.14~1.26g/cm^3（Reisinger et al. 1988），哈尔滨城市土壤容重平均为 1.37g/cm^3，空间上大部分集中在 1.3~1.4g/cm^3，容重值较大。土壤 pH 多集中在 7.5~8.5，为弱碱性。哈尔滨中部和东部区域综合肥力指数高于其他区域（图 5-3），城市土壤肥力受人类活动干扰影响较大（冯万忠等 2008；周伟等 2017），中部区域是哈尔滨市中心，密集的人为活动可能是其肥力指数较高的原因，而东部位于三环以外，分布有大量农田，这可能导致其肥力指数较高。变异系数（CV）反映了样本的离散程度，CV<10%为弱变异，10%<CV<100%为中等变异，CV>100%为强变异（司建华等 2009）。本研究结果表明，除土壤容重为弱变异外，其他养分指标均为中等变异。

5.3.2 土壤肥力指标空间分布特征及原因分析

研究土壤养分的空间特征有利于探讨土壤性质与环境因子间的关系（胡忠良等 2009）。自然林地土壤养分含量既受气候、成土母质、成土过程及土壤质地的影响，还受耕作制度、施肥制度和种植作物类型等人为因素影响（王雪梅等 2016）。张莉燕等（2009）指出新疆柽柳立地土壤养分变异主要是由结构因素引起的，Peng 等（2013）研究发现泰安郊区土壤的有机质空间变异主要受结构因素影响，范夫静等（2014）研究指出植被、地形、人为干扰和高异质性的微生境是造成峡谷型喀斯特坡地土壤养分格局差异的主要因素。然而城市绿地空间特征明显不同于自然林地土壤，笔者研究发现，有机质块基比为 0.86，土壤容重块基比为 0.751（表 5-6），说明城市化进程中的随机因素（如土壤的压实、深翻、回填等）是影响土壤有机质及土壤容重空间分布特征的主要因素。全磷、碱解氮、速效磷、速效钾及综合肥力指数的块基比介于 25%~75%（表 5-6），表现出中等空间相关性，其空间变异主要是随机因素及结构因素（城市布局、树种配置等）共同影响造成的。城市绿地土壤结构复杂，多以客土为主，且不同土地利用方式会对土壤养分造成影响，因此，对城市绿地土壤肥力的空间特征研究应该置于城市化背景下进行，如将影响城市化进程的客观因素作为结构因素，而城市化进程中的突发性因素作为随机因素来探讨城市土壤空间变异特征。

5.3.3 不同类型绿地土壤肥力差异、限制因子分析及建议

不同土地利用方式对城市土壤养分及肥力有显著影响，土地利用方式的改变可以使土壤养分性状发生改变（佘冬立等 2010）。本研究发现，哈尔滨城市绿地土壤肥力指标及综合肥力指数农田及风景游憩林绿地多表现为最好，而道路林绿地与单位附属林绿地最差。长春城市森林绿地土壤肥力状况与哈尔滨类似（周伟等 2017）。农田位于市郊，多为玉米地，农民对其管理精细，投入较大，所以土壤肥力最高（冯万忠等 2008），而市区由于城市化进程影响其城市森林土壤肥力质量普遍较低（单奇华等 2009）。人为踩踏、冬季撒施融雪剂、道路翻修等使得道路林的 pH 和土壤容重最大，综合肥力指数较低；单位附属林绿地主要以小区、校园为主，而小区绿地往往为回填土，建筑垃圾较多，所以其有机质、全氮、碱解氮等含量最低，pH、土壤容重较大，综合肥力指数最低。

修正的内梅罗公式突出了最小因子对土壤肥力的影响，可以根据内梅罗公式中的 F_i 的最小值判断土壤最小影响因子（安康等 2015）。本研究发现，除农田外，全氮、全磷、容重及碱解氮均为 $1<F_i<2$，而其他指标的 F_i 均大于 2（表 5-5），说

明全氮、全磷、容重及碱解氮是限制土壤肥力的主要因子。内梅罗综合指数法能够客观反映城市绿地土壤的综合肥力特征，不少学者通过该方法对城市土壤肥力整体状况进行评价，但是没有更深入地分析城市土壤肥力的空间分布特征（冯万忠等，2008；单奇华等，2009；李志国等，2013；田绪庆等，2015），而本研究将 GIS 与土壤学相结合，绘制了城市绿地土壤肥力空间分布图，从而更直观地反映了城市土壤肥力的分布状况，这将更有助于城市绿地土壤肥力的综合评价。因此，在下一步的研究中，应该将 GIS 技术更好地融入城市绿地土壤肥力评价研究中。

在今后绿地管理过程中，应采取相应措施提高城市绿地土壤肥力，如采用枯枝落叶沤肥、种植固氮耐低磷植物等生物学措施及精准增施氮磷有机肥并控制钾肥、施用土壤改良剂等人为调控措施改善土壤肥力状况（Han et al. 2005；刘建中等 1994）。应尤其注重道路绿地及单位绿地的养分改善，通过疏松土壤、设置绿篱避免踩踏、科学撒施融雪剂避免道路绿地盐碱化、加强小区绿地回填土壤养分管理等措施提升城市植被生态服务功能。

5.4　小　　结

参照全国第二次土壤普查分级标准，哈尔滨城市绿地土壤养分空间分布格局表现为有机质、全钾、速效钾含量较高，碱解氮、全氮、速效磷处于中上水平，而全磷含量较低。土壤容重偏高，pH 为弱碱性。综合肥力指数农田最高，风景游憩林次之。全磷、全氮、土壤容重及碱解氮是限制土壤综合肥力的主要因子。土壤肥力空间结构特征表明，哈尔滨城市绿地土壤容重及有机质空间变异主要受随机因素的影响，而全磷、碱解氮、速效磷、速效钾及综合肥力空间变异受随机因素及结构因素共同影响。以上结果为精准施策提升城市绿地土壤肥力质量提供了数据基础。

第6章　木本植物及鸟类多样性保护功能

城市化不仅仅改变了城市物理环境，同时也使城市绿化设施发生了变化（Burton et al. 2009；McKinney 2002，2006）。正确理解城市化如何影响生物多样性，其中包括对植物和鸟类组成及它们间的相互关系的影响，是城市化进程中生物多样性保护工作的一个难点（Alvey 2006；Faeth et al. 2011；McKinney 2002；Primack et al. 2009）。在定义城市化影响方面，研究人员常用的方法包括：城市环路（Chen X et al. 2014；Zhang et al. 2015b）、城乡梯度（Chen FS et al. 2014；Chen et al. 2013；Fang et al. 2011）、土地利用类型（沙漠、城市及农区）（Kaye et al. 2005；Walker et al. 2009）或者城市区域与亚城市区域（Pautasso et al. 2011），而基于历史长期数据的研究更有利于揭示这一影响（Drayton and Primack 1996；Primack et al. 2009）。在生物多样性方面，不同功能群的划分有助于科学理解多样性变化的形成机制，如基于全球植被起源划分为广布型、热带分布型及温带分布型等（Good 1964；Myers and Giller 1988）、外来种和本地种（Honnay et al. 2003；Knapp et al. 2008；McKinney 2006）、植物科属种相对多度（肖路等 2016）。鸟类多样性与植物种类间的关系多通过影响鸟类筑巢生境与食性差异进行分类（Tilghman 1987；王勇等 2014）。

截至目前，有关哈尔滨市木本植物及鸟类的组成与多样性随城市化的变化趋势研究还很少（Baranov et al. 1955；陈俊瑜和冯美瑞 1985）。本章主要致力于解决以下3个问题：

（1）不同方法量化城市化对木本植物的影响；

（2）利用长期数据确认木本植物对城市化的响应变化；

（3）明确鸟类变化与木本植物的关系。

6.1　研究地点与方法

6.1.1　研究地点

本研究区域除了哈尔滨市市区（中心经纬度45°45′N，126°38′E）外，还包括附近的自然保护区、林场和农区（图6-1）。两个自然保护区：带岭凉水自然保护区

本章主要撰写者为肖路和王文杰。

（47°06′~47°16′N，128°47′~128°57′E）和长白山国家级自然保护区（41°41′~42°51′N，127°43′~128°16′E）；4 个林场：帽儿山林场（45°20′~45°25′N，127°30′~127°34′E）、肇东实验林场（46°15′~46°20′，125°36′~125°37′E）、红旗林场（45°54′~46°02′N，129°50′~130°06′E）和带岭林场（47°00′~47°03′N，128°58′~129°00′E）；6 个农区：富裕（45°37′~45°40′N，124°48′~126°51′E）、明水（45°08′~45°43′N，125°41′~126°42′E）、肇州（45°41′~45°49′N，124°55′~125°12′E）、杜蒙（45°46′~46°55′N，124°19′~125°12′E）、肇东（45°10′~46°20′N，125°22′~126°22′E）和兰陵（45°13′~45°18′N，125°13′~126°18′E）。在景观尺度上，城乡梯度按自然保护区-林场-农区-城市划分，用于探索在大的环境因子范围内城市化对木本植物多样性和组成的影响。依据哈尔滨市的发展规律，分别按照城市环路和建成时间划分城乡梯度（图 6-1）。

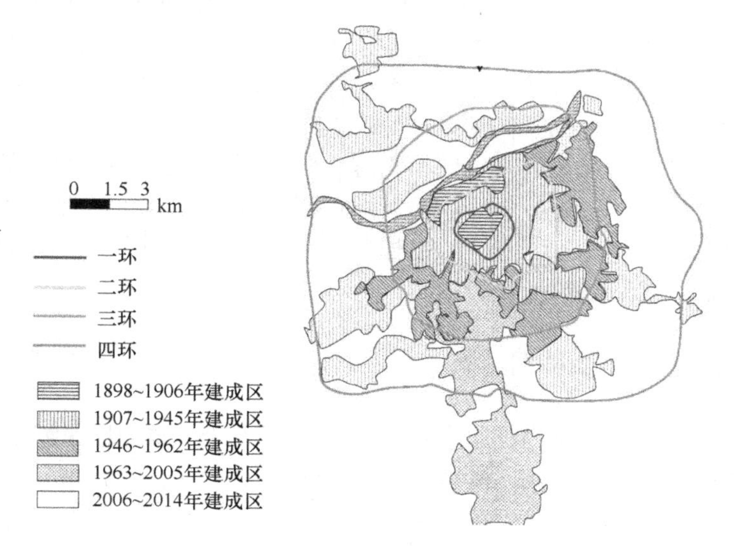

图 6-1　哈尔滨市内样点和城乡梯度划分（彩图请扫封底二维码）

6.1.2　数据收集

样地调查在 2011 年（主要调查自然保护区、林场、农区）到 2014 年（主要调查城市）间的每年夏季进行。研究一共调查了 446 个样地，每个样地面积为 400m²。在的景观尺度上按干扰程度的不同，将城乡梯度划分为：自然保护区（69 个样地）、林场（78 个样地）、农区（78 个样地）、哈尔滨市区（221 个样地）。

在城市内按照环路发展划分：1 环区域（一环以内的区域）（16 个样地）；2 环区域（一环和二环之间的区域）（32 个样地）；3 环区域（二环和三环之间的区

域）（77 个样地）；4 环区域（三环和四环之间的区域）（71 个样地）和 4 环外区域（城市环路以外的区域）（25 个样地）（图 6-1）。

按城市建成时间划分：1898~1906 年建成区（18 个样地）；1907～1945 年建成区（37 个样地）；1946~1962 年建成区（27 个样地）；1963~2005 年建成区（33 个样地）；2006~2014 年建成区（44 个样地）及非建成区（62 个样地）（图 6-1）。

长期历史数据方面，从文献中收集了 20 世纪 50 年代以来关于哈尔滨市植被的历史数据。例如，Baranov 等（1955）、陈俊瑜和冯美瑞（1985）分别调查了哈尔滨市 1955 年与 1985 年城市植被组成。考虑到 2014 年哈尔滨城市区域与 1955 年和 1985 年相比扩大了，因此 2014 年有些城市区域在当时来说还属于农村，其植物组成可能存在一些差异。此外，由于历史的原因，一个无法回避的问题就是 1955 年和 1985 的植物调查可能没有今天这么详尽。为了解决上述问题，本研究对历史数据中的物种名称进行了核查和补充，将 2014 年调查数据中的一些古树和一些扩散能力较低的物种补充到历史数据中。剔除一些存在疑问的植物，如一些物种不可能在研究区域内正常生长或者不符合现代植物命名的植物种类（Knapp et al. 2010）。由于历史数据和现在的实地调查数据采用了不同的分类系统，为使分类标准一致，本研究根据《中国植物志》（中国科学院中国植物志编辑委员会 2013）和《黑龙江省植物志（第八卷）》（周以良 2001）最新的分类标准重新定义了植物的科、属及种名。通过以上处理能够较好地减少两个不同时期调查结果相比时带来的误差（Knapp et al. 2010）。

6.1.3 鸟类调查和历史数据搜集

哈尔滨市的鸟类组成主要是基于 5 个样点（太阳岛、群力国家城市湿地公园、哈尔滨丁香公园、哈尔滨森林植物园、东北林业大学）的观鸟数据，这些样点与以往对哈尔滨城市鸟类研究（姜秀芬 1982；马建章 1992；王槐和许青 2002；许青等 2003）所选择的研究地点基本一致。调查方法采用样点法（Sutherland et al. 2004）。每个样点观测 5h，记录所有看见或听见的鸟类。从 3 月到 12 月每个月在无云、无风或微风的天气对每个样点调查两次。与此同时，本研究从文献（姜秀芬 1982；马建章 1992；王槐和许青 2002；许青等 2003）中了搜集了历史数据，为了揭示哈尔滨市鸟类在时间尺度上的变化，研究将这些数据整理成 2 个时间段即 20 世纪 80 年代和 21 世纪 10 年代。与植物调查一样，以往的鸟类调查可能没有现在的调查这么详尽。为了降低这个误差，本研究对来源于历史文献（如姜秀芬 1982；马建章 1992）的鸟类物种进行了核查。根据《黑龙江省鸟类志》中新的鸟类分类系统（马建章 1992），本研究重新定义了两个时间段鸟类种类。

6.1.4　植物和鸟类功能组划分

木本植物地理分布类型：广布型、热带分布型和温带分布型，主要参考吴征镒（2003）的划分方法。外来种和本地种：主要依据《中国植物志》（中国科学院中国植物志编辑委员会 2013）和《黑龙江省植物志（第八卷）》（周以良 2001），按植物原始分布地点，将木本植物分为外来种和本地种。

鸟类栖息地划分：喜栖湿地型鸟、喜栖灌木型鸟、喜栖疏林型鸟、喜栖森林型鸟和广适型鸟；鸟类食性划分：食鱼型鸟、食小型脊椎动物型鸟、食昆虫型鸟、植食性鸟及杂食性鸟（马建章 1992）。

6.1.5　木本植物多样性指数计算

为了比较不同城乡梯度生物样性，分别计算丰富度指数（D）、多样性指数（H'）及均匀度指数（E），由于城市中存在大量的纯林，因此将各城乡梯度内的样地数据合在一起计算。各指数计算公式如下：

Margalef 指数：$$D=\frac{S-1}{\ln N}$$ （Clarke and Stephenson 1975）

Shannon-Wiener 指数：$$H'=-\sum p_i(\ln p_i)$$ （Magurran 2003）

Pielou 均匀度指数：$$E=\frac{H'}{\ln S}$$ （Beisel and Moreteau 1997）

式中，S 表示总物种数；N 表示总株数；p_i 表示每个物种的相对多度。

为了比较不同城乡梯度间植物组成的相似性，计算了 Jaccard 指数（马克明等 2001），计算公式如下：

Jaccard 指数：$$J=\frac{c}{N_1+N_2-c}$$

式中，c 表示两地共有的物种数；N_1 和 N_2 两地各自物种数量。

6.1.6　数据分析

运用回归分析法分析哈尔滨市木本植物在时间尺度（1955~1980~2014）上的变化，将木本植物组成参数（外来种/本地种；热带分布型/温带分布型/广布型）与植物多样性指数（Shannon-Wiener 指数、Margalef 指数、Pielou 指数）进行相关性分析。所有的数据分析都在 SPSS 22.0 上进行（SPSS Inc.，美国芝加哥）。

6.2 结果与分析

6.2.1 城乡梯度上不同尺度植物组成变化

城市物种数量略少于自然保护区，但是科、属的数量分别是自然保护区的1.26倍和1.2倍，说明城市具有较高的植物多样性保护能力（表6-1）。本研究在自然保护区记录了172种木本植物，隶属26科58属；在林场记录了58种木本植物，隶属20科36属。农区是典型的防护林，本研究调查到2个科的植物，分别是榆科和杨柳科。在城市一共调查到了131种植物，隶属33科69属（表6-1）。

表6-1 自然保护区-林场-农区-哈尔滨市不同城乡梯度木本植物的变化

序号	科	属/种			
		自然保护区	林场	农区	哈尔滨
1	柏科（Cupressaceae）	2/2	*	*	3/7
2	大戟科（Euphorbiaceae）	1/1	*	*	1/1
3	蝶形花亚科（Papilionoideae）	2/5	2/2	*	5/5
4	杜鹃花科（Ericaceae）	4/6	*	*	1/1
5	椴树科（Tiliaceae）	1/4	1/2	*	1/2
6	红豆杉科（Taxaceae）	*	*	*	1/1
7	胡桃科（Juglandaceae）	1/1	1/1	*	1/1
8	虎耳草科（Saxifragaceae）	4/14	3/3	*	4/7
9	桦木科（Betulaceae）	4/12	2/3	*	2/2
10	金丝桃科（Hypericaceae）	1/2	*	*	*
11	锦葵科（Malvaceae）	*	*	*	*
12	壳斗科（Fagaceae）	1/1	1/1	*	1/1
13	萝藦科（Asclepiadaceae）	*	*	*	1/1
14	猕猴桃科（Actinidiaceae）	1/2	*	*	*
15	木兰科（Magnoliaceae）	1/1	1/1	*	2/2
16	木犀科（Oleaceae）	2/3	2/3	*	4/8
17	葡萄科（Vitaceae）	1/1	1/1	*	3/3
18	漆树科（Anacardiaceae）	*	*	*	1/1
19	槭树科（Aceraceae）	1/9	1/5	*	1/5
20	蔷薇科（Rosaceae）	12/32	7/9	*	13/26
21	茄科（Solanaceae）	*	*	*	1/1
22	忍冬科（Caprifoliaceae）	4/13	3/6	*	4/8

续表

序号	科	属/种			
		自然保护区	林场	农区	哈尔滨
23	桑科（Moraceae）	*	*	*	1/1
24	山茱萸科（Cornaceae）	1/1	*	*	1/1
25	鼠李科（Rhamnaceae）	1/4	1/1	*	1/3
26	松科（Pinaceae）	4/9	3/5	*	4/12
27	云实亚科（Caesalpiniaceae）	*	*	*	1/2
28	卫矛科（Celastraceae）	2/9	1/2	*	1/2
29	无患子科（Sapindaceae）	*	1/1	*	1/1
30	五加科（Araliaceae）	2/4	1/1	*	1/2
31	小檗科（Berberidaceae）	1/1	*	*	1/2
32	杨柳科（Salicaceae）	2/30	2/6	2/3	2/13
33	榆科（Ulmaceae）	1/4	1/4	1/1	2/6
34	芸香科（Rutaceae）	1/1	1/1	*	1/1
35	紫葳科（Bignoniaceae）	*	*	*	1/1
36	柽柳科（Tamaricaceae）	*	*	*	1/1
总数	科/属/种	26/58/172	20/36/58	2/3/4	33/69/131

注：* 表示没有这一属/种

城市区域的外来种比例高于林场和自然保护区，农区没有记录到外来种（表 6-2）。从城市建成时间上看，老城区和非城市建成区域外来种比例最低，而 1963～2005 年建成区和 2006～2014 年建成区则具有较高的外来种比例。在不同环路上也观察到类似的规律，3 环区域外来种最多，4 环外区域（未建成区）外来种最少。建成时间较早的区域（1 环区域）只记录到 9 个外来种，数量占所有植物数量的 19.15%（表 6-2）。

表 6-2　不同城乡梯度本地种和外来种变化

类别	区域	总数	本地种	外来种	本地种比例/%	外来种比例/%
景观尺度城乡梯度	自然保护区	172	169	3	98.30	1.70
	林场	58	57	1	98.28	1.72
	农区	4	4	0	100	0.00
	哈尔滨	131	103	28	78.62	21.37
城市建成时间	1898~1906	53	46	7	86.79	13.21
	1907~1945	74	59	15	79.73	20.27
	1946~1962	75	58	17	77.33	22.67

续表

类别	区域	总数	本地种	外来种	本地种比例/%	外来种比例/%
城市建成时间	1963~2005	67	50	17	74.63	25.37
	2006~2014	73	56	17	76.71	23.29
	非建成区	12	11	1	91.67	8.33
城市环路	1 环区域	47	38	9	80.85	19.15
	2 环区域	71	54	17	76.06	23.94
	3 环区域	95	68	27	71.58	28.42
	4 环区域	73	54	19	73.97	26.03
	4 环外区域	12	11	1	91.67	8.33

在科的水平上，不同城乡梯度植物区系组成存在差异。各区域间的广布型差异不大，然而无论是热带分布型的种类还是数量区域间差异均较大。城市区域热带分布型植物比例高达 33.3%，远高于自然保护区和林场。自然保护区温带分布型植物比例为 50%、林场为 42.1%、农区为 50%，而城市区域为 40%（表 6-3）。

表 6-3　不同城乡梯度的植物区系组成

类别	区域	广布型	热带分布型	温带分布型	热带分布型植被比例/%	温带分布型植被比例/%	温带/热带
景观尺度城乡梯度	自然保护区	6	7	13	26.9	50.0	1.9
	林场	6	5	8	26.3	42.1	1.6
	农区	1	0	1	0.0	50.0	—
	哈尔滨	8	10	12	33.3	40.0	1.2
城市建成时间城乡梯度	1898~1906	7	4	10	19.0	47.6	2.5
	1907~1945	6	5	10	23.8	47.6	2
	1946~1962	7	8	10	32.0	40.0	1.25
	1963~2005	6	3	9	16.7	50.0	3
	2006~2014	7	6	9	27.3	40.9	1.5
	非建成区	1	0	3	0.0	75.0	—
城市环路城乡梯度	1 环区域	6	5	9	25.0	45.0	1.8
	2 环区域	6	6	9	28.6	42.9	1.5
	3 环区域	7	7	11	28.0	44.0	1.6
	4 环区域	7	5	9	23.8	42.9	1.8
	4 环外区域	1	0	3	0.0	75.0	—

不同时间建成区木本植物区系组成存在差异（表 6-3）。1946~1962 年建成区域具有最高的热带分布型植物比例，而 1963~2005 年建成区域热带分布型植物

比例最低，在非建成区域则没有记录到热带分布型植物。在不同环路间，2 环区域和 3 环区域热带分布型植被比例最高（>28%），4 环外区域没有发现热带类型植物。

6.2.2　不同城乡梯度上生物多样性指数

如表 6-4 所示，哈尔滨市木本植物的 Shannon-Wiener 指数虽然低于自然保护区，但高于农区和林场。这 4 个区域 Margalef 指数顺序为哈尔滨市>自然保护区>林场>农区，虽然哈尔滨市物种多样性及物种丰富度较高但均匀度却较低，Pielou 指数为 0.51，低于自然保护区（0.80）和林场（0.77）。

表 6-4　不同城乡梯度生物多样性指数

类别	区域	Shannon-wiener 指数	Margalef 指数	Pielou 指数
景观尺度城乡梯度	自然保护区	3.25	5.32	0.80
	林场	2.26	3.32	0.77
	农区	0.54	0.40	0.39
	哈尔滨	2.41	8.64	0.51
城市建成时间城乡梯度	1898~1906	1.58	5.08	0.4
	1907~1945	1.74	6.75	0.4
	1946~1962	2.82	7.65	0.66
	1963~2005	2.19	6.1	0.52
	2006~2014	2.07	6.44	0.48
	非建成区	1.78	1.37	0.72
城市环路城乡梯度	1 环区域	1.38	4.42	0.36
	2 环区域	2.14	6.84	0.50
	3 环区域	2.25	8.14	0.49
	4 环区域	2.59	6.67	0.60
	4 环外区域	0.54	0.40	0.39

如表 6-4 所示，与景观尺度城乡梯度研究结果类似，在城市建成时间城乡梯度间生物多样指数存在差异。1946~1962 年建成区 Shannon-Wiener 指数最高，而最低则出现在 1898~1906 年建成区（哈尔滨市老城区）。在所有区域中，1946~1962 年建成区的 Margalef 指数最高，所有建成区的 Margalef 指数均高于非建成区，而非建成区域的均匀度指数则高于建成区。

从环路角度看，4 环区域 Shannon-Wiener 指数最高，1 环区域和 4 环外区域则相对较低；3 环区域的 Margalef 指数最高，4 环外区域最低。所有环路区域 Pielou

指数均较低，而 4 环区域高于其他区域（表 6-4）。

6.2.3 植物多样性和组成变化的相关关系

将多样性指数（Margalef 指数、Shannon-Wiener 指数和 Pielou 指数）与木本植物功能组参数（外来种和本地种比例及热带分布型、温带分布型和广布型比例）进行回归分析，如图 6-2 所示。Shannon-Wiener 指数和 Margalef 指数分别与热带分布型比例（$r^2 \geqslant 0.5$，$p<0.001$）和温带/热带（$r^2 \geqslant 0.43$，$p<0.001$）呈正相关关系。本地种比例和温带分布型比例与 Margalef 指数呈负相关关系（$r^2>0.43$，$p<0.001$）。Shannon-Wiener 指数随着广布型增加而降低，同样的 Pielou 指数与广布型呈负相关关系但没有达到显著水平（$r^2=0.16$，$p=0.08$）（图 6-2）。

6.2.4 哈尔滨市木本植物组成时间变化

对历史数据的分析表明，城市化增加了城市内木本植物科和属的多样性，但是种的数量增加的趋势不明显（表 6-5、表 6-6）。1955 年种数最多的前 5 个科分别是蔷薇科（Rosaceae）、杨柳科（Salicaceae）、槭树科（Aceraceae）、忍冬科（Caprifoliaceae）、木犀科（Oleaceae）蝶形花亚科（Papilionoideae）。在 1980 年种数最多的前 5 个科分别是蔷薇科、杨柳科、木犀科、松科（Pinaceae）和蝶形花亚科。而在 2014 年种数最多的前 5 个科分别是蔷薇科、杨柳科、松科、木犀科和忍冬科，并新记录了漆树科（Anacardiaceae）、茄科（Solanaceae）和大戟科（Euphorbiaceae），这些科都只有一个种（表 6-5）。

1955~2014 年外来种持续增加。回归分析显示，1955~2014 年外来种呈线性增加（$r^2>0.93$，$p<0.0001$），本地种则表现出与之相反的趋势（$r^2>0.93$，$p<0.0001$）（图 6-3A）。如图 6-3B 所示，1955~2014 年广布型植物所占比例没有发生明显的变化，但是热带分布型从 1955 年的 25%增加到 1980 年的 31%再到 2014 年的 36.4%。而温带分布型从 1955 年的 45.8%下降到 2014 年的 39.4%。总的来说，1955 年和 1980 年植物类型主要是温带分布型，而到 2014 年温带分布型只比热带分布型高 8.2%。

6.2.5 哈尔滨市 20 世纪 80 年代到 21 世纪 10 年代鸟类种类变化及其与植物种类变化间关系的可能原因分析

表 6-7 列出了 20 世纪 80 年代和 21 世纪 10 年代鸟类的科、属和种的变化。统计发现，21 世纪 10 年代的鸟类数量比 20 世纪 80 年代高 11%。在城市化进程中鸟类组成发生了改变，相较 20 世纪 80 年代，21 世纪 10 年代夏候鸟、冬候鸟、

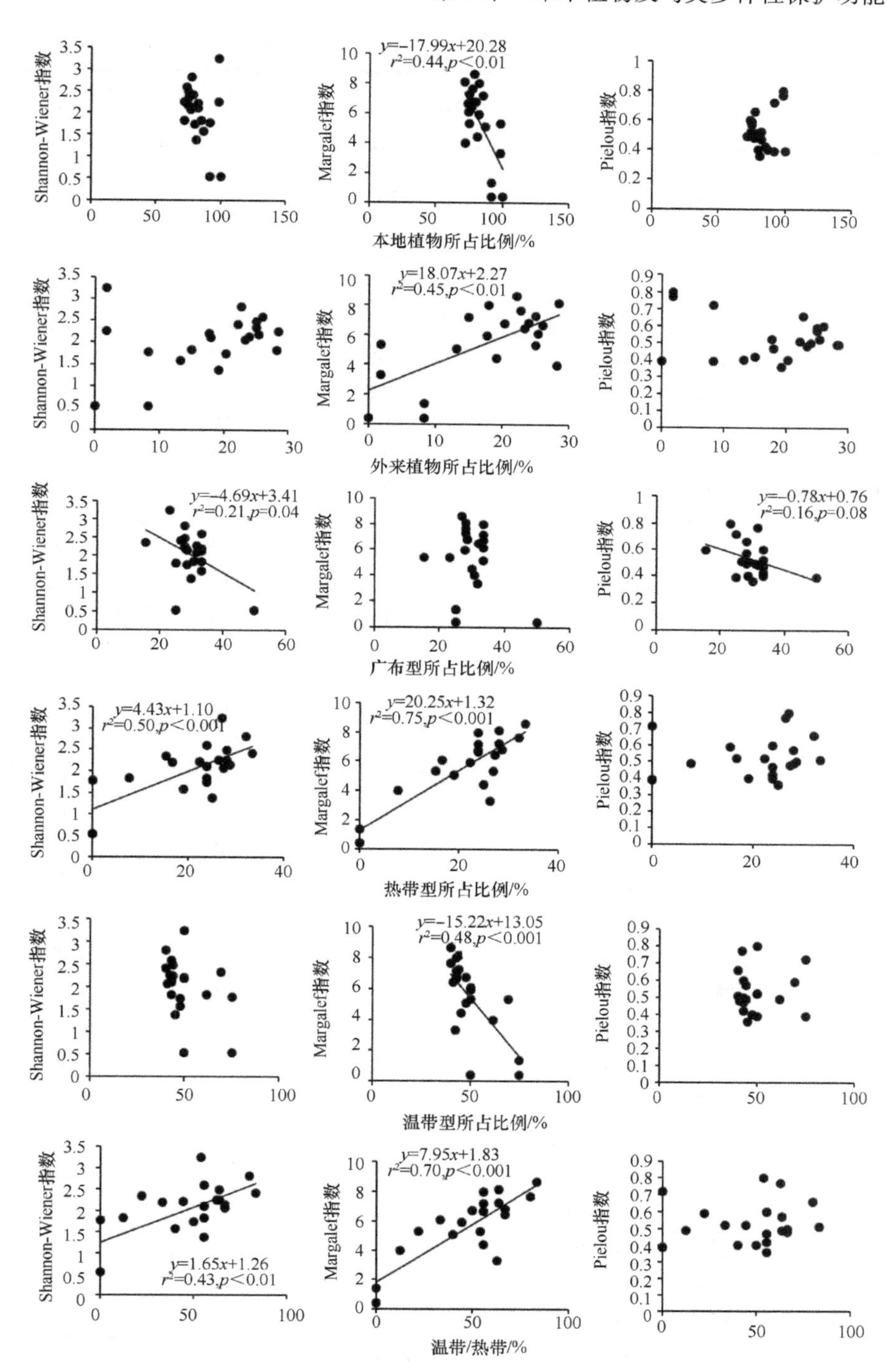

图 6-2　植被区系组成与外来种、本地种比例及 3 个多样性指数的相关性

表 6-5　自 1955 年、1980 年到 2014 年木本植物科属种数目在时间尺度上的变化

序号	科	属/种		
		1955	1980	2014
1	蔷薇科（Rosaceae）	12/20	13/26	13/26
2	杨柳科（Salicaceae）	2/14	2/24	2/13
3	松科（Pinaceae）	2/4	4/12	4/12
4	木犀科（Oleaceae）	4/5	4/14	4/8
5	蝶形花亚科（Papilionoideae）	5/5	6/8	5/5
6	忍冬科（Caprifoliaceae）	3/6	4/7	4/8
7	柏科（Cupressaceae）	2/2	3/5	3/7
8	虎耳草科（Saxifragaceae）	2/2	3/5	4/7
9	榆科（Ulmaceae）	1/3	2/5	2/6
10	桦木科（Betulaceae）	2/3	3/8	2/2
11	葡萄科（Vitaceae）	2/4	3/3	3/3
12	槭树科（Aceraceae）	1/7	1/3	1/5
13	椴树科（Tiliaceae）	1/2	1/2	1/2
14	胡桃科（Juglandaceae）	1/1	1/1	1/1
15	壳斗科（Fagaceae）	1/1	1/1	1/1
16	桑科（Moraceae）	1/1	1/1	1/1
17	山茱萸科（Cornaceae）	1/1	1/1	1/1
18	芸香科（Rutaceae）	1/1	1/1	1/1
19	杜鹃花科（Ericaceae）	1/1	1/1	1/1
20	鼠李科（Rhamnaceae）	1/2	1/1	1/3
21	卫矛科（Celastraceae）	2/4	2/3	1/2
22	柽柳科（Tamaricaceae）	1/1	*	1/1
23	木兰科（Magnoliaceae）	1/1	*	2/2
24	五加科（Araliaceae）	2/2	*	1/2
25	胡秃子科（Elaeagnaceae）	*	1/1	*
26	猕猴桃科（Actinidiaceae）	*	1/3	*
27	红豆杉科（Taxaceae）	*	1/2	1/1
28	萝藦科（Asclepiadaceae）	*	1/1	1/1
29	苏木亚科（Caesalpiniaceae）	*	1/1	1/2
30	无患子科（Sapindaceae）	*	1/1	1/1
31	小檗科（Berberidaceae）	*	1/1	1/2
32	紫葳科（Bignoniaceae）	*	1/1	1/1
33	漆树科（Anacardiaceae）	*	*	1/1
34	茄科（Solanaceae）	*	*	1/1
35	大戟科（Euphorbiaceae）	*	*	1/1
总数	科/属/种	24/52/93	29/66/143	33/69/131

注：*表示没有这一属/种

表 6-6　哈尔滨市 20 世纪 50 年代、80 年代到 21 世纪 10 年代木本植物种类变化名录

科	属	种	拉丁名	类型 1	类型 2	20 世纪 50 年代记录	20 年代 80 年代记录	21 世纪 10 年代记录
柏科	侧柏属	侧柏	*Platycladus orientalis*	本地	温带	是	是	是
	刺柏属	杜松	*Juniperus rigida*	本地	温带	是	是	是
	圆柏属	丹东桧柏	*Sabina chinensis* cv. *Dandong*	本地	温带	否	是	是
		桧柏	*S. chinensis*	本地	温带	否	是	否
		铺地柏	*S. procumbens*	外来	温带	否	是	是
		沙地柏	*S. vulgaris*	本地	温带	否	否	是
		偃柏	*S. chinensis* var. *sargentii*	本地	温带	否	否	是
柽柳科	柽柳属	柽柳	*Tamarix chinensis*	本地	温带	是	否	是
大戟科	白饭树属	叶底珠	*Flueggea suffruticosa*	本地	热带	否	否	是
蝶形花亚科	胡枝子属	胡枝子	*Lespedeza bicolor*	本地	广布	是	是	是
	决明属	黄槐	*Cassia surattensis*	外来	广布	是	否	否
	锦鸡儿属	树锦鸡儿	*Caragana arborescens*	本地	广布	是	是	是
		小叶锦鸡儿	*C. microphylla*	本地	广布	否	是	否
		金雀锦鸡儿	*C. frutex*	本地	广布	否	是	是
	紫穗槐属	紫穗槐	*Amorpha fruticosa*	本地	广布	是	是	是
	马鞍树属	山槐	*Albizia kalkora*	本地	广布	是	是	是
	槐属	国槐	*Sophora japonica*	外来	广布	否	是	否
	刺槐属	刺槐	*Robinia pseudoacacia*	外来	广布	否	是	否
杜鹃花科	杜鹃属	兴安杜鹃	*Rhododendron dauricum*	本地	热带	是	是	是
椴树科	椴树属	糠椴	*Tilia mandshurica*	本地	热带	是	是	是
		紫椴	*T. amurensis*	本地	热带	是	是	是
红豆杉科	红豆杉属	东北红豆杉	*Taxus cuspidata*	本地	温带	否	是	是
		矮丛紫杉	*T. cuspidata* var. *nana*	本地	温带	否	是	否
胡桃科	胡桃属	胡桃楸	*Juglans mandshurica*	本地	温带	是	是	是
胡颓子科	胡颓子属	桂香柳	*Elaeagnus glabra*	本地	温带	否	是	否
虎耳草科	茶藨子属	东北茶藨子	*Ribes mandshuricum*	本地	广布	是	否	是
		香茶藨子	*R. odoratum*	本地	广布	否	是	否
		长白茶藨子	*R. komarovii*	本地	广布	否	是	是
		少花茶藨子	*R. pauciflolum*	本地	广布	否	是	否
	山梅花属	东北山梅花	*Philadelphus schrenkii*	本地	广布	是	是	是
		太平花	*P. pekinensis*	本地	广布	否	是	否
	绣球属	绣球	*Hydrangea macrophylla*	本地	广布	否	否	是
	溲疏属	光萼溲疏	*Deutzia glabrata*	本地	广布	否	否	是
		小花溲疏	*D. parviflora*	本地	广布	否	否	是

续表

科	属	种	拉丁名	类型 1	类型 2	20 世纪 50 年代记录	20 年代 80 年代记录	21 世纪 10 年代记录
桦木科	桦木属	东北白桦	*Betula platyphylla* var. *mandshurlca*	本地	温带	否	是	否
		白桦	*B. platyphylla*	本地	温带	是	是	是
		硕桦	*B. costata*	本地	温带	否	是	否
		黑桦	*B. dahurica*	本地	温带	是	是	否
	榛属	榛	*Corylus heterophylla*	本地	温带	是	是	否
		毛榛	*C. mandshurica*	本地	温带	否	是	否
	桤木属	辽东桤木	*Alnus sibirica*	本地	温带	否	是	是
锦葵科	木槿属	木槿	*Hibiscus syriacus*	外来	广布	否	否	是
壳斗科	栎属	蒙古栎	*Quercus mongolica*	本地	温带	是	是	是
木兰科	木兰属	天女木兰	*Magnolia sieboldii*	本地	温带	否	否	是
	五味子属	五味子	*Schisandra chinensis*	本地	温带	是	否	否
萝藦科	杠柳属	杠柳	*Periploca sepium*	本地	热带	否	是	是
猕猴桃科	猕猴桃属	软枣猕猴桃	*Actinidia arguta*	本地	温带	否	是	否
		狗枣猕猴桃	*A. kolomikta*	本地	温带	否	是	否
		葛枣猕猴桃	*A.polygama*	本地	温带	否	是	否
木犀科	丁香属	北京丁香	*Syringa pekinensis*	本地	广布	否	是	否
		暴马丁香	*S. reticulata* var. *amurensis*	本地	广布	是	是	是
		华北紫丁香	*S.oblata*	本地	广布	是	是	是
		华北白丁香	*S. oblata* var. *alba*	本地	广布	否	是	是
		重瓣紫丁香	*S. oblata* cv. Plena	本地	广布	否	是	否
		欧丁香	*S.vulgaris*	本地	广布	否	是	否
		朝鲜丁香	*S. dilatata*	本地	广布	否	是	否
		小叶丁香	*S. microphylla*	本地	广布	否	否	是
	梣属	花曲柳	*Fraxinus rhynchophylla*	本地	广布	是	是	是
		水曲柳	*F.mandschurica*	本地	广布	否	是	是
		美国白蜡	*F. americana*	外来	广布	否	是	否
	连翘属	金钟连翘	*Forsythia viridissima*	本地	广布	否	是	否
		东北连翘	*F. mandschurica*	本地	广布	是	是	是
		卵叶连翘	*F. ovata*	本地	广布	否	是	否
	素馨属	迎春花	*Jasminum nudiflorum*	外来	广布	是	否	否
	女贞属	辽东水蜡树	*Ligustrum obtusifolium* subsp. *suave*	本地	广布	否	是	是
葡萄科	蛇葡萄属	东北蛇葡萄	*Ampelopsis heterophylla* var. *brevipedunculata*	本地	热带	是	否	否
		蛇葡萄	*A. brevipedunculata*	本地	热带	是	是	否
		异叶蛇葡萄	*A.heterophylla* var. *heterphylla*	本地	热带	是	否	否

续表

科	属	种	拉丁名	类型 1	类型 2	20 世纪 50 年代记录	20 年代 80 年代记录	21 世纪 10 年代记录
葡萄科	葡萄属	山葡萄	*Vitis amurensis*	本地	热带	是	是	是
	爬山虎属	五叶地锦	*Parthenocissus quinquefolia*	本地	热带	否	是	是
漆树科	盐肤木属	火炬树	*Rhus typhina*	外来	热带	否	否	是
槭树科	槭属	茶条槭	*Acer ginnala*	本地	温带	是	是	是
		复叶槭	*A. negundo*	外来	温带	是	否	是
		花楷槭	*A. ukurunduense*	本地	温带	是	是	是
		假色槭	*A.pseudosieboldianum*	本地	温带	是	否	否
		拧筋槭	*A. triflorum*	本地	温带	是	否	否
		青楷槭	*A. tegmentosum*	本地	温带	是	否	否
		五角槭	*A. mono*	本地	温带	是	是	是
		白牛槭	*A. mandshuricum*	本地	温带	否	否	是
蔷薇科	稠李属	稠李	*Padus racemosa*	本地	广布	是	是	是
		山桃稠李	*P. maackii*	本地	广布	否	是	是
		紫叶稠李	*P. virginiana* cv. Canada Red	本地	广布	否	否	是
	风箱果属	风箱果	*Physocarpus amurensis*	本地	广布	否	是	否
	花楸属	花楸	*Sorbus pohuashanensis*	本地	广布	否	否	是
		水榆花楸	*S. alnifolia*	本地	广布	否	否	是
	梨属	秋子梨	*Pyrus ussuriensis*	本地	广布	是	是	是
		梨	*Pyrus* sp.	本地	广布	否	否	是
	李属	李	*Prunus salicina*	本地	广布	是	是	是
	苹果属	海棠果	*Malus prunifolia*	外来	广布	否	是	否
		山丁子	*M. baccata*	本地	广布	是	是	是
		小苹果	*Malus* sp.	外来	广布	否	是	否
		苹果	*M. pumila*	本地	广布	是	否	是
		沙果	*M. asiatica*	本地	广布	否	否	是
	蔷薇属	黄刺玫	*Rosa xanthina*	本地	广布	否	是	是
		玫瑰	*R. rugosa*	本地	广布	是	是	否
		白玫瑰	*R. rugosa* f. *albo-plena*	本地	广布	否	是	否
		山刺玫	*R. davurica*	本地	广布	是	是	是
		光叶山刺玫	*R. davurica* var. *glabra*	本地	广布	是	否	否
	山楂属	山楂	*Crataegus pinnatifida*	本地	广布	是	是	是
		光叶山楂	*C. dahurica*	本地	广布	否	是	否
	桃属	红花碧桃	*Amygdalus persica* var. *persica* f. *rubro-plena*	本地	广布	是	否	是
		榆叶梅	*A. triloba*	本地	广布	是	是	是
		山桃	*A. davidiana*	本地	广布	否	是	否

续表

科	属	种	拉丁名	类型 1	类型 2	20 世纪 50 年代记录	20 年代 80 年代记录	21 世纪 10 年代记录
蔷薇科	委陵菜属	金老梅	*Potentilla fruticosa*	本地	广布	否	是	是
	杏属	杏	*Armeniaca vulgaris*	本地	广布	是	是	是
		山杏	*A. sibirica*	本地	广布	是	是	否
		东北杏	*A. mandshurica*	本地	广布	否	是	否
	绣线菊属	毛果绣线菊	*Spiraea trichocarpa*	本地	广布	否	是	否
		乌苏里绣线菊	*S. chamaedryfolia*	本地	广布	否	是	否
		美丽绣线菊	*S. elegans*	本地	广布	否	是	是
		柳叶绣线菊	*S. salicifolia*	本地	广布	是	否	是
		绒毛绣线菊	*S. velutina*	本地	广布	是	否	否
		金山绣线菊	*S. japonica* cv. Goldmound	本地	广布	否	否	是
		金焰绣线菊	*Spiraea×bumalda* cv. Goldflame	本地	广布	否	否	是
		珍珠绣线菊	*S. thunbergii*	本地	广布	否	否	是
	悬钩子属	山楂叶悬钩子	*Rubus crataegifolius*	本地	广布	是	否	否
	樱属	毛樱桃	*Cerasus tomentosa*	本地	广布	是	是	是
		欧李	*C. humilis*	本地	广布	是	是	否
		樱花	*C. serrulata*	本地	广布	是	否	是
		长梗郁李	*C. japonica* var. *nakaii*	本地	广布	否	否	否
	珍珠梅属	珍珠梅	*Sorbaria sorbifolia*	本地	广布	是	是	是
茄科	枸杞属	枸杞	*Lycium chinense*	外来	广布	否	否	是
忍冬科	荚蒾属	鸡树条荚蒾	*Viburnum opulus* var. *calvescens*	本地	温带	是	是	是
		暖木条荚蒾	*V. burejaeticum*	本地	温带	是	是	是
	接骨木属	东北接骨木	*Sambucus mandshurica*	本地	温带	否	是	否
		朝鲜接骨木	*S. coreana*	本地	温带	否	是	否
		接骨木	*S. williamsii*	本地	温带	是	否	是
	锦带花属	锦带花	*Weigela florida*	本地	温带	否	是	是
		早锦带花	*W. praecox*	本地	温带	否	是	否
		红王子锦带	*W. florida* cv. Red Prince	外来	温带	否	否	是
	忍冬属	金银忍冬	*Lonicera maackii*	本地	温带	是	是	是
		忍冬	*L. japonica*	本地	温带	是	否	是
		长白忍冬	*L. ruprechtiana*	本地	温带	是	否	是
桑科	桑属	桑	*Morus alba*	本地	广布	是	是	是
山茱萸科	梾木属	红瑞木	*Swida alba*	本地	温带	是	是	是
鼠李科	鼠李属	鼠李	*Rhamnus davurica*	本地	广布	是	是	是
		小叶鼠李	*R. parvifolia*	本地	广布	是	否	是
		乌苏里鼠李	*R. ussuriensis*	本地	广布	否	否	是

续表

科	属	种	拉丁名	类型 1	类型 2	20 世纪 50 年代记录	20 年代 80 年代记录	21 世纪 10 年代记录
松科	冷杉属	臭冷杉	*Abies nephrolepis*	本地	温带	否	是	是
		辽东冷杉	*A. holophylla*	本地	温带	否	否	是
	落叶松属	落叶松	*Larix gmelinii*	本地	温带	是	是	是
		长白落叶松	*L. olgensis* f. *viridis*	本地	温带	否	是	否
		朝鲜落叶松	*L. olgensis* var. *koreana*	本地	温带	否	是	否
		日本落叶松	*L. kaempferi*	本地	温带	否	是	否
		华北落叶松	*L. principis-rupprechtii*	本地	温带	否	是	否
	松属	樟子松	*Pinus sylvestris* var. *mongolica*	本地	温带	是	是	是
		红松	*P. koraiensis*	本地	温带	是	是	是
		长白松	*P. sylvestris* var. *sylvestriformis*	外来	温带	否	是	是
		偃松	*P. pumila*	本地	温带	否	是	是
		黑皮油松	*P. tabulaeformis* var. *mukdensis*	本地	温带	是	是	是
		马尾松	*P. massoniana*	外来	温带	否	否	是
	云杉属	鱼鳞云杉	*Picea jezoensis* var. *microsperma*	本地	温带	是	是	是
		红皮云杉	*P. koraiensis*	本地	温带	否	否	是
		白扦云杉	*P. meyeri*	本地	温带	否	否	是
苏木科	皂荚属	山皂荚	*Gleditsia japonica*	本地	温带	否	否	是
		皂荚	*G. sinensis*	外来	温带	否	否	是
		无刺山皂荚	*G. japonica* var. *inermis*	外来	温带	否	是	否
卫矛科	卫矛属	华北卫矛	*Euonymus maackii*	本地	热带	是	是	是
		卫矛	*E. alatus*	本地	热带	是	否	是
		翼卫矛	*E. sacrosancta*	本地	热带	是	否	否
		毛脉卫矛	*E. alatus* var. *pubescens*	本地	热带	否	是	否
	南蛇藤属	南蛇藤	*Celastrus orbiculatus*	本地	热带	是	是	否
无患子科	文冠果属	文冠果	*Xanthoceras sorbifolia*	本地	热带	否	是	是
五加科	五加属	刺五加	*Acanthopanax senticosus*	本地	热带	是	否	是
		短梗五加	*A. sessiliflorus*	本地	热带	否	否	是
	楤木属	龙芽楤木	*Aralia elata*	本地	热带	是	否	否
小檗科	小檗属	大叶小檗	*Berberis ferdinandi-coburgii*	本地	温带	否	是	是
		紫叶小檗	*B. thunbergii* var. *atropurpurea*	本地	温带	否	否	是
杨柳科	柳属	朝鲜柳	*Salix koreensis*	本地	温带	是	否	否
		爆竹柳	*S. fragilis*	本地	温带	否	是	否
		垂柳	*S. babylonica*	外来	温带	否	是	否
		大白柳	*S. maximowiczii*	本地	温带	否	是	否

续表

科	属	种	拉丁名	类型 1	类型 2	20 世纪 50 年代记录	20 年代 80 年代记录	21 世纪 10 年代记录
杨柳科	柳属	旱柳	*S. matsudana*	本地	温带	是	是	是
		蒿柳	*S. viminalis*	本地	温带	否	否	是
		黄柳	*S. gordejevii*	本地	温带	是	否	否
		金丝垂柳	*S. × aureo-pendula*	本地	温带	否	否	是
		龙爪柳	*S. matsudana* var. *matsudana* f. *tortuosa*	本地	温带	是	是	否
		馒头柳	*S. matsudana* var. *matsudana* f. *umbraculifera*	本地	温带	是	否	否
		蒙古柳	*S. linearistipularis*	本地	温带	是	是	否
		杞柳	*S. integra*	本地	温带	否	是	否
		日本三蕊柳	*S. triandra* var. *nipponica*	本地	温带	是	否	否
		三芯柳	*S. triandra*	本地	温带	否	是	否
		山柳	*S. pseudotangii*	本地	温带	是	否	否
		绦柳	*S. matsudana* var. *matsudana* f. *pendula*	本地	温带	否	是	否
	杨属	小青杨	*Populus pseudo-simonii*	本地	温带	否	是	否
		北京杨	*P. ×beijingensis*	本地	温带	否	是	否
		大青杨	*P. ussuriensis*	本地	温带	否	是	否
		哈青杨	*P. charbinensis*	本地	温带	否	是	否
		黑杨	*P. nigra*	本地	温带	否	是	否
		加杨	*P. ×canadensis*	外来	温带	否	是	否
		箭杆杨	*P .nigra* var. *thevestina*	外来	温带	否	是	否
		马氏杨	*P. maximowiczii*	本地	温带	否	是	否
		毛白杨	*P. tomentosa*	外来	温带	否	否	是
		青杨	*P. cathayana*	本地	温带	否	是	是
		山杨	*P. davidiana*	本地	温带	是	是	是
		香杨	*P. koreana*	本地	温带	否	是	否
		小叶杨	*P. simonii*	本地	温带	否	是	是
		新疆杨	*P. alba* var. *pyramdalis*	本地	温带	否	是	是
		杨树	*Populus* sp.	本地	温带	是	否	是
		银白杨	*P. alba*	本地	温带	否	否	是
		中东杨	*P. ×berolinensis*	本地	温带	否	是	否
		皱纹杨	*Populus* sp.	本地	温带	是	否	否
		钻天杨	*P. nigra* var. *italica*	外来	温带	是	是	是
		银中杨	*P. alba×P. berolinensis*	本地	温带	是	否	是
榆科	榆属	榆树	*Ulmus pumila*	本地	广布	是	是	是
		春榆	*U. davidiana* var. *japonica*	本地	广布	是	是	是

续表

科	属	种	拉丁名	类型 1	类型 2	20 世纪 50 年代记录	20 年代 80 年代记录	21 世纪 10 年代记录
榆科	榆属	东北黑榆	*U. davidiana*	本地	广布	否	是	否
		黄榆	*U. macrocarpa* var. *glabra*	本地	广布	是	是	否
		欧叶白榆	*U. laevis*	本地	广布	否	是	否
		大果榆	*U. macrocarpa*	本地	广布	否	否	是
		金叶榆	*U. pumila* cv. Jinye	本地	广布	否	否	是
		垂枝榆	*U. pumila* cv. Tenue	本地	广布	否	否	是
	刺榆属	刺榆	*Hemiptelea davidii*	本地	广布	否	是	否
	朴树属	小叶朴	*Celtis bungeana*	外来	广布	否	否	是
芸香科	黄檗属	黄檗	*Phellodendron amurense*	本地	热带	是	是	是
紫葳科	梓属	梓	*Catalpa ovata*	外来	热带	否	是	是

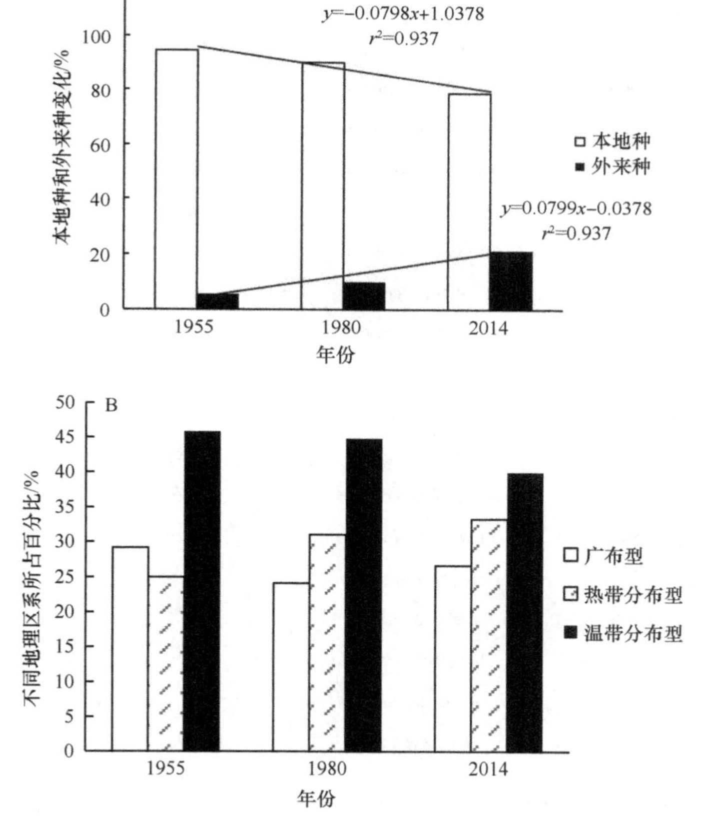

图 6-3　自 1955 年、1980 年到 2014 年本地种和外来种变化（A）和不同植物地理区系百分比变化（B）

旅鸟种类增加。除此之外，植食性鸟、杂食性鸟、食昆虫型鸟和食鱼型鸟类分别增加了 29.4%、14.1%、18.4%和 15.4%，但是食小型脊椎动物型鸟减少了 27.3%（图 6-4A）。如图 6-4B 所示，20 世纪 80 年代和 21 世纪 10 年代哈尔滨市鸟类都是以湿地鸟类为主。与 20 世纪 80 年代相比，21 世纪 10 年代喜栖灌木型鸟类和喜栖疏林型鸟类分别减少了 12.5%和 14.3%，但是喜栖森林型鸟和广适型鸟类分别增加了 23.4%和 39.1%。

表 6-7　20 世纪 80 年代至 21 世纪 10 年代哈尔滨市不同鸟类组成变化

科	种	拉丁名	类型	20 世纪 80 年代记录	21 世纪 10 年代记录
雉科	鹌鹑	*Coturnix coturnix*	夏候鸟	是	是
	斑翅山鹑	*Perdix dauurica*	留鸟	是	否
	日本鹌鹑	*Coturnix japonica*	夏候鸟	否	是
	雉鸡	*Phasianus colchicus*	留鸟	是	是
鸭科	白额雁	*Anser albifrons*	旅鸟	是	否
	白眉鸭	*Anas querquedula*	夏候鸟	是	否
	斑脸海番鸭	*Melanitta fusca*	旅鸟	否	是
	斑头秋沙鸭	*Mergellus albellus*	旅鸟	是	否
	斑嘴鸭	*Anas poecilorhyncha*	夏候鸟	否	是
	赤颈鸭	*Anas penelope*	夏候鸟	是	否
	赤膀鸭	*Anas strepera*	夏候鸟	是	是
	红头潜鸭	*Aythya ferina*	夏候鸟	否	是
	红胸秋沙鸭	*Mergus serrator*	夏候鸟	是	否
	鸿雁	*Anser cygnoides*	夏候鸟	否	是
	花脸鸭	*Anas formosa*	旅鸟	是	否
	罗纹鸭	*Anas falcata*	夏候鸟	是	否
	绿翅鸭	*Anas crecca*	夏候鸟	是	否
	绿头鸭	*Anas platyrhynchos*	夏候鸟	是	是
	普通秋沙鸭	*Mergus merganser*	夏候鸟	否	是
	翘鼻麻鸭	*Tadorna tadorna*	夏候鸟	是	否
	鹊鸭	*Bucephala clangula*	夏候鸟	是	是
	小白额雁	*Anser erythropus*	旅鸟	是	否
	鸳鸯	*Aix galericulata*	夏候鸟	是	是
	针尾鸭	*Anas acuta*	旅鸟	是	是

续表

科	种	拉丁名	类型	20 世纪 80 年代记录	21 世纪 10 年代记录
啄木鸟科	白背啄木鸟	*Picoides leucotos*	留鸟	是	否
	大斑啄木鸟	*Picoides major*	留鸟	否	是
	黑枕绿啄木鸟	*Picus* sp.	留鸟	是	是
	灰头绿啄木鸟	*Picus canus*	留鸟	否	是
	蚁䴕	*Jynx torquilla*	夏候鸟	是	是
戴胜科	戴胜	*Upupa epops*	夏候鸟	是	是
佛法僧科	三宝鸟	*Eurystomus orientalis*	夏候鸟	是	否
翠鸟科	普通翠鸟	*Alcedo atthis*	夏候鸟	是	是
杜鹃科	大杜鹃	*Cuculus canorus*	夏候鸟	是	是
	四声杜鹃	*Cuculus micropterus*	夏候鸟	是	是
	棕腹杜鹃	*Cuculus fugax*	夏候鸟	是	否
	黑翅长脚鹬	*Himantopus himantopus*	夏候鸟	否	是
雨燕科	楼燕	*Apus apus*	夏候鸟	是	否
鸱鸮科	短耳鸮	*Asio flmmeus*	留鸟	是	是
	鬼鸮	*Aegolius funereus*	留鸟	是	否
	红角鸮	*Otus scops*	夏候鸟	是	否
	花头鸺鹠	*Glaucidium passerinum*	留鸟	是	否
	雪鸮	*Bubo scandiaca*	冬候鸟	是	否
	长耳鸮	*Asio otus*	留鸟	是	是
	长尾林鸮	*Strix uralensis*	留鸟	是	否
	纵纹腹小鸮	*Athene noctua*	留鸟	是	否
鸠鸽科	家鸽	*Columba* sp.	留鸟	是	是
	山斑鸠	*Streptopelis orientalis*	夏候鸟	是	是
	岩鸽	*Columba rupestris*	夏候鸟	是	否
	珠颈斑鸠	*Streptopelia chinensis*	留鸟	是	是
秧鸡科	斑胁田鸡	*Porzana paykullii*	夏候鸟	是	否
	黑水鸡	*Gallinula chloropus*	夏候鸟	是	是
	普通秧鸡	*Rallus aquaticus*	夏候鸟	是	否
	小田鸡	*Porzana pusilla*	夏候鸟	是	否
鸻科	凤头麦鸡	*Vanellus vanellus*	夏候鸟	否	是
	鸻金斑	*Pluvialis fulva*	旅鸟	否	是

续表

科	种	拉丁名	类型	20 世纪 80 年代记录	21 世纪 10 年代记录
鸻科	灰斑鸻	*Pluvialis squatarola*	旅鸟	否	是
	灰头麦鸡	*Microsarcops cinreus*	夏候鸟	否	是
	金鸻	*Pluvialis fulva*	旅鸟	是	否
	金眶鸻	*Charadrius dubius*	夏候鸟	是	是
	蒙古沙鸻	*Charadrius mongolus*	旅鸟	是	否
鸥科	白翅浮鸥	*Chlidonias leucopterus*	夏候鸟	是	是
	白额燕鸥	*Sterna albifrons*	夏候鸟	否	是
	海鸥	*Larus canus*	旅鸟	否	是
	红嘴鸥	*Larus ridibundus*	夏候鸟	是	是
	普通燕鸥	*Sterna hirundo*	夏候鸟	是	是
	小鸥	*Larus minutus*	夏候鸟	否	是
	须浮鸥	*Chlidonias hybrida*	夏候鸟	是	是
	银鸥	*Larus argentatus*	夏候鸟	是	是
鹰科	白头鹞	*Circus aeruginosus*	夏候鸟	是	否
	白尾鹞	*Circus cyaneus*	夏候鸟	是	是
	苍鹰	*Accipiter gentilis*	冬候鸟	是	否
	大鵟	*Buteo hemilasius*	留鸟	是	是
	金雕	*Aquila chrysaetos*	留鸟	是	是
	毛脚鵟	*Buteo lagopus*	冬候鸟	是	是
	普通鵟	*Buteo japonicus*	夏候鸟	是	否
	雀鹰	*Accipiter nisus*	夏候鸟	是	是
	鹊鹞	*Circus melanoleucos*	夏候鸟	是	否
	日本松雀鹰	*Accipiter gularis*	夏候鸟	否	是
	松雀鹰	*Accipiter virgatus*	夏候鸟	否	是
隼科	红脚隼	*Falco vespertinus*	夏候鸟	否	是
	红隼	*Falco tinnunculus*	留鸟	是	是
	燕隼	*Falco subbuteo*	夏候鸟	是	是
䴙䴘科	凤头䴙䴘	*Podicepsa cristatus*	夏候鸟	是	是
	黑颈䴙䴘	*Podiceps nigricollis*	夏候鸟	是	否
	小䴙䴘	*Tachybaptus ruficollis*	夏候鸟	是	是

续表

科	种	拉丁名	类型	20 世纪 80 年代记录	21 世纪 10 年代记录
鸦科	达乌尔寒鸦	*Corvus dauuricus*	留鸟	否	是
	大嘴乌鸦	*Corvus macrorhynchos*	留鸟	否	是
	寒鸦	*Corvus monedula*	留鸟	是	是
	灰喜鹊	*Cyanopica cyana*	留鸟	是	是
	秃鼻乌鸦	*Corvus frugilegus*	留鸟	是	是
	喜鹊	*Pica pica*	留鸟	是	是
	小嘴乌鸦	*Carrion Crow*	留鸟	是	是
太平鸟科	太平鸟	*Bombycilla garralut*	冬候鸟	否	是
	小太平鸟	*Bombycilla japonica*	冬候鸟	否	是
鹟科	白背矶鸫	*Monticola saxatilis*	夏候鸟	否	是
	白腹鸫	*Turdus pallidus*	夏候鸟	是	否
	白喉矶鸫	*Monticola gularis*	夏候鸟	否	是
	白喉石䳭	*Saxicola insignis*	夏候鸟	否	是
	白眉地鸫	*Geokichla sibirica*	夏候鸟	是	是
	白眉鸫	*Turdus obscurus*	夏候鸟	否	是
	白眉姬鹟	*Ficedula zanthopygia*	夏候鸟	否	是
	斑鸫	*Turdus naumanni*	旅鸟	是	是
	北红尾鸲	*Phoenicurus auroreus*	夏候鸟	是	否
	北灰鹟	*Muscicapa latirostris*	夏候鸟	否	是
	赤颈鸫	*Turdus ruficollis*	旅鸟	否	是
	黑喉石䳭	*Saxicola maurus*	夏候鸟	否	是
	红喉歌鸲	*Luscinia calliope*	夏候鸟	是	是
	红喉姬鹟	*Ficedula parva*	夏候鸟	否	是
	红尾歌鸲	*Luscinia sibilans*	夏候鸟	是	是
	红胁蓝尾鸲	*Tarsiger cyanurus*	夏候鸟	是	是
	虎斑地鸫	*Zoothera dauma*	夏候鸟	是	是
	灰背鸫	*Turdus hortulorum*	夏候鸟	否	是
	灰纹鹟	*Muscicapa griseisticta*	夏候鸟	否	是
	蓝头矶鸫	*Monticola cinclorhynchus*	夏候鸟	是	否
	鸲姬鹟	*Mugimaki flycatcher*	夏候鸟	否	是
	穗䳭	*Oenanthe oenanthe*	留鸟	否	是
椋鸟科	灰椋鸟	*Stumus cineraceus*	夏候鸟	是	是
	丝光椋鸟	*Stumus sericeus*	夏候鸟	否	是
䴓科	普通䴓	*Sitta europaea*	留鸟	否	是
旋木雀科	旋木雀	*Certhia familiaris*	留鸟	否	是

续表

科	种	拉丁名	类型	20 世纪 80 年代记录	21 世纪 10 年代记录
山雀科	大山雀	*Parus major*	留鸟	是	是
	黄腹山雀	*Parus venustulus*	留鸟	否	是
	灰山雀	*Melaniparus afer*	留鸟	是	否
	煤山雀	*Parus ater*	留鸟	是	是
	银喉长尾山雀	*Aegithalos caudatus*	留鸟	是	是
	沼泽山雀	*Parus palustris*	留鸟	是	是
燕科	家燕	*Hirundo rustica*	夏候鸟	是	是
	金腰燕	*Hirundo daurica*	夏候鸟	是	是
	毛脚燕	*Delichom urbica*	留鸟	是	是
	崖沙燕	*Riparia riparia*	夏候鸟	是	是
莺科	暗绿柳莺	*Phylloscopus trochiloides*	旅鸟	否	是
	苍眉蝗莺	*Locustella fasciolata*	夏候鸟	否	是
	大苇莺	*Acrocephalus arundinaceus*	夏候鸟	是	否
	戴菊	*Regulus regulus*	留鸟	是	是
	东方大苇莺	*Acrocephalus orientalis*	夏候鸟	否	是
	褐柳莺	*Phylloscopus fuscatus*	夏候鸟	是	是
	黑眉伪莺	*Acrocephalus bistrigiceps*	夏候鸟	是	是
	厚嘴苇莺	*Acrocephalus aedom*	夏候鸟	否	是
	黄眉柳莺	*Phylloscopus inornatus*	夏候鸟	是	是
	黄腰柳莺	*Phylloscopus proregulus*	旅鸟	否	是
	极北柳莺	*Phylloscopus borealis*	夏候鸟	是	是
	巨嘴柳莺	*Phylloscopus schwarzi*	旅鸟	是	是
	芦莺	*Acrocephalus scirpaceus*	夏候鸟	是	否
	矛斑蝗莺	*Locustella lanceolata*	旅鸟	否	是
	冕柳莺	*Phylloscopus coronatus*	旅鸟	否	是
	寿带	*Terpsiphone paradisi*	夏候鸟	是	否
	双斑绿柳莺	*Phylloscopus plumbeitarsus*	夏候鸟	否	是
	短趾百灵	*Calandrella cheleensis*	夏候鸟	否	是
百灵科	角百灵	*Eremophila alpestris*	冬候鸟	否	是
	小沙百灵	*Calandrella rufescens*	留鸟	是	否
	云雀	*Alauda aruensis*	夏候鸟	是	是
鹬科	白腰草鹬	*Tringa ochropus*	夏候鸟	否	是
	大沙锥	*Gallinago megala*	旅鸟	是	是

续表

科	种	拉丁名	类型	20 世纪 80 年代记录	21 世纪 10 年代记录
鹬科	黑腹滨鹬	*Calidris alpina*	旅鸟	否	是
	矶鹬	*Actitis hypoleucos*	夏候鸟	是	是
	林鹬	*Tringa glareola*	夏候鸟	是	是
	青脚鹬	*Tringa nebularia*	旅鸟	否	是
	小杓鹬	*Numenius minutus*	旅鸟	是	是
	针尾沙锥	*Gallinago stenura*	旅鸟	是	是
	白腰杓鹬	*Numenius arquata*	夏候鸟	是	是
	灰鹬	*Heteroscelus incanus*	旅鸟	是	否
	尖尾滨鹬	*Calidris acuminata*	旅鸟	是	否
	扇尾沙锥	*Gallinago gallinago*	旅鸟	是	是
	弯嘴滨鹬	*Calidris ferruginea*	旅鸟	是	否
	泽鹬	*Tringa stagnatilis*	旅鸟	否	是
	棕眉山岩鹨	*Prunella montanella*	旅鸟	是	是
岩鹨科	普通夜鹰	*Caprimulgus indicus*	夏候鸟	是	否
夜鹰科	红胁绣眼鸟	*Zosterops erythropleurus*	夏候鸟	否	是
绣眼鸟科	白眉鹀	*Emberiza tristrami*	夏候鸟	是	是
鹀科	白头鹀	*Emberiza leucocephalos*	夏候鸟	是	否
	赤胸鹀	*Emberiza fucata*	夏候鸟	是	否
	红颈苇鹀	*Emberiza yessoensis*	留鸟	是	否
	黄喉鹀	*Emberiza elegans*	夏候鸟	否	是
	黄眉鹀	*Emberiza chrysophrys*	旅鸟	是	是
	黄胸鹀	*Emberiza aureola*	夏候鸟	是	是
	灰头鹀	*Emberiza spodocephala*	夏候鸟	是	是
	栗鹀	*Emberiza rutila*	旅鸟	否	是
	芦鹀	*Emberiza schoeniclus*	夏候鸟	是	是
	三道眉草鹀	*Emberiza cioides*	留鸟	否	是
	田鹀	*Emberiza rustica*	旅鸟	是	是
	苇鹀	*Emberiza pallasi*	夏候鸟	是	是
	小鹀	*Emberiza pusilla*	旅鸟	是	是
雀科	白腰朱顶雀	*Carduelis spinus*	冬候鸟	否	是
	北朱雀	*Carpodacus roseus*	冬候鸟	是	是
	黑头蜡嘴雀	*Eophona personata*	夏候鸟	是	是

续表

科	种	拉丁名	类型	20 世纪 80 年代记录	21 世纪 10 年代记录
雀科	黑尾蜡嘴雀	*Eophona migratoria*	夏候鸟	是	是
	红交嘴雀	*Loxia curvirostra*	留鸟	否	是
	黄雀	*Carduelis spinus*	旅鸟	是	是
	灰腹灰雀	*Pyrrhula griseiventris*	冬候鸟	否	是
	金翅雀	*Carduelis spinus*	留鸟	是	是
	普通朱雀	*Carpodacus erythrinus*	夏候鸟	否	是
	松雀	*Pinicola enucleator*	冬候鸟	是	是
	锡嘴雀	*Coccothraustes coccothraustes*	留鸟	是	是
	燕雀	*Fringilla montifringilla*	旅鸟	否	是
	长尾雀	*Uragus sibiricus*	留鸟	是	是
	朱顶雀	*Carduelis* spp.	冬候鸟	否	是
	朱雀	*Carpodacus erythrinus*	夏候鸟	是	是
瓣蹼鹬科	红颈瓣蹼鹬	*Phalaropus lobatus*	旅鸟	是	否
伯劳科	红尾伯劳	*Lanius cristatus*	夏候鸟	是	是
	灰伯劳	*Lanius excubitor*	冬候鸟	否	是
鹮科	白琵鹭	*Platalea leucorodia*	夏候鸟	是	否
黄鹂科	黑枕黄鹂	*Oriolus chinensis*	夏候鸟	是	是
鹡鸰科	白鹡鸰	*Motacilla alba*	夏候鸟	否	是
	黄鹡鸰	*Motacilla flava*	夏候鸟	是	是
	黄头鹡鸰	*Motacilla citreola*	夏候鸟	是	否
	灰鹡鸰	*Motacilla cinerea*	夏候鸟	否	是
鹪鹩科	树鹨	*Anthus hodgsoni*	夏候鸟	否	是
	田鹨	*Anthus richardi*	夏候鸟	是	是
	鹪鹩	*Haematopus ostralegus*	留鸟	是	否
蛎鹬科	蛎鹬	*Haematopus ostralegus*	夏候鸟	是	是
鹭科	苍鹭	*Ardea cinerea*	夏候鸟	是	是
	草鹭	*Ardea purpurea*	夏候鸟	是	否
	池鹭	*Ardeola bacchus*	夏候鸟	否	是
	大白鹭	*Ardea alba*	夏候鸟	否	是
	大麻鳽	*Botaurus stellaris*	夏候鸟	是	否
	黄斑苇鳽	*Ixobrychus sinensis*	夏候鸟	是	是
	绿鹭	*Butorides striatus*	夏候鸟	是	是

续表

科	种	拉丁名	类型	20 世纪 80 年代记录	21 世纪 10 年代记录
鹭科	夜鹭	*Nycticorax nycticorax*	夏候鸟	否	是
	紫背苇鳽	*Ixobrychus eurhythmus*	夏候鸟	是	是
攀雀科	攀雀	*Remiz pendulinus*	夏候鸟	是	是
	中华攀雀	*Remiz consobrinus*	夏候鸟	否	是
三趾鹑科	黄脚三趾鹑	*Turnix tanki*	夏候鸟	是	否
沙鸡科	毛腿沙鸡	*Syrrhaptes paradoxus*	冬候鸟	是	否
山椒鸟科	灰山椒鸟	*Pericrocotus divaricatus*	夏候鸟	是	是
文鸟科	麻雀	*Passer* spp.	留鸟	是	是
	树麻雀	*Passer montanus*	留鸟	是	是

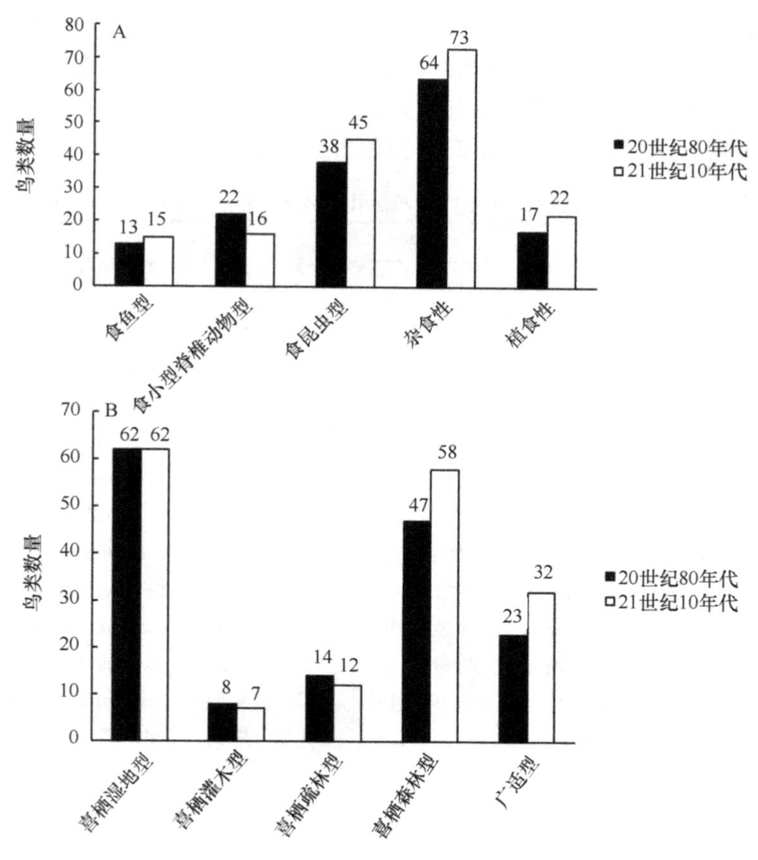

图 6-4　两个时期不同食性和喜栖不同生境鸟类数量变化

6.3 讨论与分析

6.3.1 城市化影响方式及可能原因分析

历史数据和城乡梯度数据同时揭示城市化导致木本植物丰富度（Margalef 指数），尤其是科和属增加。在城市内，2014 年木本植物科、属数量分别比 1955 年多 9 个和 17 个（表 6-5）。Walker 等（2009）研究显示，在美国亚利桑那州，与城市区域相比沙漠区域具有较高的植物丰富度和较低的植物多样性。Jim 和 Zhang（2013）研究表明，香港老城区植物丰富度显著低于新建成区，而多样性和均匀度却没有显著差异。本研究中，城市木本植物的丰富度是自然保护区和林场的 1.6 倍和 2.6 倍，但是多样性和均匀度处于中等水平（表 6-4）。

哈尔滨市草本植物可能与木本植物变化趋势相反。华东师范大学达良俊教授研究组的研究结果显示，与 1955 年相比，2011 年哈尔滨市草本植物的科、属数量分别减少了 44 个、183 个，新增加的科有 2 个（紫茉莉科、酢浆草科）（表 6-8）（Chen X et al. 2014）。这可能和原有的大面积草地原生植被大量减少、城市用地大量增加（见第 3 章）有关，而且城市化进程还伴随着造林大面积增加。

表 6-8　20 世纪 50 年代—21 世纪 10 年代哈尔滨市草本植物变化趋势分析（Chen X et al. 2014）

	序号	科	科拉丁名	属/种		序号	科	科拉丁名	属/种	
				1955	21 世纪 10 年代				1955	21 世纪 10 年代
保留的科	1	禾本科	Gramineae	46/88	14/16	19	萝藦科	Asclepiadaceae	2/5	1/1
	2	菊科	Compositae	43/81	23/36	20	锦葵科	Malvaceae	3/4	4/4
	3	莎草科	Cyperaceae	7/42	2/2	21	荨麻科	Urticaceae	2/4	2/3
	4	蓼科	Polygonaceae	4/28	3/9	22	紫草科	Boraginaceae	4/4	2/2
	5	毛茛科	Ranunculaceae	12/24	3/3	23	香蒲科	Typhaceae	1/4	1/1
	6	豆科	Leguminosae	11/24	8/13	24	罂粟科	Papaveraceae	2/3	3/3
	7	蔷薇科	Rosaceae	5/22	5/10	25	苋科	Amaranthaceae	1/3	1/2
	8	唇形科	Labiatae	15/20	8/10	26	木贼科	Equisetaceae	1/3	1/1
	9	十字花科	Cruciferae	15/19	7/7	27	景天科	Crassulaceae	1/2	1/2
	10	伞形科	Umbelliferae	13/18	4/4	28	柳叶菜科	Onagraceae	2/2	1/1
	11	蒺藜科	Zygophyllaceae	7/17	4/8	29	马齿苋科	Portulacaceae	1/1	1/1
	12	石竹科	Caryophyllaceae	10/17	3/3	30	鸭跖草科	Commelinaceae	1/1	1/1
	13	玄参科	Scrophulariaceae	11/16	3/3	31	防己科	Menispermaceae	1/1	1/1
	14	旋花科	Convolvulaceae	5/10	2/2	32	车前科	Plantaginaceae	1/3	1/4
	15	堇菜科	Violaceae	1/8	1/2	33	葫芦科	Cucurbitaceae	2/2	2/3
	16	鸢尾科	Iridaceae	1/8	1/1	34	桑科	Moraceae	1/1	2/2

续表

	序号	科	科拉丁名	属/种		序号	科	科拉丁名	属/种	
				1955	21 世纪 10 年代				1955	21 世纪 10 年代
保留的科	17	大戟科	Euphorbiaceae	2/6	2/2	35	牻牛儿苗科	Geraniaceae	2/4	2/3
	18	茜草科	Rubiaceae	2/5	2/2	36	茄科	Solanaceae	3/3	4/5
消失的科	37	百合科	Liliaceae	10/23	—	60	金粟兰科	Chloranthaceae	1/1	—
	38	眼子菜科	Potamogetonaceae	1/10	—	61	白花丹科	Plumbaginaceae	1/1	—
	39	报春花科	Primulaceae	4/7	—	62	狸藻科	Lentibulariaceae	1/1	—
	40	桔梗科	Campanulaceae	4/5	—	63	瓶尔小草科	Ophioglossaceae	1/1	—
	41	茨藻科	Najadaceae	2/4	—	64	葡萄科	Vitaceae	1/1	—
	42	泽泻科	Alismataceae	2/4	—	65	千屈菜科	Lythraceae	1/1	—
	43	虎耳草科	Saxifragaceae	3/3	—	66	球子蕨科	Onocleaceae	1/1	—
	44	睡莲科	Nymphaeaceae	3/3	—	67	瑞香科	Thymelaeaceae	1/1	—
	45	浮萍科	Lemnaceae	2/3	—	68	杉叶藻科	Hippuridaceae	1/1	—
	46	菱科	Trapaceae	1/3	—	69	牡丹科	Paeoniaceae	1/1	—
	47	小二仙草科	Haloragaceae	1/3	—	70	薯蓣科	Dioscoreaceae	1/1	—
	48	败酱科	Valerianaceae	2/2	—	71	水鳖科	Hydrocharitaceae	1/1	—
	49	龙胆科	Gentianaceae	2/2	—	72	水马齿科	Callitrichaceae	1/1	—
	50	睡菜科	Menyanthaceae	2/2	—	73	水麦冬科	Juncaginaceae	1/1	—
	51	灯心草科	Juncaceae	1/2	—	74	檀香科	Santalaceae	1/1	—
	52	列当科	Orobanchaceae	1/2	—	75	藤黄科	Guttiferae	1/1	—
	53	凤仙花科	Balsaminaceae	1/1	—	76	天南星科	Araceae	1/1	—
	54	黑三棱科	Sparganiaceae	1/1	—	77	五福花科	Adoxaceae	1/1	—
	55	胡麻科	Pedaliaceae	1/1	—	78	亚麻科	Linaceae	1/1	—
	56	花蔺科	Butomaceae	1/1	—	79	雨久花科	Pontederiaceae	1/1	—
	57	蒺藜科	Zygophyllaceae	1/1	—	80	远志科	Polygalaceae	1/1	—
	58	金鱼藻科	Ceratophyllaceae	1/1	—	81	芸香科	Rutaceae	1/1	—
	59	蕨科	Pteridiaceae	1/1	—	82	紫葳科	Bignoniaceae	1/1	—
新记录	83	紫茉莉科	Nyctaginaceae	—	1/1	84	酢浆草科	Oxalidaceae	—	1/1

注：“—”表示无

哈尔滨市木本植物增加的一个主要原因是引进了大量外来植物，城镇绿化是外来种快速引进的原因。从 1955 年到 2014 年外来种增加了 6 倍，同时热带分布型比例从 25%增加到 36.4%（图 6-3）。城乡梯度数据显示，城市中外来种种数高出自然保护区和林场的 10 倍（表 6-2）。以往研究表明，在城市化进程中外来种的丰富度与本地种的丰富度呈负相关。在过去 100 年中，美国马萨诸塞州尼达姆的本地种丰富度降低到44%（Standley 2003），纽约市本地种降低到43%、外来种增加了411种（所有种总数为578）（DeCandido et al. 2004），我国深圳过去30年本地种降低到63.38%（Ye et al. 2012）。具有较高观赏性的外来种，被大量地运用到城市绿化中，尤其是在新建成的城市区域（Jim and Zhang 2015；Knapp et al. 2008）。植物多样性指数与外来种/本地种之间的关系还不是很明确，本研究发现了外来种/本地种在城市区域与植物丰富度（Margalef指数）间存在紧密联系（图6-2）。

气候变暖导致北半球植被分布界线正在向北移动（Trumble and Butler 2009）。哈尔滨在过去的127年年均气温上升了2.7°C（张同智等 2010）。本研究的数据显示，哈尔滨市年均温以每10年0.17℃的速度直线升高（图1-3）。哈尔滨城市热岛区域达到457km^2，占整个城市面积的78.1%（李国松 2012）。这些都为引自中国南方的物种正常生长提供了可能，也是热带植物区系显著增加的原因。同其他城市一样，哈尔滨城市绿化引进了大量原产温带气候带的植物（聂绍荃和杨福林 1983），这些外来种和热带植物的引进对城市区域维持较高的生物多样性起着重要作用。

本研究在不同城乡梯度及不同城市区域的研究结果支持了中度干扰假说，即中度干扰区域生物多样性最高（Catford et al. 2012；McKinney 2002）。如在城市过渡区域具有相对较高的丰富度和多样性（表6-4），其可能原因是人类的干扰使从郊区到城市中心生境类型增加（Mooney and Hobbs 2000）。Chen X等（2014）研究表明，哈尔滨市从一环到四环区域土地利用类型增加，但是每种类型面积所占的比例降低。本研究表明，一环和四环间区域外来种的比例、丰富度、多样性是1环区域的1.36倍、1.6倍、1.7倍，是4环外区域的3.13倍、18.04倍、4.31倍（表6-2、表6-4）。1946~2014年城市建成区外来种的比例、丰富度和多样性及热带分布型是老城区（1898~1906年前建成区）的1.5~2.0倍，是非建成区的1.5~2.8倍（表6-2、表6-3和表6-4）。

6.3.2 鸟类变化趋势及其与树木变化关系

有关城市化引起城市鸟类组成发生了改变的报道已经有很多（陈水华等 2000；高学斌等 2008）。例如，Melles等（2003）发现在加拿大温哥华、本拿比和不列颠哥伦比亚鸟类数量随着城市化的扩张而减少；Biamonte等（2011）研究发现哥斯达黎加的中心山谷城市从1973年到2006年鸟类减少了66种。而国内有一些研究表明城市化使城市鸟类增加，如高学斌等（2008）在西安研究表明，在1997年记录到138种鸟类，在2007年记录到149种鸟类。哈尔滨的结果与西安类似，20世纪80年代鸟类种数为154，到21世纪10年代达到171，在这30年间鸟类的种类组成发生了改变（表6-7、图6-4），一些大型鸟类如雪鸮（*Bubo scandiaca*）、鬼鸮（*Aegolius funereus*）、白琵鹭（*Platalea leucorodia*）和苍鹰（*Accipiter gentilis*）等从城市中消失了，而一些小型鸟类如燕雀（*Fringilla montifringilla*）和暗绿柳莺（*Phylloscopus trochiloides*）等则新出现或者增加。

城市化同时也影响了鸟类食物的多样性、质量及分布（王彦平等 2004）。在城市区域，一些特殊的小生境，如大型针叶树林、浆果类灌木林及淡水溪流对于鸟类的生存都是十分必要的（Melles et al. 2003）。与过去相比，当前植物和鸟类密度主要受城市发展历程和土地类型的影响，而不是受一些非人为因素如地理因素、气候因素的影响（Aronson et al. 2014）。适应城市环境的鸟类有很大一部分是人为饲养的，其中包括一些杂食性鸟类、地面觅食性鸟类和食籽性鸟类（McKinney 2002）。Benedito 等（2009）在巴西马林加市研究发现，其城市鸟类以食昆虫型鸟和杂食性鸟为主。本研究发现，与 20 世纪 80 年代相比，21 世纪 10 年代哈尔滨市食小型脊椎动物型鸟类减少了 27.3%，然而杂食性鸟类、食昆虫型鸟和植食性鸟分别增加了 14.1%、18.4%、29.4%（图 6-4A）。出现以上这种现象的原因可能有两种。其一是哈尔滨市树木反复遭受虫害，尤其是杨树（*Populus* spp.），哈尔滨市大概有 40%的森林遭受虫害（李强和刘思婷 2012），这为鸟类增加食物来源。植食性鸟类数量增加与本地观果类树木如杏（*Armeniaca vulgaris*）、毛樱桃（*Cerasus tomentosa*）、榆叶梅（*Amygdalus triloba*）、梓（*Catalpa ovata*）、桑（*Morus alba*）和山楂（*Crataegus pinnatifida*）及外来观果类树木如火炬树（*Rhus typhina*）大量地运用到城市绿化中密切相关。另一个可能原因是森林覆盖率增加，截至 2012 年，哈尔滨城市绿化覆盖率达到 45.4%（哈尔滨市统计局 2013），本研究确定这一数据为 33.86%（见第 2 章）。Fontana 等（2011）研究指出，鸟类的丰富度、多样性与空间封闭度或建筑密度呈负相关，而随城市植被结构层次的增加而增加。本研究发现，哈尔滨市鸟类从 20 世纪 80 年代到 21 世纪 10 年代喜栖森林型鸟和广适型鸟分别增加了 23.4%和 39.1%，喜栖疏林型鸟和喜栖灌木型鸟则分别减少了 14.3%和 12.5%（图 6-4B）。在城市化以前哈尔滨市主要植被类型是榆树稀树草原（Baranov et al. 1955）。城市化急剧地缩小了开放地域的面积，使喜栖宽阔草地鸟类的生境减少。

6.3.3　城市森林管理建议

当今中国正朝着新型城市的方向发展（Fang et al. 2015），哈尔滨作为典型中国城市，本研究数据将有助于全面揭示城市化对树木和鸟类组成变化的影响。基于上述研究结果笔者提出如下 3 条建议。

（1）选择脆弱地区增加植物多样性，如森林覆盖率较低的区域，包括老城区、一环内区域的（表 6-2~表 6-4）。在上述区域，高的人口密度和建筑密度极大地降低了城市绿化覆盖面积。而在城市公园如儿童公园、建国公园和兆麟公园中保存有大量的古树及较高的森林覆盖率。在这些区域可以通过种植一些小型植被，如榆叶梅（*Amygdalus triloba*）、毛樱桃（*Cerasus tomentosa*）、茶藨子（*Ribes* spp.）、刺五加（*Acanthopanax senticosus*）、鼠李（*Rhamnus davurica*）和兴安杜鹃（*Rhododendron dauricum*）及一些适应当地气候的植物如五叶地锦（*Parthenocissus quinquefolia*）、地锦（*Parthenocissus tricuspidata*）、南蛇藤（*Celastrus orbiculatus*）和山葡萄（*Vitis amurensis*）来提高生物多样性。之前的研究已经指出，大型公园比小型公园能够保持更高的生物多样性（Cornelis and Hermy 2004）。公园、保护区、居民区周围的绿地建设应当考虑到在城市的整体规划中用于保护城市鸟类和植物多样性（Melles et al. 2003）。

（2）今后在城市绿化树种选择时，要更多地考虑树种对保护当地植被和鸟类的作用。Jaccard 指数林场和保护区间最低、城市和林场间最高，表明哈尔滨市绿化树种主要受当地林场树种的影响（图 6-5）。建立自然保护区和在城市绿化中使用本地种可能是维持城市生物多样性的最佳措施。虽然引进外来种提高了城市植物多样性（Honnay et al. 2003），但从长期来看，一些外来种可能会对本地种造成极大的损害（Curnutt 2000）。一些入侵性较强的树种如火炬树（*Rhus typhina*）（郑宝江和潘磊 2012）已被大量地运用到哈尔滨城市绿化中，对当地植物多样性造成的损害将在未来体现出来。

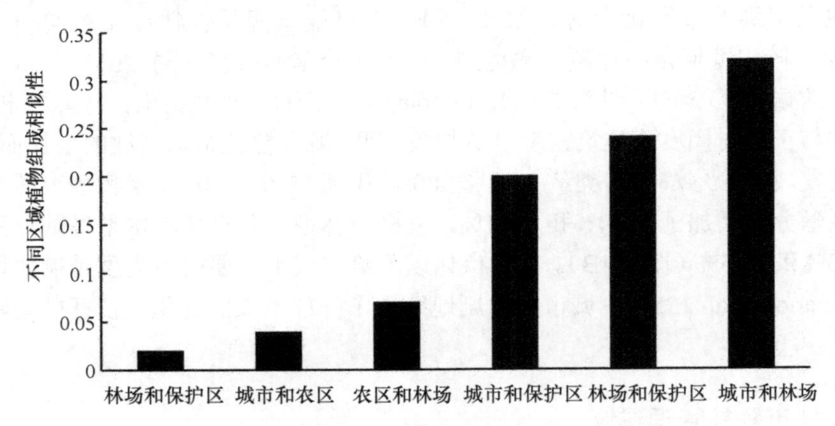

图 6-5　不同城市化区域木本植物 Jaccard 指数

（3）构建鸟类友好型城市景观，通过选择适宜的城市绿化树种为鸟类提供更多的食物来源与栖息地生境（Aronson et al. 2014；Pautasso et al. 2011）。哈尔滨市当前开展了大量的生态恢复工程如金河湾湿地、河口湿地及群力湿地公园以改善城市生态环境（哈尔滨市城乡规划设计研究院，http://www.hrbghy.org.cn/），在这些生态工程建设中应该更多地关注鸟类生境问题。本研究结果表明，在城市规划中应当考虑恢复一些开阔的草地或开阔的林地。因此在今后的生态工程中，应当多考虑加入一些开阔的林地。

6.4 小　　结

城市化使哈尔滨市木本植物和鸟类组成发生了巨大变化。城乡梯度和长期历史数据均显示，哈尔滨市木本植物科和属的多样性明显增加，外来种和热带分布型树种也增加明显。中度干扰区域通常具有较高的丰富度和多样性及较多的外来种。城市植物多样性的改变与外来种的引进及树种对气候变化的适应性关系密切。与 20 世纪 80 年代相比，2014 年杂食性鸟类和喜栖森林型鸟类多样性增加，显示鸟类增加主要与城市树种增加有紧密关系。这些研究结果将为哈尔滨市生物多样性保护和城市生态建设提供参考。

第 7 章　城市森林植被生物量和土壤有机碳储量

森林碳汇可以抵消工业碳排放，并可以作为商品在碳汇市场进行交易，激发了对再造林碳汇功能的研究热情。近年来城市森林碳汇功能也受到极大关注（Escobedo et al. 2010；Millward and Sabir 2011；Nowak 1993）。国内外学者对城市森林碳储量与碳汇功能进行了研究，涉及城市包括北京（Tang et al. 2016；Yang et al. 2005）、厦门（Ren et al. 2011）、杭州（Zhao et al. 2010）及多个欧美城市（Nowak and Crane 2002；Pouyat et al. 2006）。上述研究多对城市森林现存碳储量进行估算，而森林植被与土壤碳时空分异规律及其影响机制尚有待挖掘。城市森林碳储量在城市空间分布不均（Yoon et al. 2013），受很多因素影响，有研究表明城市扩张对森林有极大的负面影响（Ren et al. 2012），人为活动如道路建设、房地产开发（Shakeel and Conway 2014）在其中扮演重要角色。森林结构特征（树木密度、胸径、物种组成等）、城市化进程（城乡梯度特征、建成区年代）都可能影响森林植被碳储量（Timilsina et al. 2014）及土壤碳空间分布（Edmondson et al. 2014）。

本章重点关注生物量及土壤有机碳储量，并依据林型、环路、年代历史及行政区划，分析城市森林碳储量时空变化。主要回答以下问题：

（1）城乡梯度上和不同行政区域城市森林植被特征及土壤碳截获量存在多大差异；

（2）上述梯度及区域内土壤理化性质的差异，与地上和地下碳储量的耦合关系；

（3）未来城市森林碳汇功能管理及评价的启示。

7.1　材料与方法

7.1.1　样地布设与样地调查

根据城市森林不同林型、环路、建成历史、行政区分布在哈尔滨市随机选取 219 个样地进行实地调查与土壤样品采样（样地分布参见图 7-1）。其中，附属林 58 个样地、风景游憩林 42 个样地、道路林 63 个样地、生态公益林 56 个样地；一环路以内 16 个样地、一环路至二环路之间 32 个样地、二环路至三环路之间 77

本章主要撰写者为王文杰和吕海亮。

个样地、三环路至四环路之间 74 个样地、四环路之外有 20 个样地；7 个样地分布在 100 年历史城区、11 个样地分布在 80 年历史城区、26 个样地分布在 70 年历史城区、43 个样地分布在 50 年历史城区、52 个样地分布在 10 年历史城区、53 个样地分布在新建城区建成区、27 个样地分布在未建城区建成区（未统计）；松北区 34 个样地、南岗区 52 个样地、香坊区 59 个样地、道里区 33 个样地、道外区 31 个样地（有 10 个样地在平房区、双城区或阿城区，本研究为统计）。

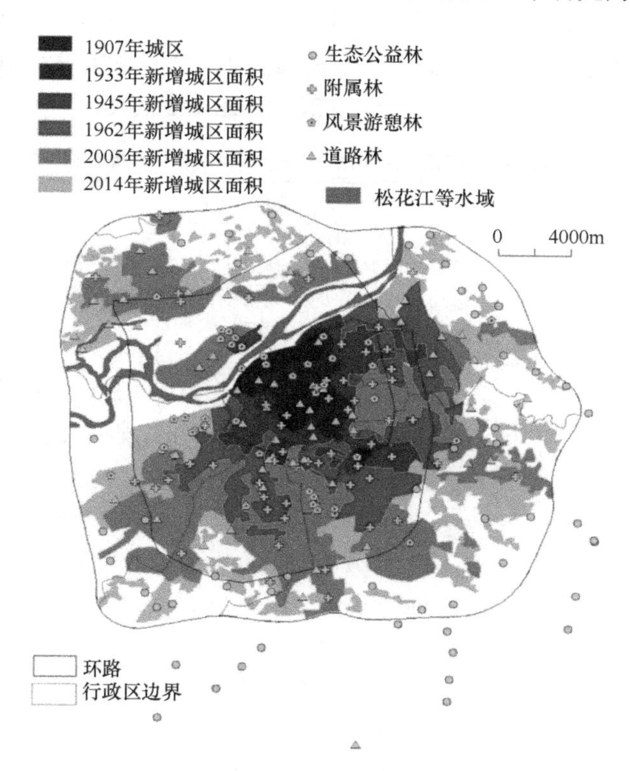

图 7-1　研究区位置与样地分布（彩图请扫封底二维码）

样地大小 400m^2 左右，每个样地记录中心点经纬度坐标。同时调查样地内乔灌木的树种组成，计算树木密度、冠幅，利用胸径尺测量每棵树的胸径（距离地面 1.3m 处的树木直径）/基径（距离地面 10cm 的灌木直径），采用 Nikon forestry PRO550（Jackson，MS，USA）激光测距仪测量树高。每个样地在主要树种附近随机采集 4 环刀 0~20cm 表层土壤，合并至土壤袋中带回实验室进行样品分析。

7.1.2　树木碳储量估算

依据已有文献中的不同树种的异速生长方程（表 7-1）估算个体树木生物量，

乘以生物量与碳转换系数 0.5，将个体生物量转换成个体树木碳储量，结合树木密度计算样地内树木碳储量，再结合样地面积计算单位面积碳储量（kg C/m^2）（Zhang et al. 2015b）。异速生长方程的选择坚持就近原则，如果某个树种没有可用的异速生长方程，则采用与其同属或同科物种的异速生长方程，如果同属或同科物种的异速生长方程仍然缺乏，则采用通用的异速生长方程，如果某树种缺少地下生物量方程，则采用根冠比 0.26 根据地上生物量估算地下生物量（Liu and Li 2012；Nowak and Crane 2002）。由于城市树木日常修剪与维护的需要，其地上生物量较自然林中的树木少，因此，本研究参照前人的研究，将城市森林中胸径大于 30cm 的树木生物量乘以系数 0.8（Liu and Li 2012；Zhang 2015）。

表 7-1　本研究中用到的主要树种异速生长方程

树种名称	生物量方程	参考文献
黑皮油松 *Pinus tabuliformis*	$B_{ag}=B_{stem}+B_{branch}+B_{leaf}$；$B_{stem}=0.11\times D^{2.34}$； $B_{branch}=0.01\times D^{2.58}$；$B_{leaf}=0.004\,9\times D^{2.48}$；$B_r=0.64\times D^{2.1}$	马钦彦（1989）； Liu 和 Li（2012）
榆树 *Ulmus* sp.	$B_{ag}=B_{stem}+B_{branch}+B_{leaf}$；$B_{stem}=0.043\times D^{2.87}$； $B_{branch}=0.007\,4\times D^{2.67}$；$B_{leaf}=0.002\,8\times D^{2.50}$	陈传国和郭杏芬（1984）；Liu 和 Li（2012）
云冷杉 *Picea* sp.	$B_{ag}=B_{stem}+B_{branch}+B_{leaf}$；$B_{stem}=0.057\times D^{2.48}$； $B_{branch}=0.012\times D^{2.41}$；$B_{leaf}=0.083\times D^{2.37}$；$B_r=0.008\,8\times D^{2.54}$	陈传国和郭杏芬（1984）；Liu 和 Li（2012）
白桦 *Betula platyphylla*	$B_{ag}=102.159\times D^{2.367}/1\,000$；$B_r=101.358\times D^{2.518}/1\,000$	Wang（2006）
杨树 *Populus* sp.	$B_{ag}=101.826\times D^{2.558}/1\,000$；$B_r=101.025\times D^{2.56}/1\,000$	Wang（2006）
红松 *Pinus koraiensis*	$B_{ag}=102.236\times D^{2.144}/1\,000$；$B_r=101.296\times D^{2.376}/1\,000$	Wang（2006）
落叶松 *Larix gmelinii*	$B_{ag}=101.977\times D^{2.451}/1\,000$；$B_r=101.085\times D^{2.57}/1\,000$	Wang（2006）
槭树 *Acer* sp.	$B_{ag}=101.930\times D^{2.535}/1\,000$；$B_r=102.112\times D^{1.981}/1\,000$	Wang（2006）
白蜡树 *Fraxinus*	$B_{ag}=102.136\times D^{2.408}/1\,000$；$B_r=101.396\times D^{2.467}/1\,000$	Wang（2006）
胡桃楸 *Juglans mandshurica*	$B_{ag}=102.235\times D^{2.287}/1\,000$；$B_r=101.226\times D^{2.397}/1\,000$	Wang（2006）
黄檗 *Phellodendron amurense*	$B_{ag}=101.942\times D^{2.332}/1\,000$；$B_r=101.024\times D^{2.617}/1\,000$	Wang（2006）
椴树 *Tilia* sp.	$B_{ag}=101.606\times D^{2.668}/1\,000$；$B_r=101.273\times D^{2.452}/1\,000$	Wang（2006）
蒙古栎 *Quercus mongolica*	$B_{ag}=102.002\times D^{2.456}/1\,000$；$B_r=101.482\times D^{2.356}/1\,000$	Wang（2006）
长白松 *Pinus sylvestris* var. *sylvestriformis*	$B_{ag}=B_{stem}+B_{branch}+B_{leaf}$；$B_r=200.032\,2\times D^{1.495}/1\,000$； $B_{stem}=0.0159\,368\times D^{2.949}+0.630\,086\,2\times D^{0.759}$； $B_{branch}=0.0557\,699\times D^{2.483}$；$B_{leaf}=0.109\,0\times D^{4.293}/1\,000$	邹春静和卜军（1995）
樟子松 *Pinus sylvestris* var. *mongolica*	$B_{ag}=B_{stem}+B_{branch}+B_{leaf}$；$B_{stem}=0.0439\times(D^2H)^{0.885\,2}$； $B_{branch}=0.023\,88\times D^{4.191\,2}H^{-2.307\,6}$； $B_{leaf}=0.108\,2\times D^{2.716\,9}H^{-1.395\,5}$	贾炜玮等（2008）
侧柏 *Platycladus orientalis*	$B_{ag}=B_{stem}+B_{branch}+B_{leaf}$； $B_{stem}=0.013\times(D^2H)^{0.596\,9}+0.003\,6\times(D^2H)^{0.675\,8}$； $B_{branch}=0.002\,74\times(D^2H)^{0.597\,3}+0.0049\,65\times(D^2H)^{0.597\,5}+0.000\,55\times(D^2H)^{0.587\,9}$； $B_{leaf}=0.003\,787\times(D^2H)^{0.597\,6}$	常学向等（1997）
稠李 *Padus racemose*	$B_{ag}=0.000\,09\times D^{2.696}$；$B_r=0.035\times D^{2.641}/1\,000$	李晓娜（2010）
蔷薇科果木 Rosaceae	$B_{ag}=10-0.665\,7\times D^{1.704\,1}$	吴飞（2012）

续表

树种名称	生物量方程	参考文献
乔木通用方程	B_{ag}=101.945×$D^{2.467}$/1 000；B_{total}=102.033×$D^{2.469}$/1 000；B_r=B_{total}−B_{ag}	Wang（2006）
茶条槭 *Acer ginnala*	B_{ag}=0.527×$D^{2.217}$/1 000；B_r=0.149×$D^{2.261}$/1 000	李晓娜（2010）
暴马丁香 *Syringa reticulata*	B_{ag}=0.395×$D^{2.3}$/1 000；B_r=0.129×$D^{2.302}$/1 000	李晓娜（2010）
卫矛 *Euonymus alatus*	B_{ag}=0.095×$D^{2.655}$/1 000；B_r=0.089×$D^{2.291}$/1 000	李晓娜（2010）
鼠李 *Rhamnus schneideri*	B_{ag}=0.169×$D^{2.555}$/1 000；B_r=0.092×$D^{2.314}$/1 000	李晓娜（2010）
鸡树条荚蒾 *Viburnum sargenti*	B_{ag}=0.141×$D^{2.649}$/1 000；B_r=0.245×$D^{1.994}$/1 000	李晓娜（2010）
乔木型灌木通用方程	B_{ag}=0.182×$D^{2.487}$/1 000；B_r=0.089×$D^{2.37}$/1 000	李晓娜（2010）

注：D 是胸径（cm），H 是树高（m）。B_{ag}、B_{stem}、B_{leaf}、B_{branch}、B_r 分别代表地上生物量、树干生物量、叶片生物量、树枝生物量和根系生物量

7.1.3　土壤样品分析

将采集的土壤带回实验室后风干至恒重，剔除植物残体与砂石，根据环刀（100ml）体积与土壤风干重计算土壤容重（鲍士旦 2000）。土壤有机碳（SOC）含量的测定采用重铬酸钾外加热-滴定法（鲍士旦 2000；Wang et al. 2011b），单位面积有机碳储量是有机碳含量、容重、样品采集土层厚度（20cm）的乘积。

7.1.4　树种组成与多样性分析

与第 6 章类似，本章采用 Shannon-Wiener 指数与 Simpson 指数计算样地内树种多样性（Magurran 2003）。为了分析不同城区树种组成与多样性差异，本研究按不同林型、环路、行政区、建成历史分别进行统计。树种多样性计算公式如下：

$$\text{Shannon-Wiener 指数}=-\sum p_i \times \ln p_i$$

$$\text{Simpson 指数}=1-\sum p_i^2$$

$$p_i=N_i/N$$

式中，p_i 为第 i 个树种所占的比例；N_i 为第 i 个树种的株数；N 为总株数。

7.1.5　数据分析

单因素方差分析与新复极差多重比较法在本研究中应用于检验单位面积树木碳储量、单位面积土壤有机碳储量、树木平均胸径、平均胸高断面积、土壤有机碳含量、土壤容重在不同林型、环路、建成历史、行政区之间的差异。采用 SPSS 22.0 和 Excel 2010 完成计算与分析。

7.2 结果与分析

7.2.1 城市森林结构与土壤碳参数

7.2.1.1 主要树种胸径、径级分布、土壤有机碳含量

柳属、杨属及榆科树木的平均胸径分别居于前三位，柏树、蔷薇、栎树、椴树、松树、黄檗、胡桃楸、桦树等主要树种的平均胸径依次降低（图 7-2A）。哈尔滨市最常见的开花树种为丁香，丁香花是哈尔滨市的市花，但其多为灌木，平均胸径较小。

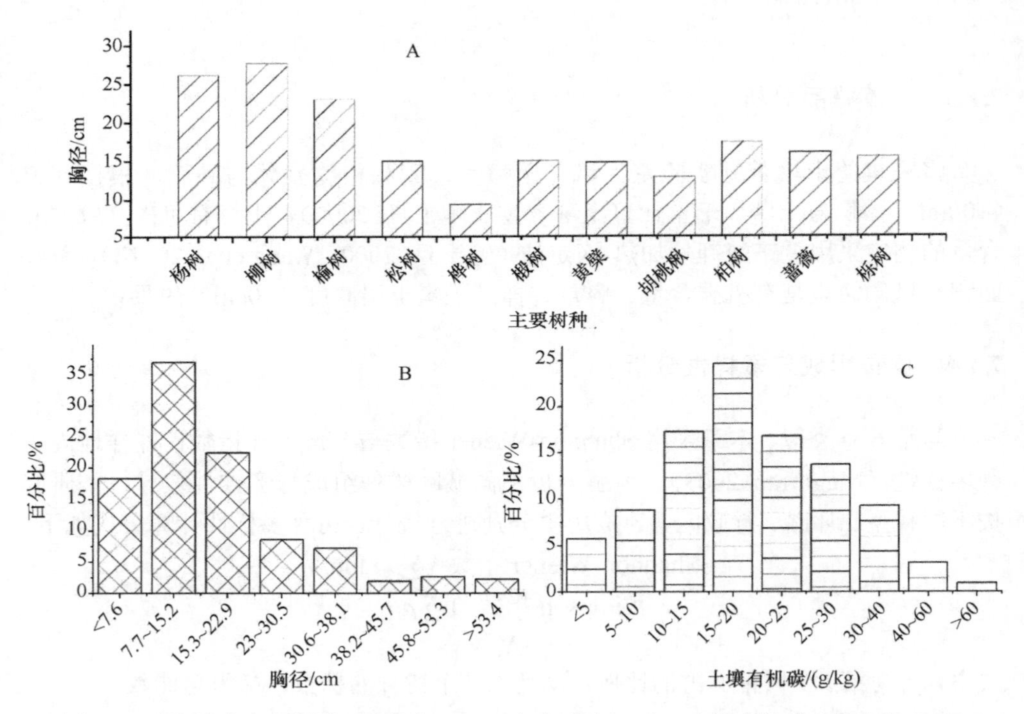

图 7-2 哈尔滨市主要树种平均胸径（A）、径级分布（B）、土壤有机碳含量分布（C）

在本研究调查的树种中，树木胸径范围在 2~128cm，超过一半（55.25%）的树木胸径不足 15.2cm（图 7-2B）。胸径范围在 15.3~22.9cm 和大于 23cm 的树木占比分别为 22.50%和 22.25%。哈尔滨城市森林以中幼林为主，胸径低于 23cm 的树木占约 80%。

1/4 的城市森林土壤有机碳含量在 15~20g/kg（图 7-2C）。平均土壤有机碳含

量 19.98g/kg。有机碳含量小于 5g/kg 和大于 40g/kg 仅占 9.69%，72.25%的城市森林土壤有机碳含量在 10~30g/kg。

7.2.1.2　生物多样性与丰富性

基于本书第 4 章和第 6 章的数据，重新列表 7-2。可以看出，对于不同环路城市森林，三环树木的科属种数最高（22 科 57 属 95 种），四环的树种多样性指数最高（Shannon-Wiener 指数 2.59、Simpson 指数 0.89），四环外树木的科属种数（2 科 3 属 4 种）与多样性指数均最低（Shannon-Wiener 指数 0.54、Simpson 指数 0.31）。

表 7-2　不同林型、环路、行政区、建成历史区域树种组成与多样性指数差异

城市森林分类		科	属	种	Shannon-Wiener 指数	Simpson 指数
城乡梯度						
环路（城区—乡村）	一环	19	35	47	1.38	0.61
	二环	20	43	71	2.14	0.76
	三环	24	57	95	2.25	0.84
	四环	20	45	73	2.59	0.89
	四环外	2	3	4	0.54	0.31
建成历史（老城区—新城区）	100 年历史城区	14	26	39	1.64	0.72
	80 年历史城区	13	20	31	0.70	0.29
	70 年历史城区	20	40	69	2.61	0.86
	50 年历史城区	24	45	73	2.82	0.90
	10 年历史城区	18	43	67	2.19	0.83
	0 年历史城区	20	47	73	2.07	0.80
林型与行政区						
林型	附属林	25	53	92	2.11	0.82
	道路林	18	41	68	2.21	0.82
	风景游憩林	21	47	78	2.48	0.84
	生态公益林	4	7	12	1.78	0.77
行政区	道里区	23	44	64	1.82	0.71
	道外区	18	34	49	2.44	0.87
	南岗区	20	50	78	2.06	0.81
	松北区	21	45	68	2.40	0.85
	香坊区	22	46	77	2.54	0.88

对于不同建成时间的城区，80 年历史城区其树种多样性最低（Shannon-Wiener 指数 0.7、Simpson 指数 0.29），同时树木科属种数也最低，13 科 20 属 31 种。50 年以下历史城区的属种数与树种多样性明显高于 70 年以上历史城区。

不同林型城市森林，附属林的科属种数最高，即 25 科 53 属 92 种，其次是风景游憩林和道路林。风景游憩林树种多样性指数最高，Shannon-Wiener 指数 2.48，Simpson 指数 0.84。生态公益林的科属种数与树种多样性最低，即 4 科 7 属 12 种，Shannon-Wiener 指数 1.78，Simpson 指数 0.77。

对于不同行政区城市森林，道里区树种科数最多（23 科），树种多样性最低，Shannon-Wiener 指数 1.82，Simpson 指数 0.71。南岗区树种属种数最多，即 50 属 78 种。香坊区树种多样性最高，Shannon-Wiener 指数 2.54，Simpson 指数 0.88，不同行政区间 Shannon-Wiener 指数与 Simpson 指数分别有 1.4 倍和 1.2 倍的差异。

7.2.2 生物量与土壤有机碳储量空间分异

7.2.2.1 不同林型生物量、土壤有机碳储量差异

单位面积树木碳储量、土壤有机碳储量、土壤有机碳含量、胸高断面积、胸径在不同林型间单因素方差分析结果差异显著，只有土壤容重在不同林型间单因素方差分析结果不显著（图 7-3、表 7-3）。在所有林型中，生态公益林的树木碳

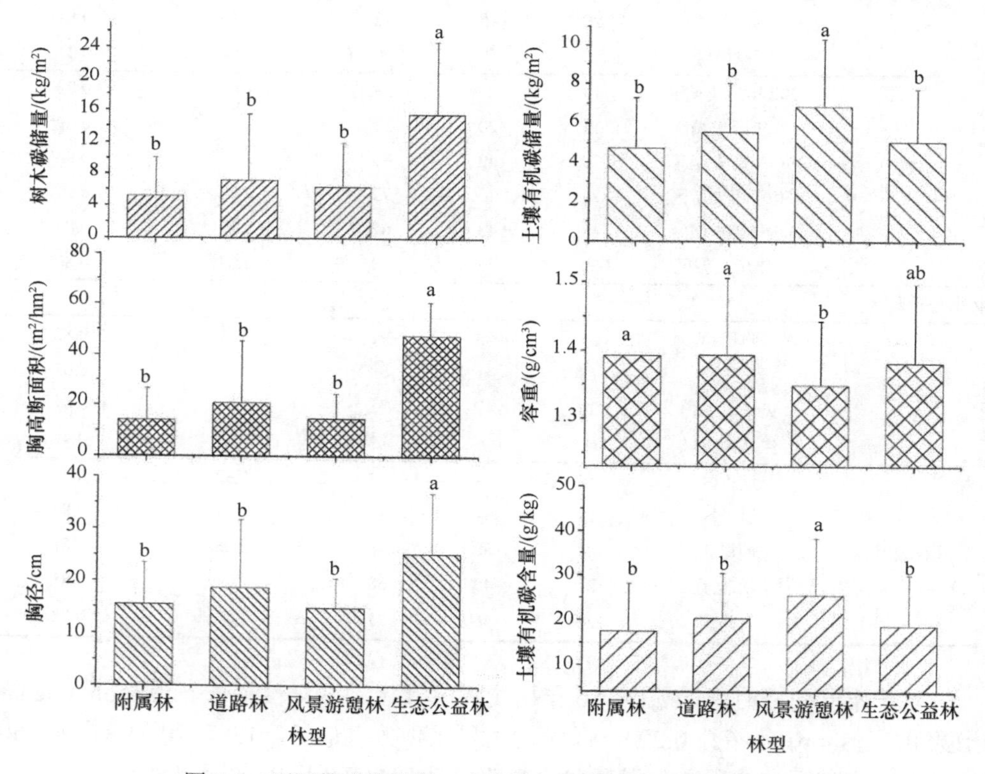

图 7-3 不同林型生物量、土壤有机碳储量及相关参数比较

误差线为标准差，不同小写字母代表多重比较结果有显著性差异（$p<0.05$）。下同

表 7-3 生物量及土壤有机碳储量及相关参数在不同林型、环路、建成历史、行政区之间的单因素方差分析结果

差异来源	因变量	*df*	*F*	显著性 *p*
林型	土壤有机碳储量（kg/m^2）	3	5.181	<0.01**
	树木碳储量（kg/m^2）	3	23.026	<0.001***
	土壤有机碳含量（g/kg）	3	4.735	<0.01**
	容重（g/cm^3）	3	1.813	0.146
	胸径（cm）	3	7.403	<0.001***
	胸高断面积（m^2/hm^2）	3	31.598	<0.001***
环路	土壤有机碳储量（kg/m^2）	4	1.535	0.193
	树木碳储量（kg/m^2）	4	12.670	<0.001***
	土壤有机碳含量（g/kg）	4	1.095	0.360
	容重（g/cm^3）	4	0.284	0.207
	胸径（cm）	4	7.403	<0.001***
	胸高断面积（m^2/hm^2）	4	18.103	<0.001***
建成历史	土壤有机碳储量（kg/m^2）	5	1.116	0.354
	树木碳储量（kg/m^2）	5	0.383	0.860
	土壤有机碳含量（g/kg）	5	0.972	0.437
	容重（g/cm^3）	5	0.167	0.975
	胸径（cm）	5	2.325	<0.05*
	胸高断面积（m^2/hm^2）	5	0.529	0.754
行政区	土壤有机碳储量（kg/m^2）	5	2.373	<0.05*
	树木碳储量（kg/m^2）	5	6.059	<0.001***
	土壤有机碳含量（g/kg）	5	2.047	0.073
	容重（g/cm^3）	5	0.695	0.533
	胸径（cm）	5	11.683	<0.01**
	胸高断面积（m^2/hm^2）	5	6.723	<0.01**

储量（15.50kg/m^2）最高，同时树木平均胸径（25.31cm）和胸高断面积（47.76m^2/hm^2）也最大，其碳储量是其他 3 个林型的 2 倍多，胸高断面积是其他 3 个林型的近 3 倍。附属林、道路林、风景游憩林的单位面积树木碳储量、胸径、胸高断面积之间无显著差异（$p>0.05$，图 7-3 左）。

风景游憩林的土壤有机碳储量（6.85kg/m^2）与土壤有机碳含量（25.62g/kg）在所有林型中最高，高出其他 3 个林型 1.5 倍之多，同时多重比较结果显示风景游憩林的土壤容重（1.35g/cm^3）在所有林型中最低，显著低于其他 3 个林型（$p<0.05$，表 7-3）。附属林、道路林、生态公益林的土壤有机碳储量、有机碳含量、容重之间无显著差异（$p>0.05$，图 7-3 右）。

7.2.2.2 不同环路区域生物量、土壤有机碳储量差异

单位面积树木碳储量、胸径、胸高断面积在不同环路间差异显著（图 7-4，表 7-3）。树木碳储量、胸径、胸高断面积均在四环外最高（分别为 17.82kg/m^2、29.30cm 和 56.00m^2/hm^2），胸高断面积高出其他 4 个环路 2~3 倍。一环、二环、三环城市森林的树木碳储量、胸径、胸高断面积之间无显著差异（图 7-4 左）。

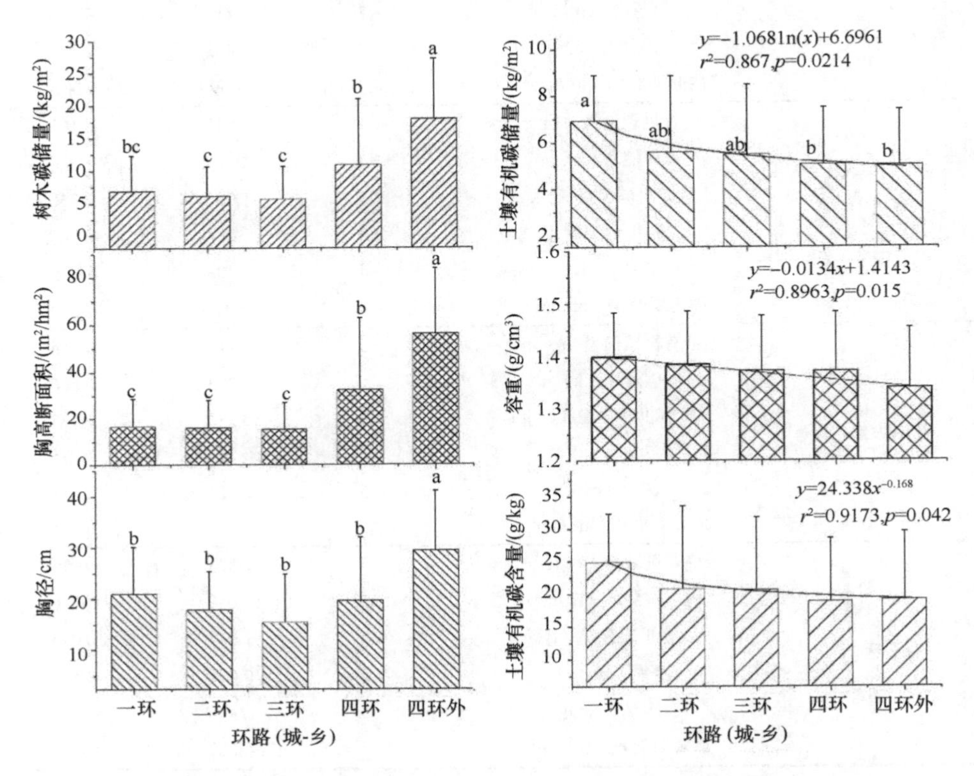

图 7-4 不同环路区域生物量、土壤有机碳储量及相关参数比较

单位面积土壤有机碳储量、土壤有机碳含量、容重在不同环路间无显著差异（$p>0.05$，表 7-3），然而其均随环数增加呈显著下降趋势。单位面积有机碳储量随环数增加呈对数下降（$r^2=0.87$，$p<0.05$），从一环的 6.91kg/m^2 下降到四环外的 5.01kg/m^2。容重随环数呈显著线性下降（$r^2=0.90$，$p<0.05$），从一环的 1.40g/cm^3 下降至四环外的 1.37g/cm^3。有机碳含量随环数呈指数下降（$r^2=0.92$，$p<0.05$），从一环的 24.88g/kg 下降至四环的 18.59g/kg。

7.2.2.3 不同建成历史区域生物量、土壤有机碳储量差异

树木平均胸径在不同建成历史城市森林中有显著差异（$p<0.05$，表 7-3），其

他参数差异均不显著（$p>0.05$，图 7-5）。树木胸径、胸高断面积、单位面积碳储量在不同建成历史城区城市森林中无显著规律（图 7-5 左）。虽然单位面积土壤有机碳储量、有机碳含量在不同建成历史间无显著差异，回归分析结果表明，土壤有机碳储量与有机碳含量均随着建成历史线性增加（$p<0.05$）。土壤有机碳储量以每年 15.4g/m^2 的速度从新建成区的 5.06kg/m^2 增加到 100 年历史城区的 6.94kg/m^2，同时土壤有机碳含量以每年 0.055g/kg 的速度从新建成区的 18.62g/kg 增加到 100 年历史城区的 25.38g/kg（图 7-5 右）。

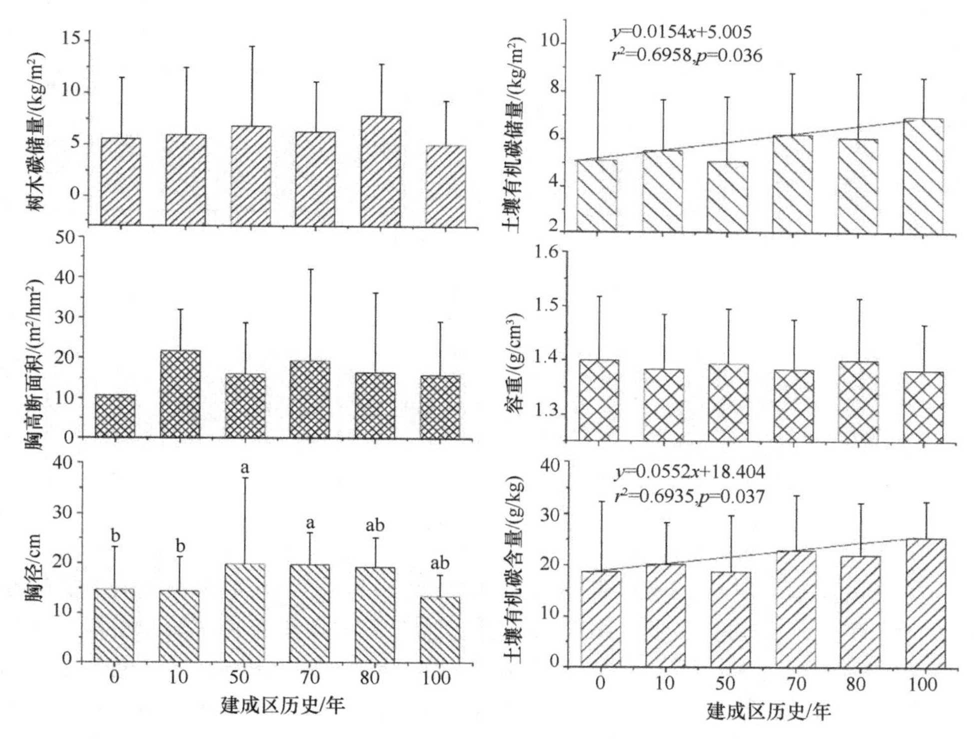

图 7-5　不同建成历史区域生物量、土壤有机碳储量及相关参数比较

7.2.2.4　不同行政区生物量、土壤有机碳储量差异

单位面积树木碳储量、土壤有机碳储量、胸高断面积、胸径在不同行政区城市森林间存在显著差异（$p<0.05$，图 7-6、表 7-3），土壤有机碳含量、容重在不同行政区间差异不显著。与单位面积土壤有机碳储量相比，单位面积树木碳储量在不同行政区之间的差异更大，不同行政区间土壤有机碳储量相差最大达 1.47 倍，而树木碳储量相差达 2.25 倍。

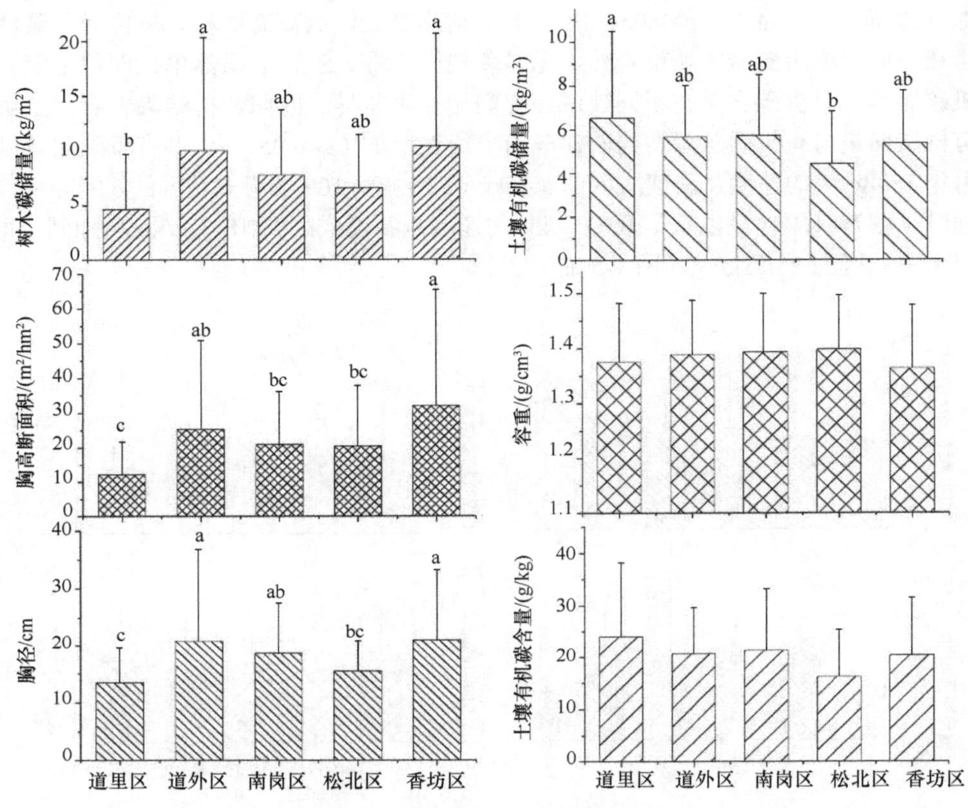

图 7-6　不同行政区生物量、土壤有机碳储量及相关参数比较

道外区城市森林的树木碳储量（10.40kg/m^2）最高，是树木碳储量最低的道里区（4.62kg/m^2）的 2 倍多（图 7-6）。香坊区的树木胸径与胸高断面积最高（分别为 20.95cm 和 32.06m^2/hm^2），道里区（13.43cm、12.14m^2/hm^2）最低。单位面积土壤有机碳储量、有机碳含量在老城区道里区最高，分别为 6.52kg/m^2 和 23.94g/kg，均为新城区松北区的约 1.47 倍，松北区土壤有机碳储量与碳含量分别为 4.42kg/m^2 和 16.11g/kg。

7.2.2.5　生物量与土壤有机碳储量空间分布

生物量与土壤有机碳储量的空间分布有很大不同，具体表现在如树木碳储量、平均胸径、胸高断面积等指标在外环路的生态公益林样地中较高，而内环的其他林型样地中较低（图 7-7）。然而，土壤有机碳含量、有机碳储量在内环的风景游憩林和道路林样地中较高，而外环样地较低。同时，树木生物量碳较土壤碳的变异性更大（图 7-7 的圆点大小）。

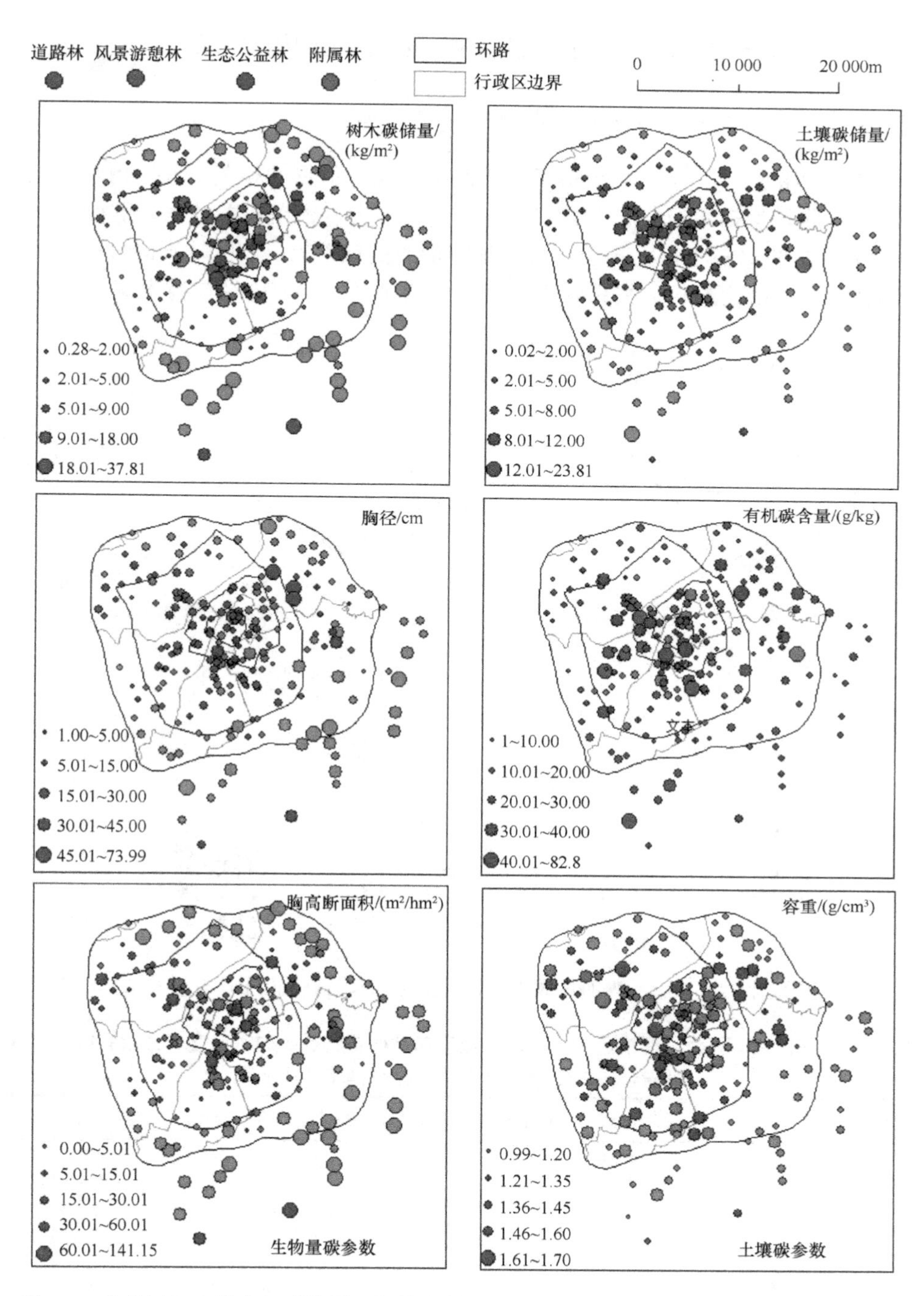

图 7-7　生物量与土壤有机碳储量及相关参数（胸径、胸高断面积、容重、有机碳含量）空间差异（彩图请扫封底二维码）

7.2.3 生物多样性、群落结构、土壤特性与碳储量的相关关系

7.2.3.1 森林结构及土壤碳参数与碳储量的回归分析

如图 7-8 所示，本研究分析了直接影响碳储量估算的相关因素。树木碳储量随着平均胸径呈指数级增长（r^2=0.53，p<0.05），与树木密度相关关系较弱（r^2=0.04，p<0.05），与树木密度相比胸径对树木碳储量的贡献更大。当比较不同城区碳储量与胸径、树木密度的相关关系时也有相似结论（表 7-4），胸径与树木碳储量有 14

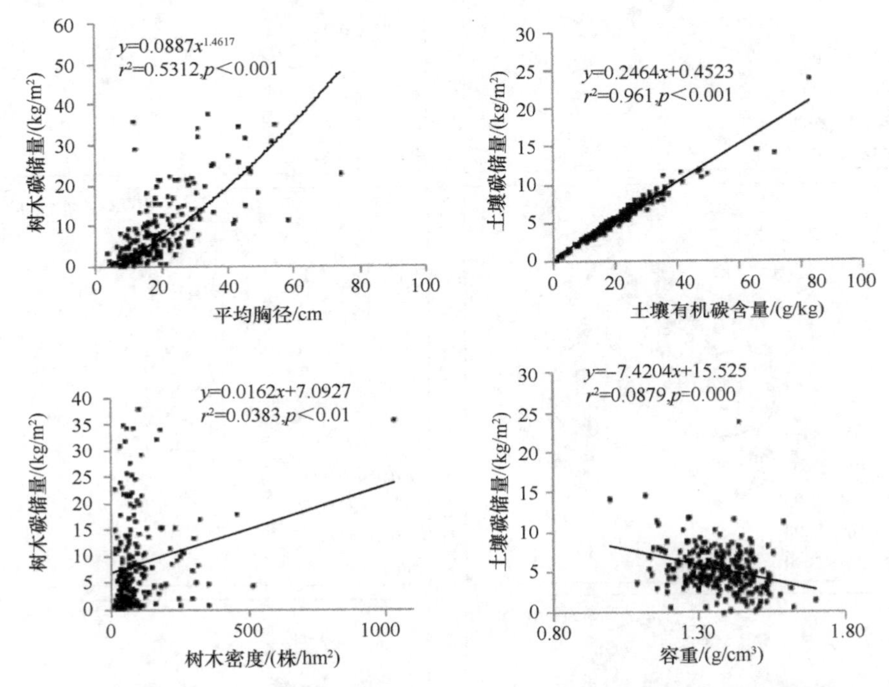

图 7-8 胸径、树木密度、土壤有机碳含量、容重与树木生物量及土壤有机碳储量相关关系

表 7-4 不同林型、环路、建成历史、行政区城市森林树木胸径、树木密度、土壤有机碳含量、容重与树木生物量及土壤有机碳储量相关关系

城市森林分类		胸径/cm	树木密度/（株/hm²）	土壤有机碳含量/（g/kg）	容重/（g/cm³）
林型	附属林	$y1=1.03x+10.16$ $r^2=0.39$，$p<0.001$	—	$y2=0.24x+0.54$ $r^2=0.98$，$p<0.001$	$y2=1175e^{-4.08x}$ $r^2=0.39$，$p<0.001$
	道路林	$y1=1.12x+10.6$ $r^2=0.51$，$p<0.001$	—	$y2=0.24x+0.65$ $r^2=0.97$，$p<0.001$	$y2=67.83e^{-1.86x}$ $r^2=0.23$，$p<0.001$
	风景游憩林	—	—	$y2=0.27x-0.05$ $r^2=0.98$，$p<0.001$	—
	生态公益林	$y1=0.29x^{1.2}$ $r^2=0.58$，$p<0.001$	—	$y2=0.23x+0.78$ $r^2=0.936$，$p<0.001$	$y2=-10.56\ln(x)+8.4$ $r^2=0.12$，$p<0.05$

续表

城市森林分类		胸径/cm	树木密度/（株/hm^2）	土壤有机碳含量/（g/kg）	容重/（g/cm^3）
环路	一环	—	—	$y2=0.26x+0.3688$ $r^2=0.97$，$p<0.001$	—
	二环	$y1=0.07x^{1.46}$ $r^2=0.37$，$p<0.01$	—	$y2=0.25x+0.39$ $r^2=0.98$，$p<0.001$	$y2=-16.51x+28.48$ $r^2=0.27$，$p<0.01$
	三环	$y1=0.33x+0.53$ $r^2=0.38$，$p<0.001$	—	$y2=0.26x+0.14$ $r^2=0.98$，$p<0.001$	$y2=-9.3x+18.26$ $r^2=0.10$，$p<0.01$
	四环	$y1=0.07x^{1.58}$ $r^2=0.6$，$p<0.001$	—	$y2=0.24x+0.59$ $r^2=0.96$，$p<0.001$	$y2=-11.9\ln(x)+8.89$ $r^2=0.14$，$p<0.001$
	四环外	$y1=0.20x^{1.30}$ $r^2=0.73$，$p<0.001$	—	$y2=0.2x+1.28$ $r^2=0.95$，$p<0.001$	$y2=-20.5\ln(x)+11.7$ $r^2=0.47$，$p<0.001$
建成历史	100 年	—	—	$y2=0.23x+1.1$ $r^2=0.94$，$p<0.001$	—
	80 年	—	—	$y=0.28x-0.0004$ $r^2=0.97$，$p<0.001$	—
	70 年	$y1=0.06x^{1.5}$ $r^2=0.29$，$p<0.05$	$y1=2.9\ln(x)-11$ $r^2=0.24$，$p<0.01$	$y2=0.25x+0.57$ $r^2=0.98$，$p<0.001$	$y2=-14.52x+26.28$ $r^2=0.25$，$p<0.01$
	50 年	$y1=0.36x-0.21$ $r^2=0.64$，$p<0.001$	—	$y2=0.25x+0.44$ $r^2=0.99$，$p<0.001$	$y2=-21.59x+35.12$ $r^2=0.54$，$p<0.001$
	10 年	—	—	—	—
	0 年	—	—	—	—
行政区	道里区	$y1=0.18x^{1.11}$ $r^2=0.24$，$p<0.05$	—	$y2=0.27x-0.06$ $r^2=0.98$，$p<0.001$	—
	道外区	$y1=0.09x^{1.4172}$ $r^2=0.39$，$p<0.01$	$y1=0.002x+7.44$ $r^2=0.15$，$p<0.05$	$y2=0.25x+0.43$ $r^2=0.97$，$p<0.001$	—
	南岗区	$y1=0.1x^{1.43}$ $r^2=0.54$，$p<0.001$	—	$y2=0.22x+0.97$ $r^2=0.95$，$p<0.001$	$y2=-13.74x+24.86$ $r^2=0.3$，$p<0.001$
	香坊区	$y1=0.07x^{1.55}$ $r^2=0.7$，$p<0.001$	—	$y2=0.23x+0.74$ $r^2=0.97$，$p<0.001$	$y2=-13.3x+23.46$ $r^2=0.35$，$p<0.001$
	松北区	$y1=0.53x-1.64$ $r^2=0.35$，$p<0.001$	$y1=2.6\ln(x)-10.6$ $r^2=0.15$，$p<0.05$	$y2=0.26x+0.23$ $r^2=0.98$，$p<0.001$	$y2=-10.38x+18.93$ $r^2=0.18$，$p<0.05$
显著相关/总数		14/20	3/20	18/20	12/20
平均 r^2		0.48	0.18	0.97	0.28

注：“—”表示无相关关系。$y1$ 表示胸径；$y2$ 表示土壤有机碳含量

个相关关系方程，而树木密度与碳储量仅有 3 个相关关系方程。此外，胸径与碳储量相关系数为 0.48，远高于树木密度与碳储量相关系数的 0.18。

土壤有机碳储量是土壤有机碳含量与土壤容重的乘积，本研究表明，土壤有机碳含量对碳储量的贡献远大于容重。有机碳含量与碳储量存在极显著的相关关系，单位面积土壤有机碳储量=0.25×土壤有机碳含量+0.45，$r^2=0.96$，$p<0.001$（图 7-8）。容重与碳储量相关关系较弱，其相关系数仅为 0.088。不同城区碳储量与胸径、树木密度相关关系也有相似结论（表 7-4），有机碳含量与碳储量相关关系方程有 18 个，而容重与碳储量相关关系方程仅有 12 个。此外，有机碳含量与碳储量相关系数为 0.97，而容重与碳储量相关系数仅为 0.28。

7.2.3.2 树种组成、多样性与树木生物量及土壤碳相关关系

如图 7-9 和表 7-5 所示，Shannon-Wiener 指数与单位面积树木碳储量显著负相关（r^2=0.22，p<0.05），树木科属种数与树木碳储量也显著负相关（r^2>0.67，p<0.001）。树种组成越丰富，树种多样性与科属种数越高，单位面积树木碳储量越低。土壤有机碳储量与树种多样性、树种科属种数组成均无显著相关关系（p>0.05，表 7-5）。

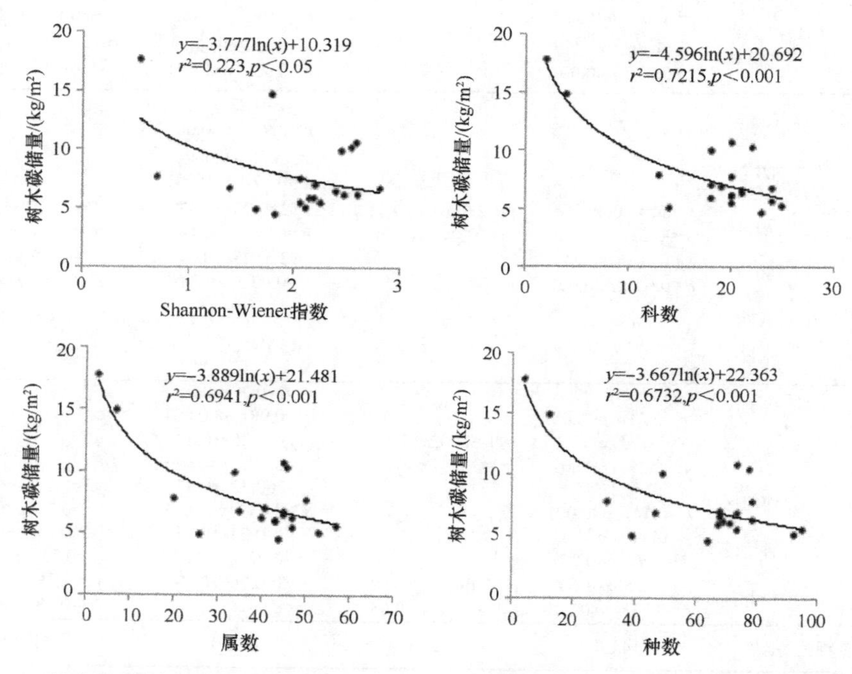

图 7-9 城市森林树木科属种数及 Shannon-Wiener 指数与树木、土壤有机碳储量相关关系

表 7-5 城市森林树木科属种数及多样性指数与树木、土壤有机碳储量相关关系方程

种类特征	树木碳储量	土壤有机碳储量
Shannon-Wiener 指数	y=–3.78ln（x）+10.32 r^2=0.22，p=0.042（df=19）	y=–0.25x+6.14 r^2=0.04，p=0.39（df=19）
Simpson 指数	y=–4.46ln（x）+6.47 r^2=0.18，p=0.08（df=19）	y=–0.83x+6.25 r^2=0.04，p=0.46（df=19）
科数	y=–4.596ln（x）+20.692 r^2=0.7215，p<0.001（df=19）	y=0.1987ln（x）+5.0656 r^2=0.0296，p=0.34（df=19）
属数	y=–3.889ln（x）+21.481 r^2=0.6941，p<0.001（df=19）	y=0.1186ln（x）+5.2047 r^2=0.0142，p=0.48（df=19）
种数	y=–3.667ln（x）+22.363 r^2=0.6732，p<0.001（df=19）	y=–0.0031x+5.8103 r^2=0.0106，p=0.93（df=19）

7.3　讨　论

7.3.1　哈尔滨市树木、土壤有机碳储量与其他城市及自然林的对比

哈尔滨城市森林树木碳储量变化范围在 0.36~37.81kg/m²，平均树木碳储量为 7.71kg/m²，高于美国洛杉矶和萨克拉门托等城市（McPherson et al. 2013），同时也高于国内诸多城市，如北京、厦门和杭州（表 7-6）。该平均值位于南达科他州的 3.14kg/m² 和奥马哈市的 14.14kg/m² 之间（Nowak et al. 2013a）。已有报道发现，包括道路林在内的城市森林碳汇功能抵消年排放二氧化碳当量范围，从北京市的 0.2%（Tang et al. 2016）到杭州市的 18.57%（Zhao et al. 2010）不等。

表 7-6　哈尔滨城市森林树木碳储量与土壤有机碳储量、土壤有机碳含量、容重与国内外城市及自然林的对比

城市	树木碳储量/（kg/m²）	土壤有机碳储量/（kg/m²）	土壤有机碳含量/（g/kg）	容重/（g/cm³）	土层厚度/cm	文献出处
北京	3.19	—	—	—	—	Yang 等（2005）
厦门	2.08	—	—	—	—	Ren 等（2011）
杭州	3.03	—	—	—	—	Zhao 等（2010）
洛杉矶、萨克拉门托	0.82、1.54	—	—	—	—	McPherson 等（2013）
美国其他地区	3.14~14.14	1.5~16.3	—	—	—	Nowak 等（2013a）；Pouyat 等（2006）
沈阳	3.32	—	19.29	—	20	Liu 和 Li（2012）；王秋兵等（2009）
长春	4.41	—	22	—	20	Zhang 等（2015b）；王永等（2011）
帽儿山	10.54	7.52	33.42	1.08	>20	Wang 等（2013）；Wang W 等（2014）；张全智和王传宽（2010）
哈尔滨	7.71	5.48	19.98	1.38	20	本研究

哈尔滨城市森林树木碳储量高于同气候条件的沈阳的 3.32kg/m² 和长春的 4.41kg/m²，然而低于相距不到 100km 且位于同纬度（45°N）的帽儿山自然林（表 7-6）。哈尔滨城市森林单位面积树木碳储量之所以如此高，可能由于其树木平均胸径较高。胸径大于 30cm 的树木占哈尔滨市总树木的 13.89%，其中 4.85% 的树木胸径在 45cm 以上，仅有 18.26%的树木胸径不足 7.6cm（表 7-7）。相比之下，沈阳市有 50%的树木胸径不足 7.6cm，而长春市约 70%的树木胸径不足 15.2cm（表 7-7）。

表 7-7　中国东北主要城市森林树木径级分布对比（单位：%）

城市	<7.6cm	7.6~15.2cm	15.3~30.5cm	>30.6cm	文献出处
沈阳	50	32	15	3	Liu 和 Li（2012）
长春	18.14	48.94	26.07	6.85	Zhang 等（2015b）
哈尔滨	18.26	36.99	30.86	13.89	本研究

哈尔滨城市森林表层（0~20cm）土壤有机碳储量变化范围在 0.31~23.8kg/m^2，平均为 5.48kg/m^2。介于华盛顿的 1.5kg/m^2 与芝加哥的 16.3kg/m^2 之间，低于帽儿山自然林（表 7-6）。土壤有机碳含量 19.98g/kg，介于沈阳与长春之间，然而由于以上两个城市缺少土壤容重数据，因此本研究只能根据相似的有机碳含量猜测沈阳与长春城市森林土壤有机碳储量与哈尔滨相似。由于城市管理限制，笔者只收集到 0~20cm 深表层土壤，对城市森林土壤有机碳储量是极大的低估。

7.3.2　树木碳储量与树种组成、多样性相关

城市森林树木碳储量受很多因素影响，其中包括郁闭度、平均胸径大小、树种组成、城市化及土地利用类型作用等（Timilsina et al. 2014）。有研究表明树木密度作为衡量竞争的指标与地上碳储量紧密相关（Hoover and Heath 2011），本研究表明影响树木碳储量的主要因素是胸径而非树木密度。城市中毁林与植树造林活动同时存在（Gao and Yu 2014），在这一过程中，高植株密度的幼龄林的建设常与地区的经济能力与财政投入相关。例如，富裕城区财政投入较大，为了迅速恢复绿色而在有限的空间栽植大量幼树，树木密度较高。对于贫穷地区，财政投入较少，树木栽植密度也小。在哈尔滨市老城区如南岗区和香坊区，老树被严格的保护起来远离人为破坏，其中 80%的是 100~200 岁的榆树（Li and Liu 2012）。新建成区对树木的砍伐、重新造林与老城区对大树的保护也许是树木碳储量与胸径关系更密切而与树木密度关系较弱的原因之一。城市化进程中，对于森林的保护，尤其是碳储量大的大树，对于减少二氧化碳排放非常有价值，其作用要大于重新造林对二氧化碳排放的减缓（Sharma et al. 2010）。通过自上而下的遥感手段，Wang Q 等（2014）发现快速城市化近 20 年来，大城市建成区城市植被总体在变好，而小城市的建成区绿化覆盖变差。本研究结果表明新建成区大树的保护有利于碳储存。

城市森林对平衡区域碳排放，保护树种多样性都有重要作用，城市空间生物量碳储存功能与树种多样性保护功能是否存在协同效应，一直是大家争论的话题。选择效应假说认为是某一些关键树种决定了生物量碳储量，而资源互补假说认为，多样性的提高，能够通过资源利用的互补性提高生产力。本研究结果发现，从生物量碳储量来看，树种组成多样性与总储量往往呈现负相关关系，可能显示某一些关键种在生物量碳储量方面起到决定性作用。此外，森林的破碎化水平和景观

多样性也会影响二者是否存在协同效应（Magnago et al. 2015；Sharma et al. 2010；Strassburg et al. 2010）。Strassburg 等（2010）对陆地生态系统的研究表明，碳储存与两栖类、鸟类及哺乳动物的物种丰富度存在高度协同效应。Sharma 等（2010）的研究则证实天然次生原始森林中 Shannon-Wiener 指数与单位面积碳储量显著负相关（−0.250），与本研究结果一致。物种组成与多样性的关系，比之前对城市森林的报道更加复杂（Timilsina et al. 2014），已经成为新的研究热点。本研究结果表明，在温带地区城市森林中，乔灌木树种多样性，特别是其科属种数构成与树木碳储量显著负相关，个别重要树种应该在碳储量中占绝对优势。

7.3.3　土壤有机碳城乡梯度变化：城市化增强森林土壤碳汇功能

与树木碳储量相比，土壤有机碳储量变化更依赖城乡梯度，单位面积碳储量随环数（一环至四环）与建成历史（新建成区至老城区）增加，中心城区碳储量高于郊区。类似的结论在以往的研究中也有过报道。Pouyat 等（2002）的研究表明，表层土壤有机质含量在城区（97±3.3g/kg）最高，近郊次之（83±2.6g/kg），乡村（73±4.3g/kg）最低。此外，笔者的研究发现，除了碳储量外，森林土壤有机质含量随着环路增加而显著降低（$y=-0.0295x+8.2385$，$r^2=0.54$）。Koerner 和 Klopatek（2010）的研究也表明，中心城区表层（0~10cm 和 10~20cm）土壤有机碳含量与碳储量高于近郊与乡村，无论在 *Larrea tridentata* 矮橡林下还是在空地。同以上研究相似，本研究表明城市森林土壤随居民地时间存在一个碳累积的结果，如土壤有机碳储量在四环外（乡村）与一环内（中心城区）有一个 37.92%的增加（图 7-4），而在 100 年的建成历史中存在 15.4gC/（m^2·年）[55.2gSOC/（kg·$年^{-1}$）] 的累积速度。通过对 100cm 深土壤的调查，Raciti 等（2011）的研究报道了美国巴尔的摩市城市化进程发现，以房屋年限作为土壤有机碳的预测因素，得出碳累积速率为 82gC/（m^2·年）。本研究的结果支持上述研究的结论，表明城市化城乡梯度变化对土壤有机碳的确有一个累积的结果。

在哈尔滨邻近省会城市——长春市的研究也发现了类似的城市化导致森林土壤碳累积的现象（图 7-10、图 7-11）。基于环路发展的数据显示，环路每增加一环，土壤有机碳储量将加 0.3247kg/m^2。基于建成历史时间的数据显示，建成历史增加 10 年，土壤有机碳储量将增加 0.134kg/m^2[13.4g/（m^2·年）]。这与哈尔滨的结果一致，但比哈尔滨的土壤碳累积速率[5.4gC/（m^2·年）]高出一倍多。

驱动土壤有机碳在中心城区高而乡村低的影响机制目前仍不清楚，许多因素都能影响土壤有机碳在城区的累积：①中心城区的土壤碳库具有更低的温度敏感性。对长春市的研究表明，中心城市（一环区域、建成历史超 100 年区域）土壤有机质呼吸分解的温度敏感性 Q_{10} 值 1.7 左右，显著低于郊区的 2.1 左右（五环区

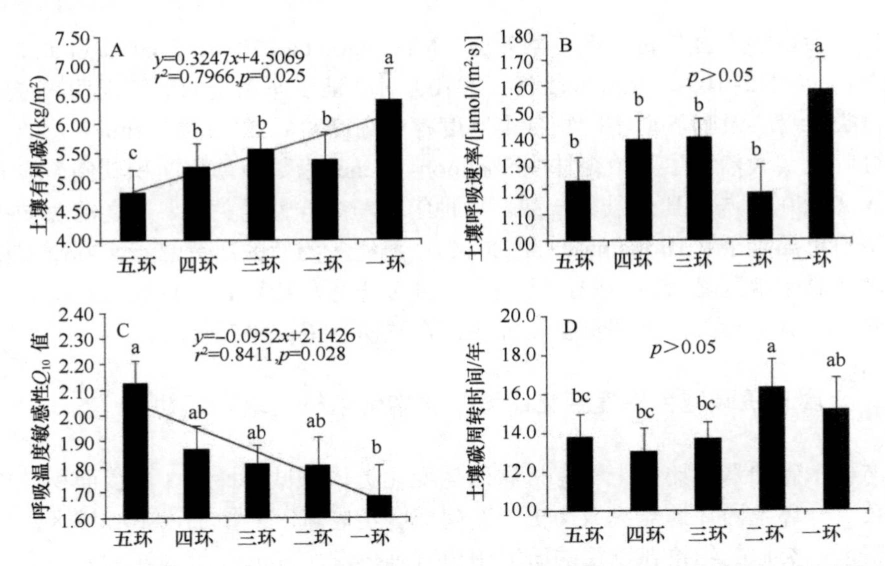

图 7-10　以环路发展为基础的数据阐明城市化增强土壤碳截获功能的原因（长春市）（Zhai et al. 2017）

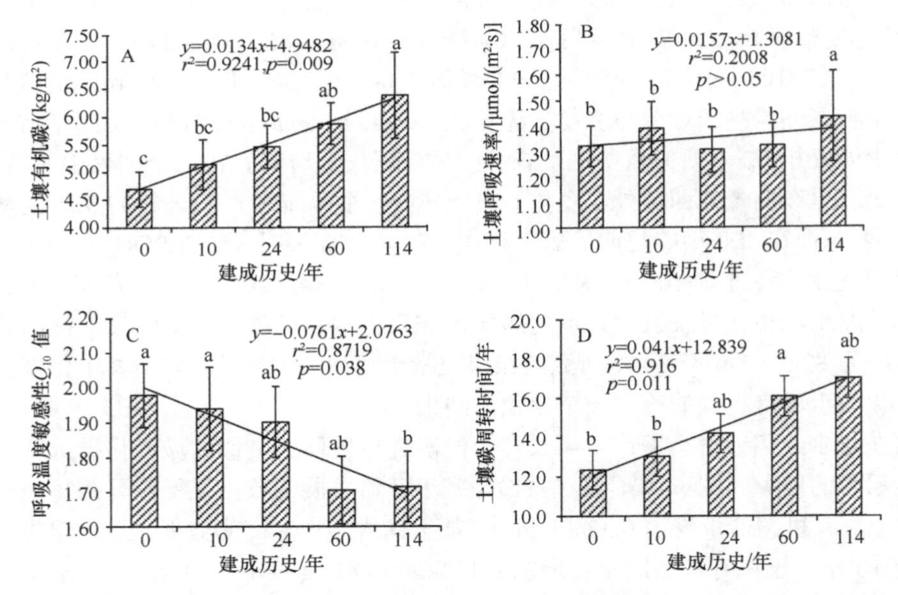

图 7-11　以建成历史为基础的数据阐明城市化增强土壤碳截获功能的原因（长春市）（Zhai et al. 2017）

域和新建成区），而且随着环路、建成历史增加，呈现显著线性变化（图 7-10、图 7-11）。伴随着温度敏感性的降低，土壤有机碳的周转时间也线性增加（图 7-11）。有其他研究表明城区城市森林土壤的惰性碳水平较高，而不稳定性碳水平较低（Groffman et al. 1995)。②微生物变化应该起到重要的作用。利用相同的数据，对球囊霉素土壤相关蛋白（土壤丛枝真菌的代谢产物）的研究发现，其占有机碳的比例，随着城市化程度的增加线性降低（图 7-12）。真菌是木质化组织分解的重要分解者，其占比降低，说明分解土壤有机质的真菌在市中心区域明显减少。这与前人的研究一致，如城区森林微生物质量（Groffman et al. 1995）与凋落物质量（Carreiro et al. 1999）均较低，凋落物分解速率较郊区低 25%，有可能导致城区碳分解速率低而致使碳在城区的累积。

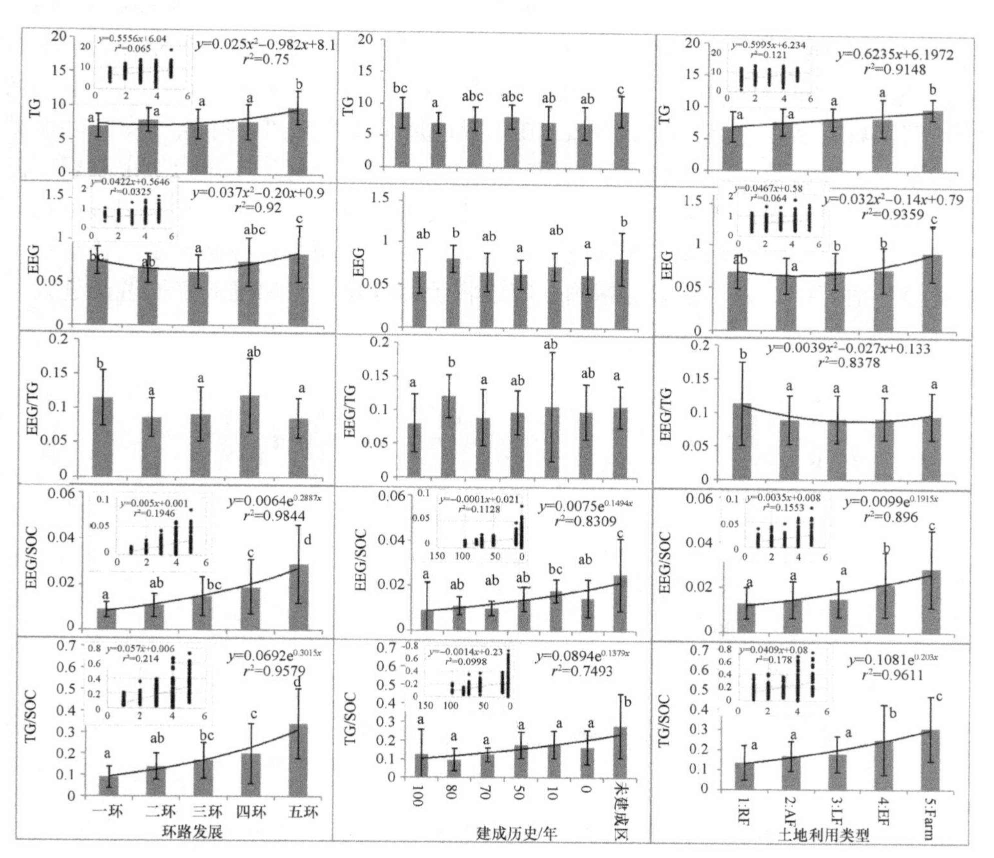

图 7-12 土壤丛枝菌根真菌结合碳球囊霉素相关土壤蛋白（glomalin-related soil protein，GRSP）对土壤有机碳（SOC）贡献随城乡梯度递增，可能与土壤碳截获变化有关（哈尔滨市结果）（Wang et al. 2018b）

RF：道路林；AF：附属林；LF：风景游憩林；EF：生态公益林；Farm：农田；TG：总球囊霉素土壤相关蛋白（total glomalin-related soil protein）；EG：易提取土壤相关蛋白（easily-extracted glomalin-related soil protein）

以上所有因素均可能导致城市森林城区土壤有机碳高于郊区。然而，城市环境复杂，城区的温室效应有可能加速凋落物分解（Davidson and Janssens 2006），从而不利于有机碳的累积。实际上，干旱和半干旱地区的城市化会导致碳循环的加速，从而影响区域碳平衡。总之，有机碳随城市化累积的结论是肯定的，然而由于城市环境复杂的，甚至是相反的驱动因素，其碳累积后的影响机制有待进一步研究。

7.3.4 有机碳累积对中国城市化的启示

改革开放以来，中国经历了空前快速城市化时期，建成区面积近乎指数增长，同时伴随着环路的增加（图 7-13）。例如，哈尔滨城区面积在近 30 年中增加了 65%，从 20 世纪 80 年代的 200km^2 增加至 21 世纪 10 年代的 330km^2。此外，21 世纪初哈尔滨市只有 2 个环路，到 21 世纪 10 年代增加至 4 个环路（图 7-13）。伴随着城市扩张，人类活动使城区成为最大的碳源之一。城市森林可以作为城市重要碳汇之一，以往对土壤有机碳储量估算的一个重要假设是土壤有机碳独立于城市化，而我们的研究表明有机碳在城区高、郊区低。在未来城市森林碳储量的估算中，尤其模型估算中，为了结果的精确性应该将土壤碳随城乡梯度的累积考虑进去。

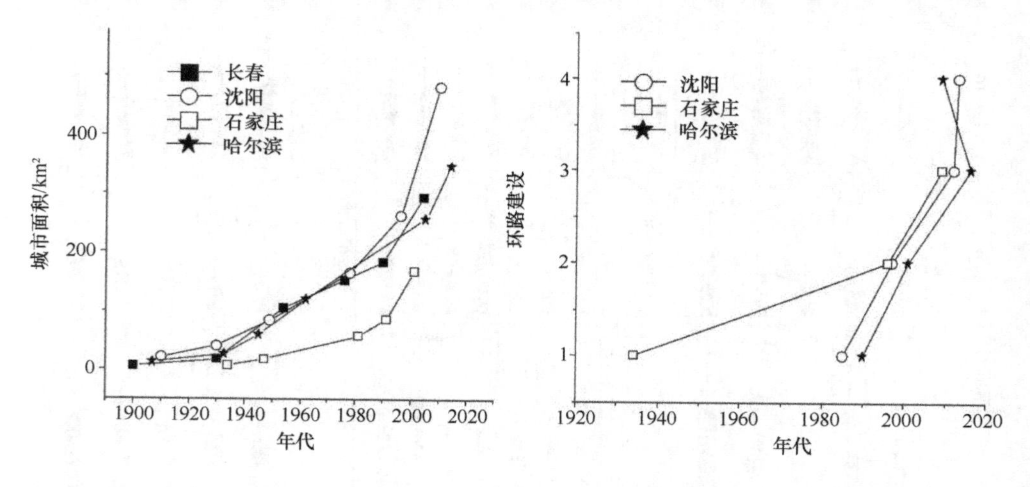

图 7-13　中国北方城市的城市化（孙雁等 2012；Xiao et al. 2006；匡文慧等 2005）

本研究利用土壤有机碳累积速率（图 7-3、图 7-4）、建成区面积、建城时间及森林树木覆盖率（10%）估算了城市扩张过程中城市森林土壤有机碳的累积，结果表明哈尔滨市城乡梯度导致表层土壤 0.5 万 t 到 1.4 万 t 的有机碳积累。应天玉等（2009）对哈尔滨城市森林碳储量的研究表明城市森林树木总碳储量仅有 1.9 万 t。在哈尔滨市 100 年的城市化进程中土壤有机碳累积占树木总碳储量的 26%~74%，足以证明土壤有机碳累积对城区总碳储量估算的重要，特别是快速城市化区域。

有研究者也对长春市城市化导致的森林土壤碳累积量进行了估计（Zhai et al. 2017）。生态系统净交换（net ecosystem exchange，NEE）通常用于表征生态系统的碳汇功能（Wang et al. 2011b）。东北地区森林的 NEE 平均为 165.10g/（m^2·年），显著低于净初级生产量（net primary production，NPP）的 457.28g/（m^2·年），而城市化引起的土壤碳固存约为 NEE 的 16%（图 7-14A）。在整个城市水平上，城市森林能够固定 474 100t C，城市化引起的土壤有机碳积累从 6.1 万 t（根据人类不同干扰时间梯度计算）到 9.8 万 t（根据不同的环路梯度计算），相当于生物量固定有机碳的 12.8%～20.7%（平均为 16.8%）（图 7-14B）。目前城市化已经成为改变陆地表面最大的驱动力，本研究结果显示出城市化导致的森林土壤有机碳累积对于碳汇估计具有重要意义，是碳截获估计不确定性的重要方面。

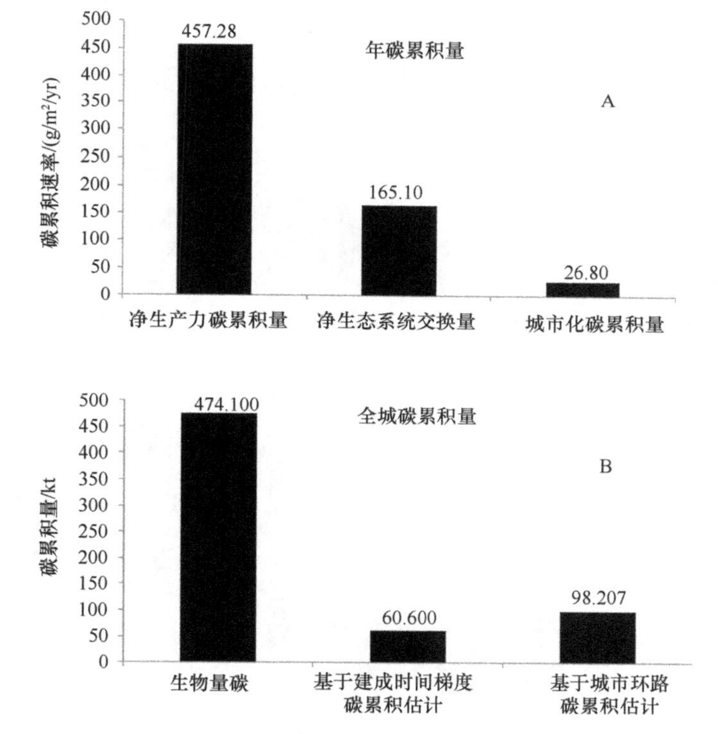

图 7-14 长春市城市化引起的土壤有机碳积累及其与生物量碳和生态系统碳汇能力比较（Zhai et al. 2017）

7.4 小 结

城市森林作为重要的碳汇将碳储存与树木生物量与土壤中，城市森林碳储量能够直接影响当地气候、碳循环、能量利用及气候变化。哈尔滨城市森林树木碳储量与土壤有机碳储量高于东北地区其他城市，但是低于当地自然林。不同林型、环路、行政区城市森林树木碳储量间存在2~3倍的变异，但在城乡梯度上没有发现显著线性变化。相比之下，土壤有机碳呈现依赖城乡梯度的规律性变化，即土壤有机碳含量与碳储量均随城乡梯度（环路、建成历史）显著降低。一个城市能提供的土壤碳截获功能随着其建成时间增加而增加。城市化土壤碳累积速率约为15.4gC/（m^2·年），据此推测哈尔滨城市化100年来，总有机碳累积达0.5万~1.4万t。未来对城市森林碳动态研究应该更加关注城市化作用，尤其对于地下碳动态的影响研究。

第 8 章　城市森林景观格局特征与碳汇功能的关系

城市森林作为缓解碳排放的重要方式在科学家与城市管理者中受到了越来越多的关注（Setala et al. 2013；Zhao et al. 2010）。许多城市都评估了城市森林对缓解区域碳排放的碳汇功能，包括美国的迈阿密戴德县和盖恩斯维尔市（Escobedo et al. 2010），中国的杭州（Zhao et al. 2010），韩国的春川、江陵及首尔（Jo 2002）。截至 2015 年，中国政府投入了大量财政收入用于城市森林建设，188 个城市已经获得了国家林业局颁发的“森林城市”的称号（Forestry 2016）。世界各地的许多研究者都对城市森林碳储量与碳汇服务功能进行过研究（Liu and Li 2012；Nowak et al. 2013a；Zhang et al. 2015b）。然而，很少有研究关注城市森林景观格局及其与碳储量的关系（Ren Y et al. 2013）。从景观角度深入理解城市森林碳储量对快速城市化进程中精确的评估城市森林生态功能至关重要，同时也有益于景观管理下的可持续性低碳城市建设（Turner 1989；Uuemaa et al. 2013）。

本章的主要目的是：

（1）根据不同林型、城乡梯度、行政区，分析哈尔滨城市森林景观格局特征；

（2）量化城市树木与土壤有机碳储量及对总碳储量估算；

（3）阐明碳储量与森林景观格局关系，找到最佳指示景观指标，为从景观角度提升森林碳储量的城市管理策略提供支撑。

8.1　材料与方法

8.1.1　遥感影像处理与树木覆盖提取

与第 2 章使用相同的多光谱遥感影像数据（中国资源环境卫星应用中心，CRESDA），用于城市森林树冠投影面积提取。图像预处理过程包括辐射校正、大气校正、正射校正、图形融合与裁剪等。之后通过基于规则的面向对象特征分类方法，按图像的光谱、纹理、几何信息在 ENVI 5.2 软件中进行图像分割与城市森林树冠投影面积提取。解译结果修改与不同林型的属性赋值在 ArcGIS 10.0（ESRI Inc.）软件中完成。

解译结果精度通过谷歌地球高分辨率（0.59m）影像完成验证。本研究随机选

本章主要撰写者为王文杰和吕海亮。

择 100 个 0.5km 网格，目视解译谷歌地球影像中城市森林覆盖，目视解译结果与高分一号解译数据进行对比。结果表明两种解译结果的相关系数达到 0.99（图 8-1），高分一号解译结果符合分类精度要求。哈尔滨市四环内城市森林树冠投影面积最终结果见图 8-2，这是本章的基本结论，也是景观指数分析的基础。

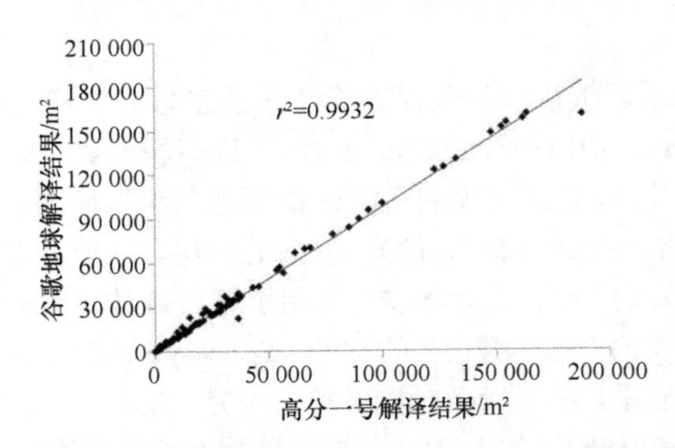

图 8-1　哈尔滨城市森林树冠投影面积高分一号分类结果精度验证

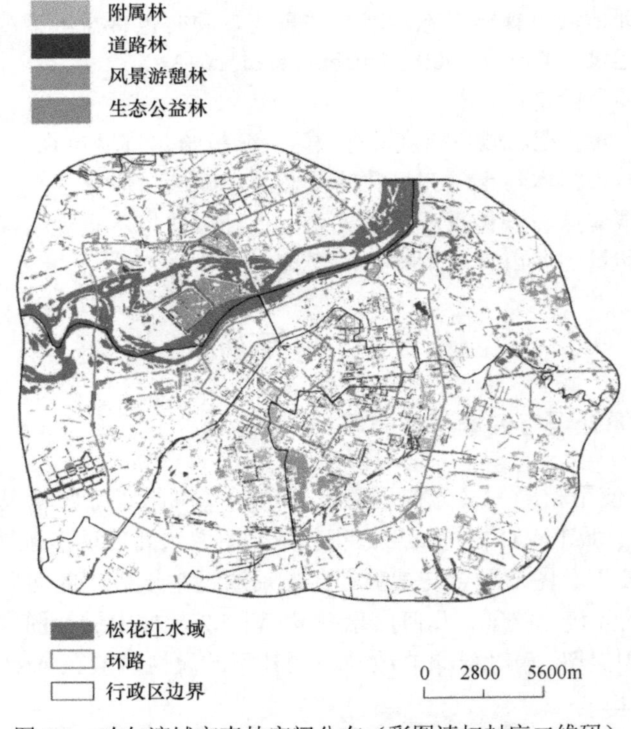

图 8-2　哈尔滨城市森林空间分布（彩图请扫封底二维码）

8.1.2　景观指数分析

城市森林景观格局分析同第 7 章的基本思路，主要依据 4 个林型（何兴元等 2004）、4 个环路、5 个行政区、7 个建成历史（Chen et al. 2005；Zhang et al. 2015b）并在 Fragstats v4.2.589 软件中完成。景观格局指数的选取主要依据指数的生态学意义及前人的研究基础（Gao and Yu 2014；Liu et al. 2009）。最后，景观水平一共 9 个指数被用来分析（表 8-1），包括面积边长指数：景观总面积 TA、最大斑块指数 LPI、斑块大小 AREA_MN；形状指数：面积加权的周长面积比 PARA_AM；聚集指数：斑块数量 NP、景观形状指数 LSI、平均邻近距离/欧氏距离（ENN_MN）。同时，斑块水平上 4 个指数被用来分析斑块特征，包括斑块面积、斑块周长、斑块周长面积比 PARA、平均邻近距离/欧氏距离 ENN。分析尺度选用高分一号影像分辨率 2m，采用 8 邻域规则分析。

表 8-1　本研究采用的景观指数及其缩写、公式和生态学意义

缩写	公式	公式描述与生态学意义
TA	$=\frac{1}{10000}\sum a_i$ （hm²）	景观总面积。a_i，第 i 个斑块的面积（m²）
NP	$=n_i$ （count）	斑块数量。n_i，景观中某类型的斑块数量
LPI	$=100\frac{\max(a_i)}{A_T}$ （%）	最大斑块指数，景观中某类型最大斑块所占比例，主要反映景观配置。A_T，景观总面积（m²）
AREA_MN	$=\frac{1}{10000}\frac{\sum a_i}{n_i}$ （hm²）	斑块大小，只反映景观配置
PARA_AM	$=\frac{p_i}{a_i}$	面积加权的周长面积比，主要反映斑块形状复杂性，斑块周长（m）面积（m²）比。p_i，斑块 i 的周长（m）
LSI	$=\frac{25\sum_{k=1}^{m}\theta_{ik}}{\sqrt{A_T}}$	景观形状指数，主要反映斑块的聚集或分散。e_{ik}，景观中类型 i 与 k 的边缘总长度（m）
ENN_MN	$=h_{ij}$ （m）	平均邻近距离/欧氏距离，主要反映斑块间的连接。h_{ij}，斑块 ij 与距离最近的同类型斑块的距离（m）

8.1.3　野外调查与碳储量估算

第 7 章中，笔者对哈尔滨市单位面积城市树木与土壤有机碳储量（t/hm²）进行了量化，本章对不同林型、环路、建成历史、行政区城市森林总碳储量进行估算。采样方法与样地调查详见第 4 章 4.1 节。总碳储量是基于随机抽样统计的单位面积碳储量（不同林型、环路、建成历史、行政区）与相对应的树冠投影面积的乘积。

8.1.4　数据分析

碳储量与景观指数的 Pearson 相关及逐步回归分析在 SPSS 19.0 中完成，其中

剔除了斑块大小的一个异常离散值（风景游憩林的 1.97hm^2）。本章除图 8-1 与图 8-2 以外，所有的表格与图片均在 Excel 2010 中完成。

8.2 结果与分析

8.2.1 城市森林景观格局特征

城市森林斑块周长与面积的关系是大多数形状指数的基础，欧式距离（平均邻近距离）是衡量斑块环境最简单的指数。为了对整体景观有更深入的了解，本研究分析了斑块水平上最基本的 4 个指数，包括斑块面积、斑块周长、斑块周长面积比、平均邻近距离。

如图 8-3 所示，面积小于 0.5hm^2 的斑块占总景观的 72.6%，面积在 0.5~1hm^2 的斑块占景观的 19.4%，而面积大于 1hm^2 的大斑块仅占景观的 8%（图 8-3A），森林景观斑块大小仅为 0.31hm^2。周长小于 500m 的斑块占比超过 80%，周长超过 1000m 的斑块仅有 6.9%（图 8-3B），森林景观平均斑块周长为 388m。周长面积比大于 0.8 与小于 0.1 的斑块仅占比 7.7%，超过 90%的斑块周长面积比为 0.1~0.8，其中 42.6%的斑块周长面积比在 0.2~0.4（图 8-3C）。

超过一半的斑块（59.62%）与最近斑块的距离低于 32m，只有不到 1%的斑块是孤立的，与最近斑块的距离大于 512m。大约 40%的斑块与最近斑块的距离在 32~512m（图 8-3D），森林景观平均欧氏距离（平均邻近距离）为 43m。

8.2.2 不同林型、环路、城乡梯度森林景观特征

如表 8-2 所示，对于不同林型来说，附属林在所有林型中占的景观面积比例最大，以景观总面积 TA 是生态公益林的近 2 倍，道路林与风景游憩林景观总面积相当。风景游憩林的最大斑块指数 LPI（3.59）和斑块大小 AREA_MN（1.97hm^2）在所有林型中最高，分别高出其他林型 5~13 倍和 5~9 倍，而其面积加权的周长面积比 PARA_AM（559）和景观形状指数 LSI（43.28）在所有林型中最低，因此其景观破碎化程度最低。生态公益林的最大斑块指数 LPI（0.28）在所有林型中最低，而其欧式距离 ENN_MN（69m）最远。附属林与道路林的斑块大小 AREA_MN（0.22hm^2）最小，而有较高的周长面积比 PARA_AM 及景观形状指数 LSI，因此这两种林型的景观破碎化水平均较高（表 8-2）。

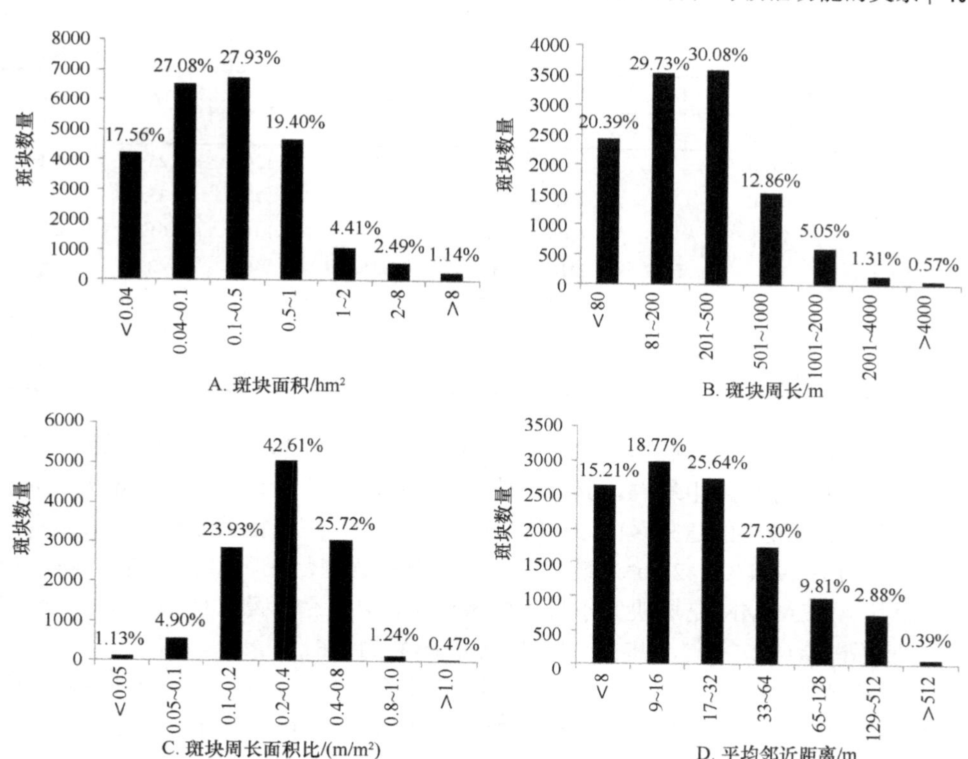

图 8-3　城市森林斑块面积（A）、周长（B）、周长面积比（C）和欧氏距离（D）频数分布

表 8-2　不同林型、行政区、城乡梯度（环路、建成历史）城市森林景观指数

城市森林分类		TA/hm²	NP	LPI	AREA_MN /hm²	PARA_AM	LSI	ENN_MN N/m
林型与行政区								
林型	附属林	1226	5631	0.69	0.22	1394	121.99	41.63
	道路林	942	4327	0.41	0.22	1752	134.38	32.42
	风景游憩林	959	488	3.59	1.97	559	43.28	64.57
	生态公益林	620	1463	0.28	0.42	1165	72.47	68.89
行政区	道里区	364	1477	5.78	0.25	1385	65.98	46.70
	道外区	474	1435	2.96	0.33	1116	60.70	62.54
	南岗区	614	2803	3.99	0.22	1420	87.67	38.57
	松北区	981	2315	13.75	0.42	1151	89.74	40.59
	香坊区	1309	4038	8.89	0.32	1216	109.62	41.15
城乡梯度								
环路	一环	60	372	21.55	0.16	1582	30.55	42.12
	二环	299	2001	5.65	0.15	1620	69.65	40.19
	三环	1827	5224	7.39	0.35	1121	119.38	38.20
	四环	1561	4392	1.65	0.36	1278	125.93	52.78

续表

城市森林分类	林型与行政区	TA/hm²	NP	LPI	AREA_MN /hm²	PARA_AM	LSI	ENN_MN/m
建成历史	100 年	75	311	15.44	0.24	1242	26.93	89.64
	80 年	69	482	3.99	0.14	1725	35.67	49.00
	70 年	315	1404	18.86	0.22	1385	61.27	43.60
	50 年	508	2418	3.47	0.21	1468	82.57	44.93
	10 年	1382	3858	4.36	0.36	1100	101.71	43.31
	0 年	453	2008	4.12	0.23	1407	74.77	85.30
	未建成区	1169	3067	1.44	0.38	1196	102.02	74.16

对于不同行政区来说，香坊区的景观总面积 TA（1309hm²）和斑块数量 NP（4308）在所有行政区中最高，其 TA 是景观总面积最小的道里区的 3.6 倍，而其 NP 是斑块数量最小的道外区的 2.8 倍。松北区的最大斑块指数 LPI（13.75）和斑块大小 AREA_MN（0.42hm²）最大，其 LPI 是最大斑块指数最低的道外区的 4.6 倍，而其 AREA_MN 是斑块大小最低的南岗区的 1.9 倍。欧式距离 ENN_MN 最大的是道外区（62.54m），其是南岗区（38.6m）的 1.6 倍。

对不同环路而言，郊区（三环、四环）城市森林的景观总面积 TA（3388hm²）是中心城区（一环、二环）城市森林 TA（359hm²）的 9 倍，中心城区的斑块大小 AREA_MNA（<0.16hm²）仅为郊区森林的一半，而市中心的周长面积比 PARA_AM 远高于郊区森林。景观形状指数 LSI 不仅反映斑块形状复杂程度同时也反映斑块离散程度，LSI 随着环数的增加而增长，随城区至郊区呈现线性增加趋势（图 8-4，r^2=0.93）。

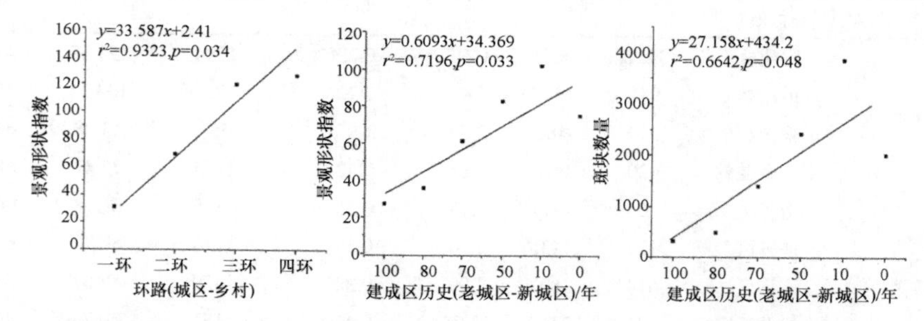

图 8-4 城市森林景观形状指数 LSI、斑块数量 NP 与环路、建成历史线性相关分析

对位于不同建成历史城区的城市森林，森林斑块数量 NP 与景观形状指数 LSI 均随建成历史增长而呈降低趋势，降低速率为每年 0.6 个斑块（NP）和 27.2（LSI）（$p<0.05$，图 8-4）。建成历史较短的城区如 10 年历史城区其景观总面积 TA（1382hm²）、斑块大小 AREA_MN（0.36hm²）、斑块数量 NP（3858）在所有城区中最高，其 TA

是 80 年历史城区（$69hm^2$）的 20 倍，AREA_MN 是 80 年历史城区（$0.14hm^2$）的 2.6 倍，NP 是 100 年历史城区（311 个）的 12 倍。

8.2.3　不同林型、行政区、城乡梯度城市森林碳储量

如表 8-3 所示，4 种林型的总碳储量相当，均为 13 万 t 左右。生态公益林的树木碳储量是其土壤有机碳储量的 3 倍，而附属林、道路林、风景游憩林的树木碳储量与土壤有机碳储量相当（表 8-3）。对于不同行政区，总碳储量最高的是香坊区，达到 21.9 万 t，是碳储量最低的道里区的 4.9 倍。除道里区外，其他行政区的树木碳储量均远高于土壤有机碳储量。

表 8-3　哈尔滨城市森林不同环路、行政区、城乡梯度树木、土壤有机碳储量

城市森林分类		样地数量	碳储量/万 t			单位面积碳储/（t/hm^2）	
			树木	土壤	总量	树木	土壤
林型与行政区							
林型	附属林	58	6.89	6.37	13.27	5.14	4.75
	道路林	42	7.26	5.62	12.88	7.16	5.54
	风景游憩林	62	6.09	6.63	12.73	6.29	6.85
	生态公益林	36	10	3.27	13.27	15.5	5.07
行政区	道里区	34	1.85	2.61	4.45	4.62	6.52
	道外区	30	5.27	2.98	8.25	10	5.65
	南岗区	49	5.15	3.8	8.94	7.75	5.72
	松北区	34	6.48	4.33	10.81	6.6	4.41
	香坊区	50	14.48	7.42	21.9	10.4	5.33
城乡梯度							
环路	一环	16	0.48	0.48	0.97	6.88	6.91
	二环	32	2.27	2.1	4.37	6.08	5.61
	三环	77	10.51	10.28	20.79	5.61	5.49
	四环	74	17.81	8.34	26.15	10.81	5.06
建成区历史	100 年	7	0.38	0.52	0.9	5.03	6.94
	80 年	10	0.54	0.42	0.96	7.87	6.06
	70 年	28	1.97	1.95	3.92	6.26	6.2
	50 年	27	3.48	2.57	6.05	6.84	5.06
	10 年	44	8.24	7.58	15.82	5.96	5.48
	0 年	51	2.5	2.3	4.8	5.52	5.07
	未建成区	32	18.8	6.22	25.02	16.18	5.35
总计		199	30~36	21~22	52~57		

一环与二环城市森林树木土壤有机碳储量仅占城市森林总碳储量的 10%不到，三环和四环碳储量加起来占哈尔滨城市森林总碳储量的 91%，其中四环森林碳储量最高，为 26.15 万 t。树木碳储量与总碳储量随环数增加线性增长（$p<0.05$，图 8-5）。不同建成历史城市森林总碳储量在未建成区最高，碳储量达到 25 万 t，是碳储量最低的 100 年历史城区的 28 倍。未建成区的树木碳储量在所有城区中也是最高，而土壤有机碳储量在 10 年历史城区最高。

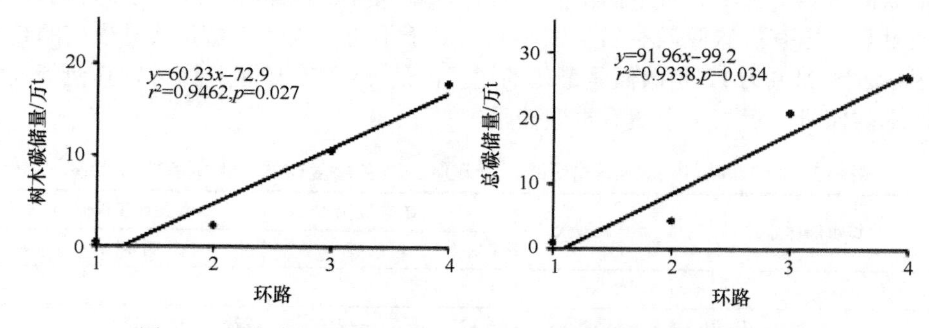

图 8-5　城市森林树木碳储量、总碳储量与环数的线性相关分析

8.2.4　森林景观指数与碳储量的相关关系

8.2.4.1　碳储量与景观指数的相关关系

Pearson 相关分析结果表明，树木、土壤有机碳储量均与景观总面积 TA、斑块数量NP、斑块大小AREA_MN及景观形状指数LSI显著正相关（表8-4，$p<0.01$）。在所有相关关系中，碳储量与景观总面积 TA 最相关，树木碳储量与 TA 相关系数 r^2 为 0.986，而土壤碳与 TA 相关系数 r^2 为 0.806。最大斑块指数 LPI、斑块间距离 ENN_MN 与碳储量间无显著相关关系（$p>0.05$）。此外，树木碳储量还与周长面积比 PARA_AM 显著负相关（$p<0.05$）。

表 8-4　城市森林树木、土壤有机碳储量与景观指数 Pearson 相关分析结果

碳储量	Pearson 相关	TA	NP	LPI	AREA_MN	PARA_AM	LSI	ENN_MN
总碳储量	树木碳	0.986**	0.782**	−0.388	0.608**	−0.505*	0.769**	−0.238
	土壤碳	0.806**	0.609**	−0.422	0.716**	−0.370	0.687**	0.026
碳密度	树木碳	0.196	0.043	−0.353	0.533*	−0.154	0.180	0.276
	土壤碳	−0.518*	−0.644**	0.466*	−0.503*	−0.060	−0.71**	0.182

注：* $p<0.05$；** $p<0.01$

逐步回归分析结果表明，树木碳储量与景观总面积 TA 主要相关（树木碳储

量=0.005×TA+0.112，表 8-5）。而土壤有机碳储量则主要与景观总面积 TA 及斑块大小 AREA_MN 显著相关（土壤有机碳储量=0.006×TA+20.865×AREA_MN-4.002，表 8-5）。标准化系数表明，景观总面积 TA 对土壤有机碳储量的作用（0.595）是 AREA_MN 对土壤有机碳储量作用（0.342）的 1.7 倍。

表 8-5　城市森林树木、土壤有机碳储量与景观指数逐步回归分析结果

y 项	进入模型顺序	包含的参数	非标准化系数		标准化系数	*t*	显著性 *p*
			回归系数	标准误	回归系数		
树木碳储量		常数	0.112	0.135		0.831	0.418
	1	TA	0.005	0.000	0.993	35.037	0.000
土壤有机碳储量		常数	–4.002	2.341		–1.710	0.107
	1	TA	0.006	0.002	0.595	3.547	0.003
	2	AREA_MN	20.865	10.244	0.342	2.037	0.059
单位面积树木碳储量		常数	–252.147	119.259		–2.114	0.052
	1	AREA_MN	434.932	130.228	1.187	3.340	0.004
	2	PARA_AM	0.131	0.059	0.814	2.216	0.043
	3	ENN_MN	0.664	0.385	0.334	1.726	0.105
单位面积土壤有机碳储量		常数	71.507	4.101		17.437	0.000
	1	LSI	–0.122	0.040	–0.575	–3.046	0.008
	2	AREA_MN	–20.057	14.237	–0.266	–1.409	0.178

注：景观参数与储量逐步回归的 *F* 值设定为 0.1 进入而 0.2 删除；景观参数与储量密度逐步回归的 *F* 值设定为 0.2 进入而 0.5 删除

8.2.4.2　单位面积树木、土壤有机碳储量与景观指数相关关系

如表 8-4 和图 8-6 所示，单位面积树木碳储量与斑块大小 AREA_MN 显著正相关（$p<0.05$），其他景观指数之间无显著相关关系（$p>0.05$）。单位面积土壤有机碳储量与景观总面积 TA 和 AREA_MN 显著负相关（$p<0.05$）与斑块数量 NP 和景观形状指数 LSI 极显著负相关（$p<0.01$），同时与最大斑块指数 LPI 显著正相关（$p<0.05$），与周长面积比 PARA_AM 无显著相关关系（$p>0.05$）。

逐步回归分析结果（表 8-5）表明，单位面积土壤有机碳储量主要与景观形状指数 LSI 及斑块大小 AREA_MN 相关（单位面积土壤有机碳储量=–0.122×LSI–20.057×AREA_MN+71.507）。单位面积树木碳储量主要与 AREA_MN、周长面积比 PARA_AM、欧氏距离 ENN_MN 相关（单位面积树木碳储量=434.932×AREA_MN+0.131×PARA_AM+0.664×ENN_MN-252.147）。标准化系数结果表明，单位面积树木碳储量受 AREA_MN 影响（1.187）是其受 PARA_AM 影响（0.814）的 1.5 倍，是其受 ENN_MN 影响（0.334）的 3.6 倍。

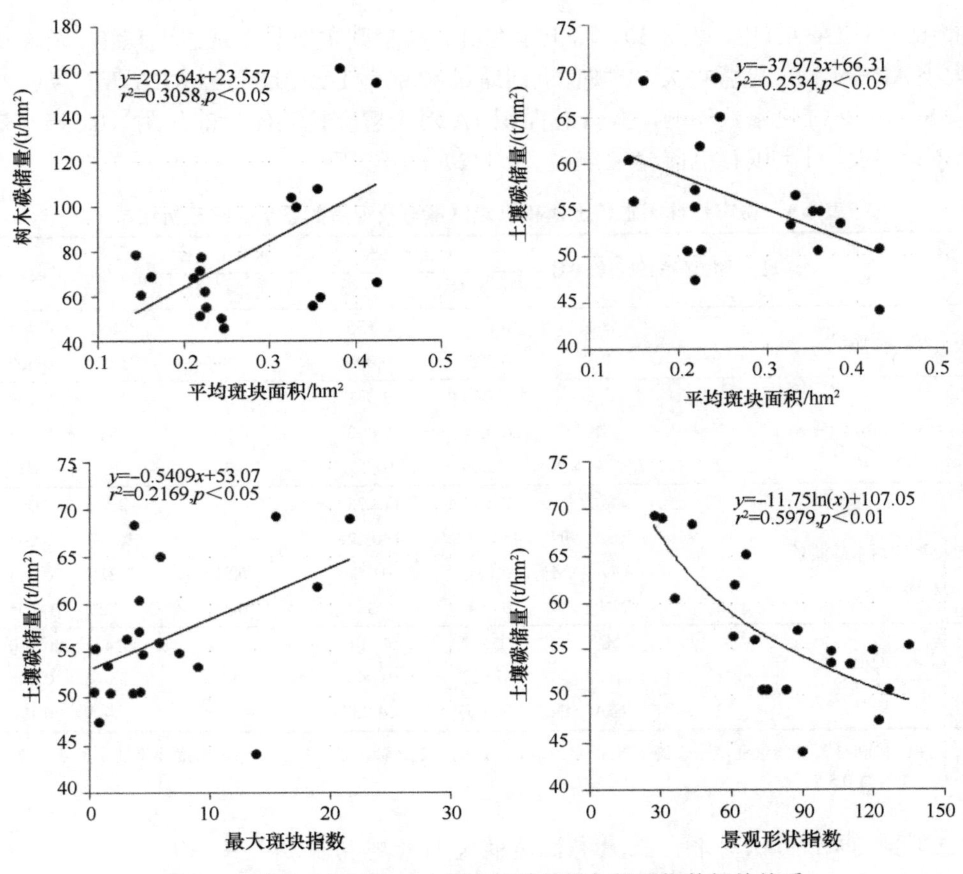

图 8-6 城市森林树木、土壤有机碳储量与景观指数相关关系

8.3 讨 论

城市化及气候变化已经成为全球最大的生态与环境问题，许多研究关注于城乡梯度生态服务变化（Larondelle and Haase 2013），城市森林作为缓解二氧化碳排放的重要方式之一，很少有研究者关注于量化城乡梯度上城市森林景观格局的变化。大规模的城市化进程有可能改变城市森林景观破碎化、景观配置与景观多样性（Su et al. 2012），同时对城市森林生态系统的结构、过程及生态功能产生显著影响（尹锴等 2009），其中包括森林碳储存功能（Lv et al. 2016; Zhang et al. 2015b）。不同林型、行政区、城乡梯度城市森林景观格局与碳储量的差异研究有助于更好地理解城市化作用下的景观格局变化，同时也有益于科学地理解森林景观格局与其碳捕获能力的关系，为不同城区森林建设提供合理建议。

8.3.1 量化城市森林景观破碎化

在世界范围内景观破碎化趋势下，城市森林的景观破碎化情况尤为严重（Gong et al. 2013；刘常富和张幔芳 2012），通过以哈尔滨市为例，本研究量化了哈尔滨城市森林景观格局，哈尔滨城市森林斑块大小 AREA_MN 0.31hm^2，仅为杭州湾与波多黎各森林的 4%~19%，是合肥城市森林的 78%（表 8-6），同时哈尔滨市面积小于 0.5hm^2 的森林斑块比例是合肥城市森林斑块比例的 1.5 倍。然而，哈尔滨城市森林的斑块密度 PD 和周长面积比 PARA_AM 却非常高，分别达到 318 斑块/hm^2 和 3251。其 PD 是沈阳城市森林的 1.1~3.2 倍，是长春城市森林的 3.3 倍。而其 PARA_MN 是波多黎各森林的 19 倍，是长春市森林景观的 3 倍（表 8-6）。上述比较结果表明，哈尔滨城市森林景观破碎化程度较高，不管是与东北主要城市对比，还是与世界其他城市对比。破碎化的景观可能降低栖息地质量，威胁物种组成、物种多样性与丰富性（Iida and Nakashizuka 1995；刘建锋等 2005），同时影响系统发育多样性（Matos et al. 2016）。这些都会对哈尔滨城市森林管理带来极大风险。

表 8-6　不同城市森林景观指数对比

城市	斑块大小	PARA_MN	PD/（斑块/hm^2）	LPI	边缘密度 ED	文献出处
沈阳	0.22~1.04	887~4109	98.7~287		0.1~13.6	Liu 等 2009
杭州湾	1.59~7.88					王瑞静 2012
波多黎各	7.56~8.03	169.2~174.8		10.3~14.1	37~39	Gao 和 Yu 2014
合肥	0.396					吴泽民等 2003
长春	1.04	1056	96	1.94		Zhang 2015
哈尔滨	0.31	3251	318	3.59	3.74	本研究

城市化带来的景观破碎化趋势不仅塑造了美国亚特兰大城市森林的空间结构（Miller 2012），同时也塑造着哈尔滨城市森林。景观形状指数 LSI 随城乡梯度（一环至四环，100 年城区至新建成区）增加，同时斑块数量 NP 随建成历史增加（图 8-4），表明斑块数量与分散性与城市化一致，郊区城市森林更分散同时斑块数量与更多。Kong 和 Nakagoshi（2006）对济南城市绿色空间时空梯度分析结果同样发现居住区绿色空间景观形状指数 LSI 也随着城乡梯度而增加。Gao 和 Yu（2014）对波多黎各热带森林的研究也得出相似的结论，森林景观破碎化动态与城市扩张同步，森林景观破碎化情况向乡村地区转移，表明森林内部的逐步破碎化。

有许多因素能够引起并影响城市森林景观的破碎化情况，如建筑物密度（刘常富和张幔芳 2012），城市扩张过程中的毁林与重新造林过程（Gao and Yu

2014），社会经济因素包括城市结构改变、工业化带来的经济繁荣、外来常住人口增加及居民收入的提高（Gong et al. 2013），同时经济驱动下的强烈人为活动及对可持续环境管理与保护策略的缺乏（Gounaridis et al. 2014）也能够影响森林景观破碎化程度。哈尔滨市经历了快速城市化进程，20 世纪 50 年代以来经济呈指数增长（y=2e–127e$^{0.1492x}$，r^2=0.9935），人口增长迅速（y=11.39x–21834，r^2=0.940），哈尔滨市建筑物密度与人口密度均很大，然而其对城市森林的保护、建设与管理活动还不够。不同行政区、林型、城乡梯度城市森林空间分布的不均会阻碍城市森林的城乡一体化设计，引起不同区域城市植被生态功能的差异，如树木与鸟类多样性及污染物的清除（Escobedo and Nowak 2009）。

国家林业局计划到2020年中国将有至少200个城市按照城乡一体化设计完成"森林城市"建设，建设近自然的城市森林（Forestry 2016）。哈尔滨市目前还没有获得国家森林城市的封号，在四环路内森林树冠仅覆盖了大约 7%的城市土地，与其他绿色空间加起来，城市绿色景观共覆盖了 36%的城市用地。对于哈尔滨来说，想要成为 200 个森林城市之一，还有很长的路要走。未来城市森林建设中，提高树冠覆盖、减少区域差异对于提升城市森林总体生态功能至关重要，特别要注意建设一系列国家公园、城市公园、社区公园，让城市居民能够推门开窗见绿、出门见景。城区重新造林过程十分必要，具体措施如见缝插绿、拆违建绿、拆墙透绿和屋顶、墙体、桥体垂直绿化等方式能够增加城市森林的连通性，对破碎景观有积极作用（Gao and Yu 2014）。

8.3.2 景观管理下的碳储存与生态服务功能提升

本研究发现，哈尔滨城市森林景观与碳储存功能在城区碳储量与单位面积碳储量均存在相关关系，为景观管理下树木与土壤有机碳储量的提升提供了新思路。城市森林碳储存功能对缓解气候变化（Nowak et al. 2002）、减少快速城市化的负面影响及低碳城市设计（De Jong et al. 2015）有重要作用。城市森林为城市及其居民提供诸多生态服务与价值，如空气污染物清除、缓解城市热岛效应等（Jim and Chen 2009b；Nowak et al. 2013c）。基于环境格局强烈影响生态过程的共识（Turner 1989；Uuemaa et al. 2013），这些生态功能均可能与景观格局相关联。个体树木与斑块水平碳储量的提升可以通过提升树木健康、森林结构改善与树种选择（Nowak et al. 2002），以及土壤改良（Jandl et al. 2007）得以实现。然而，在景观视角下，通过景观管理提升碳储量依然很有意义，且有可能成为城市有限空间中森林生态功能提升的重要方式（Lv et al. 2016；Ren Y et al. 2013）。

本研究表明，城市森林树木（土壤）碳储量与斑块数量 NP、斑块大小 AREA_MN 正相关，与王瑞静的研究结果一致（Wang 2012）。对于一个城市森林，如哈尔滨，相对较大的森林斑块与相当数量的斑块数量更有利于森林碳储量的增加。同时，本研究中树木碳储量主要与景观总面积 TA 相关，表明森林面积增加是提升碳储量的最好最直接方式，特别是在森林覆盖较低的区域。森林景观面积的增加同时还能减轻景观破碎化程度（刘常富和张幔芳 2012）增加城市森林的冷岛效应（Ren et al. 2015）。然而城市绿色空间有限，单位面积碳储量（t/hm^2）与景观指数关系对城市森林建设、管理与功能提升更有意义。斑块大小 AREA_MN 与单位面积树木碳储量正相关，因此在景观设计中，为了提升树木碳储量可以适当增加斑块大小。

第 7 章的研究发现，城市化进程能够增加单位面积土壤有机碳储量，本章的研究能从景观角度对第 7 章的发现提供一种解释。第 7 章中，笔者发现从乡村到城区（四环至一环、新建成区至老城区）土壤有机碳存在累积过程（Lv et al. 2016），而其影响机制尚不清楚。本章中发现森林斑块形状复杂性与分散性随城市化进程增加（LSI 随城市化进程降低），而土壤有机碳储量与景观形状指数 LSI 负相关。小且形状简单的斑块与周围环境更容易发生物质能量交换，包括碳交换。从道路、建筑及其他人工设施到森林土壤的高碳化合物沉积也许是中心城区森林土壤有机碳含量较高的原因。单位面积土壤有机碳储量与最大斑块指数 LPI 正相关，因此可以通过在景观设计中增加大斑块的比例、同时增加斑块间的连通性与聚集性等方式，建设可持续性低碳城市。

哈尔滨市四环内城市森林总碳储量 52 万~57 万 t，其中 30 万~36 万 t 为树木碳储量，远高于应天玉等（2009）2 万 t 的估算结果。尽管表层（0~20cm）土壤有机碳储量仅有 21 万 t 左右，在本研究区低于树木碳储量，但包括深层后总土壤有机碳储量大小十分可观（Pouyat et al. 2006）。对城市森林碳储量的估算往往只关注于地上生物量部分，而忽视地下土壤碳（Nowak et al. 2013a；Zhang et al. 2015b）。越来越多的研究者证明城市土壤存在相当大的碳库，不论在植被覆盖下（Liu et al. 2016）或是在不透水面下（Edmondson et al. 2012；Raciti et al. 2012）。土壤在城市景观总碳储量中扮演很重要的角色（Pouyat et al. 2006），其对全球气候变化的影响甚至超过植被生物量碳库。因此，在未来的研究中，应更加关注地下土壤碳库，地上生物量与地下土壤碳库的全面考虑能更好地理解整个生态系统碳储存能力。

目前，森林生态服务评估，如碳汇能力，并没有考虑森林景观格局（Lv et al. 2016），景观指数如 LSI、AREA_MN 与树木、土壤碳显著相关。在未来城市森林管理中，针对不同区域的造林活动非常必要，如南岗区，将许多小斑块通过造林活动连接成大斑块有助于森林生态服务功能提升。

8.4 小　结

哈尔滨城市森林景观破碎化程度较高，破碎的景观与树木、土壤碳储存功能相互作用。森林景观斑块大小仅为 0.31hm^2，面积小于 0.5hm^2 的斑块占总景观的 72.6%；周长小于 500m 的斑块占比超过 80%，平均斑块周长为 388m；森林景观平均欧氏距离（平均邻近距离）为 43m。景观形状指数 LSI 随城乡梯度增加，其与土壤有机碳的密切关系表明，LSI 可能为土壤有机碳在中心城区的积累提供一种景观学解释。碳储量与景观指数相关关系揭示了提升森林碳储量的可能方式。例如，提高总碳储量最直接、有效的方式是提高景观总面积，同时最大斑块比例的提高及斑块聚集度增加能够提高单位面积土壤有机碳储量。本章内容有助于更好地理解城市森林碳汇功能及从景观角度提升城市森林碳储量。

第 9 章　城市森林遮阴、降温、增湿功能

城市森林对小气候的调节功能在不同群落、物种间差异的研究较多（Zhang et al. 2013；张明丽等 2008；周立晨等 2005），针对多功能（遮阴、温度和湿度）、不同介质（如土壤和空气）、多维空间（水平和垂直）的系统综合研究尚需要加强。降温功能作为城市森林的主体功能之一，以往研究多集中在空气水平方向上的降温功能（Jonsson 2004；Shashua-Bar and Hoffman 2000；蔺银鼎等 2006）。城市化导致楼层增高和高层空间利用面积变大，人们对垂直方向上的温度也越来越关注（郝兴宇等 2007）。土壤作为众多生态服务的载体，其温度改变将影响微生物群落结构、植物生长等，但是目前的研究很少集中在垂直温度和土壤降温上。绿色树冠所起到的遮阴功能是温度调节的基础，而叶片蒸腾所引起的增湿效应也是北方干旱半干旱区域城市森林调节气候的重要组成部分（刘娇妹等 2008）。判断城市森林树木遮阴、降温和增湿功能往往需要判断外界环境因子贡献及其与树木大小的关系，且相关分析往往是常用的手段（Zhang et al. 2013）。

基于此，本章结合外界环境因子和测树因子，对 4 种不同林型遮阴、降温（水平、垂直和土壤）、增湿效应开展相关研究，旨在解决如下 3 个问题：

（1）城市内单位附属林、道路林、风景游憩林和生态公益林在遮阴、降温和增湿方面是否存在差异？

（2）这些生态服务功能与环境因子和测树因子的关系如何？

（3）根据上述发现对城市造林绿化管理及生态服务功能提升有何建议？针对相关研究已有文章发表，更详细的结果可参考相关文献（Wang et al. 2018a，2018d；张波等 2017）。

9.1　材料与方法

9.1.1　样地设置、测树因子及环境因子测定

本章共选取 4 种不同林型——单位附属林（46）、道路林（46）、风景游憩林（36）和生态公益林（37）共 165 块样地（图 9-1）。道路林与生态公益林通常为规则的带状，样地设置依据其固定的宽度并调整调查的长度使调查面积在 $400m^2$ 左

本章主要撰写者为王文杰和张波。

右，而单位附属林和风景游憩林采用 20m×20m 样地进行调查。调查选取健康（无病虫害、无支架支撑）且树冠形态良好的单株树木进行测定。

事实上，结合生物量、土壤养分、生物多样性的调查，项目组共调查了 270 块样地，本研究共用了 165 块样地。样地去除规则：33 块城市森林样地，用于生物量和碳汇功能分析，但是微气候调节数据未调查；远郊林（帽儿山）调查 5 块样地；农田样地调查 41 块；农田防护林调查 14 块。调查时间均在 9 月初，温度偏低的时间去除。另外，调查期间阴雨天及调查时间在 8:00~18:00 之外的样地 12 块，也在本分析中去除。

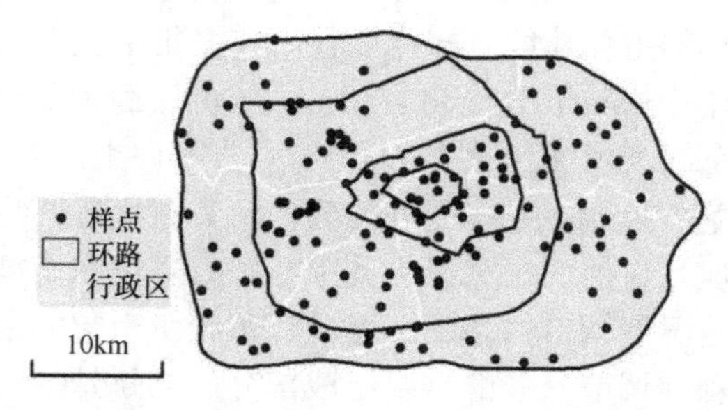

图 9-1 哈尔滨城市森林采样样地分布图（彩图请扫封底二维码）

样地主要树种测树因子（树高、枝下高、冠幅、胸径）的测量：利用树高仪（Nikon forestry PRO550，Jackson，MS，USA）测量树高（m）和枝下高（m）；利用软尺在距地面 1.3m 左右处测量树木的胸径（cm）；利用米尺以东西、南北方向测量冠幅对角线，并按照椭圆公式（$S=\pi\times a\times b$，a、b 分别为椭圆半短轴和半长轴）计算冠幅投影面积大小，代表树木冠幅大小（m^2）。

样地相关环境因子（光照强度、空气温度、空气湿度、土壤温度及树木冠层、冠下气温）的测量：光照强度用 TES 数位式照度计（TES-1330A，泰仕电子工业股份有限公司）测量；空气温度、空气湿度用手持式温湿度仪表（VICTOR231，深圳市胜利高电子科技有限公司）测量；土壤温度测量仪表进行测量（YC-7XXUD，台湾 YCT 宇擎仪器公司）。同时在裸地测定上述环境因子。树木冠层、冠下气温用红外线手持式测温枪（VICTOR303b，深圳市胜利高电子科技有限公司）直接打在树木冠层里的树干和距地面 1m 左右的树干上，每次测量打 3 次做平均值，即树木冠层和冠下气温。样地主要树种测树因子和环境因子的具体测量方法如图 9-2 所示。以上数据的测量在 2014 年 7~9 月初完成。由于采样周期长、实验样地分布广且多，同时测量是不可能实现的，考虑到东北的夏季，日出时间为 4:30 左右，日落时间为 19:30 左右，本研究选取每天的 8:00~18:00 进行测量，而且为了避免天气对实验结果的影响，我们选取晴天或少云的天气测量。

9.1.2　遮阴、降温、增湿效应的评价方法

如图 9-2 所示，遮阴效果用△E（klux）表示，△E=裸地光照强度－荫地光照强度；遮阴幅度（%）=△E/裸地光照强度；水平降温效果用△T_1（℃）表示，△T_1=裸地空气温度－荫地空气温度；垂直降温效果用△T_2（℃）表示，△T_2=冠层气温－冠下气温；土壤降温效果用△T_3（℃）表示，△T_3=裸地土壤温度－荫地土壤温度；增湿效应用△RH(%)表示，△RH=荫地空气湿度－裸地空气湿度(Zhang et al. 2013)。

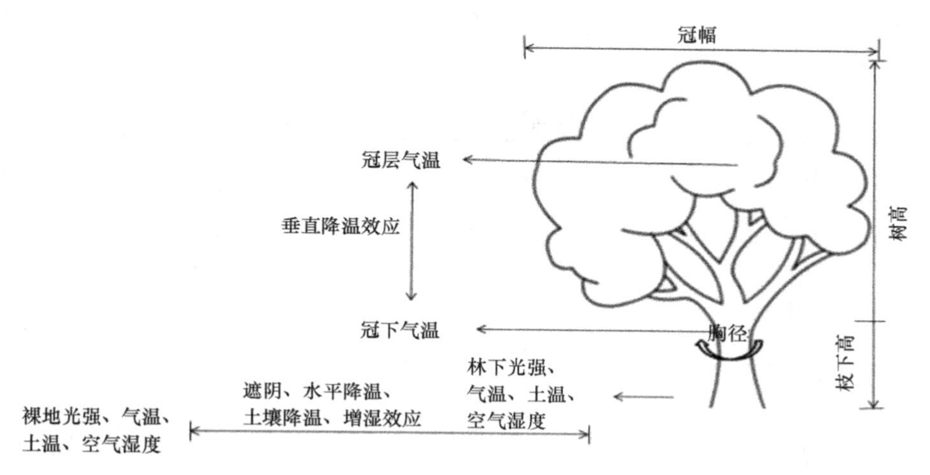

图 9-2　测定指标及遮阴、降温（水平降温、垂直降温和土壤降温）和增湿效应计算图示

9.1.3　数据处理

利用 SPSS 22.0 对 4 类不同林型遮阴、水平降温、垂直降温、土壤降温及增湿效应进行方差分析和 Duncan 多重比较分析。在综合评价方面，运用数据标准化综合得分处理方法，根据统计多重比较标示字母，给予分值，如标示为 a、b 和 c，分别赋值 3、2 和 1，双字母取算数均值[如 ab，得分为（1+2）/2]，所有指标得分加和为综合得分，分数越高，说明环境调节功能越强（路嘉丽等 2016）。

运用 ArcGIS 10.0 软件对△E、△T_1、△T_2、△T_3、△RH 做克里金插值得出空间分布图。

用 JMP 10.0 做遮阴量△E、水平降温量△T_1、垂直降温量△T_2、土壤降温量△T_3、增湿量△RH、林下环境因子与环境因子、测树因子的相关性分析，并得出 r^2 值。用 EXCEL 根据 r^2 值做柱状图，验证环境因子和测树因子对△E、△T_1、△T_2、△T_3、△RH 及林下环境因子的影响。

9.2 结果与分析

9.2.1 不同林型间遮阴、降温、增湿效应的差异

由表 9-1 可以看出，不同功能城市森林遮阴幅度多在 86%左右，单位附属林得分最高；水平降温未发现显著差异（$p>0.05$）；垂直降温结果显示，道路林（–1.16℃）最高，而单位附属林（0.26℃）显示冠层与林内差异很小；土壤降温能力生态公益林（2.17℃）最高，其次是道路林（1.75℃），单位附属林最低（0.97℃）；在增湿效应方面，单位附属林和风景游憩林增湿量在 5%~6%，显著高于道路林和生态公益林（3%~4%）。

表 9-1　不同林型间遮阴、降温、增湿差异及其评分

微气候调节功能	不同林型			
	单位附属林	道路林	风景游憩林	生态公益林
遮阴量$\triangle E$/klux	29.79b	28.46b	32.72b	35.39a
遮阴量评分	1	1	1	2
遮阴幅度/%	89.96a	76.88c	89.33ab	87.76bc
遮阴评分	3	1	2.5	1.5
水平降温量$\triangle T_1$/℃	3.24a	2.7a	2.97a	2.89a
水平降温评分	1	1	1	1
垂直降温度$\triangle T_2$/℃	0.26b	–1.16a	–0.54a	–0.5ab
垂直降温评分	1	2	2	1.5
土壤降温量$\triangle T_3$/℃	0.97c	1.75a	1.57b	2.17a
土壤降温评分	1	3	2	3
增湿量$\triangle RH$/%	5.78a	3.77b	5.36a	3.3b
增湿评分	2	1	2	1
综合评分	9	9	10.5	10

综合评分比较分析，风景游憩林（10.5）显著高于其他 3 种林型（平均分 9.3），说明风景游憩林能更好地发挥生态服务功能（表 9-1）。

9.2.2 不同林型遮阴效应相关因素分析

哈尔滨城市森林遮阴量与光照强度间的关系 4 种林型变化趋势基本一致，与裸地光强的相关关系最高，解释方差高达 95%，且呈现正相关关系；相比裸地光强而言，遮阴量与荫地光强的相关性较小，呈非线性相关关系；荫地光强与裸地光强呈线性正相关（图 9-3）。

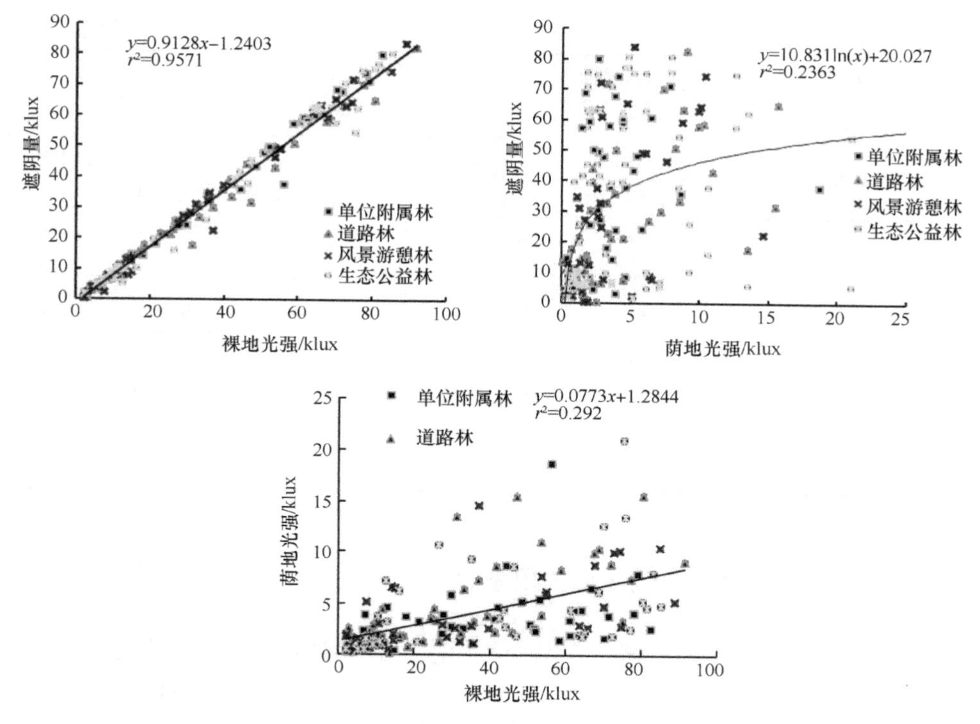

图 9-3　不同林型遮阴效应与外界环境因子的关系

单位附属林遮阴量与裸地光强相关性决定系数高达 99%，是荫地光强的 8 倍（表 9-2）。生态公益林遮阴量与裸地光强的相关性是荫地光强的 10.8 倍之多。不同林型林下光强与测树因子相关，树木越高大，林下光照越弱，即遮阴能力越强，但相关性均小于外界环境因子，单位附属林、道路林和风景游憩林表现基本一致（表 9-2）。几种林型比较来看，风景游憩林生长状态对遮阴能力影响最大（r^2>0.10 的两个），而其他两种林型相关系数较小，多在 0.06 以下。

表 9-2　不同林型遮阴量与环境因子、荫地光强与测树因子的相关关系

不同林型	回归方程	决定系数 r^2	显著性 p	样本数 N
遮阴量与环境因子相关性				
单位附属林	=−1.336+0.946×裸地光强（klux）	0.99	<0.0001	180
	=21.691+2.77×荫地光强（klux）	0.12	<0.0001	180
道路林	=2.689+0.703×裸地光强（klux）	0.75	<0.0001	188
风景游憩林	=−1.355+0.926×裸地光强（klux）	0.99	<0.0001	144
	=15.5+3.692×荫地光强（klux）	0.25	<0.0001	144
生态公益林	=−1.587+0.917×裸地光强（klux）	0.97	<0.0001	148
	=28.908+1.497×荫地光强（klux）	0.09	0.0003	148

续表

不同林型	回归方程	决定系数 r^2	显著性 p	样本数 N
荫地光强与测树因子关系				
单位附属林	=4.054–0.447×枝下高（m）	0.02	0.0354	180
	=3.83–0.011×胸径（cm）	0.02	0.0364	180
道路林	=13.363–0.718×树高（m）	0.04	0.0043	188
	=9.646–0.049×冠幅（m^2）	0.04	0.0101	188
	=11.568–0.064×胸径（cm）	0.04	0.0048	188
风景游憩林	=6.788–0.346×树高（m）	0.18	<0.0001	144
	=5.703–0.776×枝下高（m）	0.12	<0.0001	144
	=4.809–0.022×冠幅（m^2）	0.06	0.0032	144
	=5.101–0.021×胸径（cm）	0.06	0.0032	144

注：未达到显著的未列出

9.2.3 不同林型水平降温效应相关因素分析

4 种不同功能林型水平降温量与空气温度、光照强度和湿度之间的关系变化趋势基本相同，与裸地气温、裸地光强相关性较大，r^2 值分别为 0.5438 和 0.4587，且均呈显著正相关（$p<0.05$），而与裸地空气湿度呈显著负相关（$r^2=0.1816$）；林下气温（荫地气温）与裸地气温相关性最高（$y=2.8051x^{0.6678}$，$r^2=0.7429$），其次是与湿度的显著负相关关系（$r^2=0.4187$），林下气温也受到裸地光强的影响，但是相关性较前两者弱（$r^2=0.1527$）（图 9-4）。

4 种不同功能林型水平降温量与裸地空气温度相关性最大，裸地气温对水平降温效应的方差解释量在 43%~74%，其中以风景游憩林的解释程度最高。其次与裸地光强的相关性也较大，对水平降温差异的解释量在 33%~66%。空气湿度与水平降温量多负相关，相关性最高的是风景游憩林和单位附属林（$r^2=0.2~0.3$），而其他两类林型多在 0.12 以下（表 9-3）。

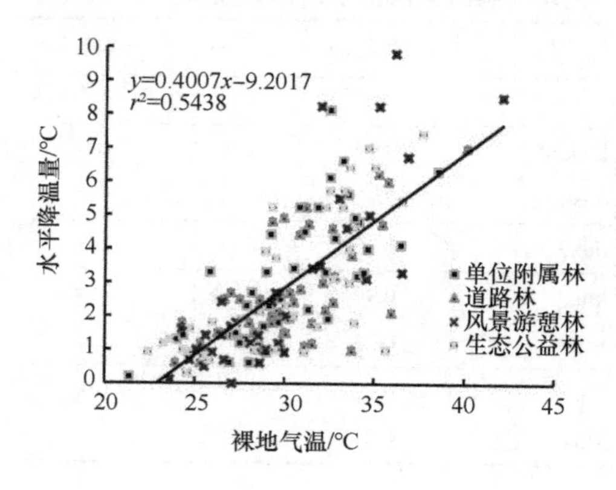

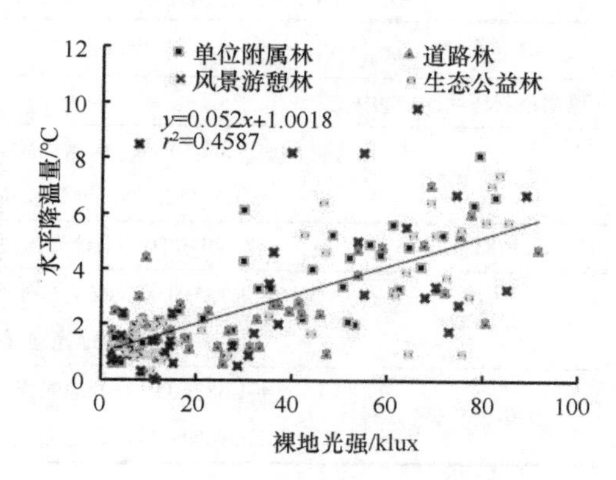

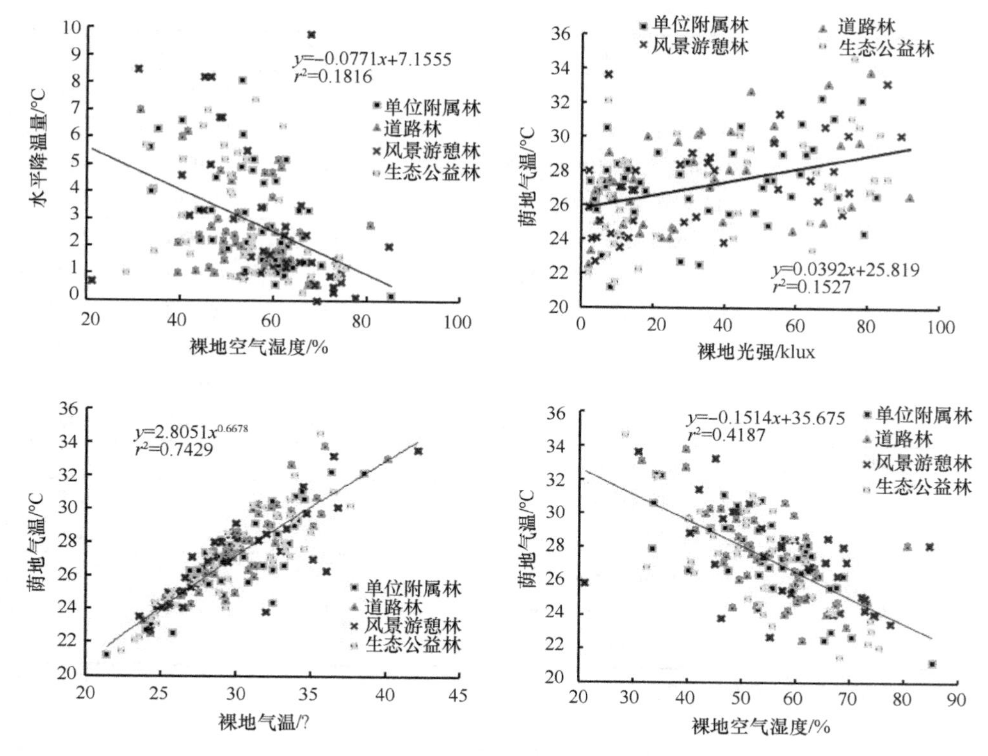

图 9-4　不同林型水平降温效应与外界环境因子的关系

表 9-3　不同林型水平降温量与环境因子、荫地气温与测树因子的相关关系

不同林型	回归方程	决定系数 r^2	显著性 p	样本数 N
水平降温量与环境因子关系				
单位附属林	=0.959+0.058×裸地光强（klux）	0.66	<0.0001	180
	=2.079+0.26×荫地光强（klux）	0.19	<0.0001	180
	=–8.915+0.392×裸地气温（℃）	0.5	<0.0001	180
	=–1.631+0.166×荫地气温（℃）	0.05	0.0034	180
	=8.235–0.096×裸地空气湿度（%）	0.3	<0.0001	180
	=8.52–0.091×荫地空气湿度（%）	0.23	<0.0001	180
道路林	=1.18+0.04×裸地光强（klux）	0.45	<0.0001	188
	=2.251+0.045×荫地光强（klux）	0.14	<0.0001	188
	=–6.825+0.314×裸地气温（℃）	0.43	<0.0001	188
	=–1.414+0.146×荫地气温（℃）	0.06	0.001	188
	=5.595–0.054×裸地空气湿度（%）	0.11	<0.0001	188
风景游憩林	=0.996+0.052×裸地光强（klux）	0.33	<0.0001	144
	=1.902+0.221×荫地光强（klux）	0.09	0.0002	144

续表

不同林型	回归方程	决定系数 r^2	显著性 p	样本数 N
	=–11.851+0.487×裸地气温（℃）	0.74	<0.0001	144
	=–10.32+0.48×荫地气温（℃）	0.25	<0.0001	144
	=7.892–0.087×裸地空气湿度（%）	0.21	<0.0001	144
	=11–0.128×荫地空气湿度（%）	0.25	<0.0001	144
生态公益林	=0.723+0.054×裸地光强（klux）	0.56	<0.0001	148
	=2.331+0.127×荫地光强（klux）	0.1	<0.0001	148
	=–8.04+0.367×裸地气温（℃）	0.52	<0.0001	148
	=–2.569+0.205×荫地气温（℃）	0.09	0.0003	148
	=6.463–0.065×裸地空气湿度（%）	0.12	<0.0001	148
	=5.877–0.051×荫地空气湿度（%）	0.08	0.0003	148
荫地气温与测树因子关系				
单位附属林	=28.321–0.143×树高（m）	0.05	0.0033	180
	=28.01–0.373×枝下高（m）	0.03	0.0233	180
风景游憩林	=29.003–0.21×树高（m）	0.11	<0.0001	144
	=28.131–0.381×枝下高（m）	0.05	0.0066	144
	=28.08–0.014×胸径（cm）	0.04	0.0145	144

注：未达到显著的未列出

荫地气温与测树因子的相关性较外界环境因子小，解释量多在5%左右。单位附属林和风景游憩林的荫地气温与测树因子均呈负相关，即树木越大，荫地气温越低（表9-3）。

9.2.4 不同林型垂直降温效应相关因素分析

综合来看，4 种不同功能林型垂直降温量的多少与冠幅间的相关关系变化趋势基本一致，解释量为7.6%，冠层气温、冠下气温与树高均呈负相关，即树高越高，冠层、冠下气温越低，垂直降温能力越强（图9-5）。

与水平降温量相比，4 类不同功能林型垂直降温量与环境因子的相关性要小得多，垂直降温量与外界环境因子的相关性多在10%以下（表9-4），而水平降温量与外界环境因子的相关关系 r^2 多在10%以上（图9-4、表9-3）。道路林、风景游憩林垂直降温多少主要与空气温度有关，风景游憩林表现明显。风景游憩林的冠下气温更易受树高影响。

9.2.5 不同林型土壤降温效应相关因素分析

综合考虑，土壤降温量与环境因子和测树因子均有一定的相关性，但是相关

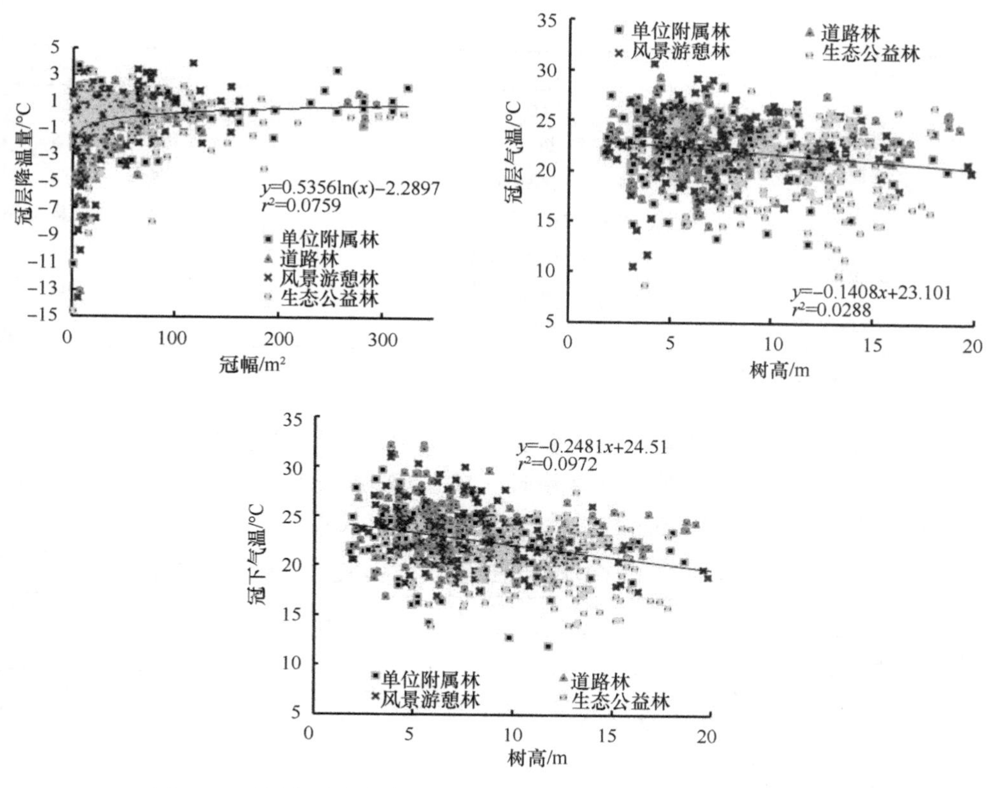

图 9-5　不同林型垂直降温量、冠层和冠下气温与测树因子的关系

表 9-4　不同林型垂直降温量与环境因子、冠下气温与测树因子的相关关系

不同林型	回归方程	决定系数 r^2	显著性 p	样本数 N
垂直降温量与环境因子关系				
道路林	=−0.3−0.017×裸地光强（klux）	0.05	0.0029	188
	=3.879−0.159×裸地气温（℃）	0.06	0.0004	188
	=5.49−0.232×荫地气温（℃）	0.08	<0.0001	188
	=−5.016+0.075×裸地空气湿度（%）	0.13	<0.0001	188
	=−5.361+0.076×荫地空气湿度（%）	0.11	<0.0001	188
风景游憩林	=0.609−0.035×裸地光强（klux）	0.12	<0.0001	144
	=0.742−0.34×荫地光强（klux）	0.18	<0.0001	144
	=2.84−0.114×裸地气温（℃）	0.33	0.0284	144
	=5.775−0.233×荫地气温（℃）	0.05	0.0079	144
冠下气温与测树因子关系				
单位附属林	=23.725−0.17×树高（m）	0.05	0.0029	180
	=22.818−0.007×冠幅（m²）	0.03	0.029	180

续表

不同林型	回归方程	决定系数 r^2	显著性 p	样本数 N
道路林	=23.092–0.01×胸径（cm）	0.03	0.0307	180
	=24.29–0.114×树高（m）	0.02	0.0427	188
	=23.994–0.01×胸径（cm）	0.02	0.0495	188
风景游憩林	=25.509–0.312×树高（m）	0.17	<0.0001	144
	=24.146–0.535×枝下高（m）	0.07	0.0015	144
	=23.663–0.019×冠幅（m^2）	0.05	0.0075	144
	=23.776–0.015×胸径（cm）	0.03	0.0358	144

注：未达到显著的未列出

性较水平降温小很多。土壤降温的多少随着外界空气温度的升高而增大；随着空气湿度的增大，土壤降温能力逐渐减弱。荫地土壤温度与测树因子的相关性基本小于环境因子，数据解释方差量均小于3%（表9-5）。

表 9-5　土壤降温量与环境因子及荫地土壤温度与环境因子、测树因子的相关关系

回归方程	决定系数 r^2	显著性 p	样本数 N
土壤降温量与环境因子相关关系（总数据）			
y=–0.829+0.084×裸地气温（℃）	0.02	<0.0001	660
y=–2.588+0.157×荫地气温（℃）	0.04	<0.0001	660
y=3.489–0.032×裸地空气湿度（%）	0.03	<0.0001	660
y=4.445–0.046×荫地空气湿度（%）	0.05	<0.0001	660
荫地土壤温度与环境因子、测树因子相关关系（总数据）			
y=16.435+0.23×裸地气温（℃）	0.09	<0.0001	660
y=13.689+0.354×荫地气温（℃）	0.1	<0.0001	660
y=25.457–0.038×裸地空气湿度（%）	0.02	0.0002	660
y=24.196–0.098×树高（m）	0.02	0.0001	660
y=24.134–0.012×胸径（cm）	0.03	<0.0001	660

注：未达到显著的未列出

9.2.6　不同林型增湿效应相关因素分析

空气增湿量主要与空气湿度有关。荫地空气湿度与裸地空气湿度相关性较高，r^2为0.57，其次与裸地气温的相关关系解释量也达到45%，且呈显著负相关。除了冠幅外，测树因子几乎对荫地空气湿度无影响，主要表现为冠幅越大，林下空气湿度越高（表9-6）。

表 9-6　增湿量与环境因子及荫地空气湿度与环境因子、测树因子的相关关系

回归方程	决定系数 r^2	显著性 p	样本数 N
增湿量与环境因子相关性（总数据）			
y=21.907–0.31×裸地空气湿度（%）	0.2	<0.0001	660
y=–6.332+0.18×荫地空气湿度（%）	0.06	<0.0001	660
荫地空气湿度与环境因子、测树因子相关性（总数据）			
y=66.343–0.163×裸地光强（klux）	0.18	<0.0001	660
y=61.813–0.261×荫地光强（klux）	0.04	<0.0001	660
y=116.167–1.853×裸地空气温度（℃）	0.45	<0.0001	660
y=133.237–2.669×荫地空气温度（℃）	0.46	<0.0001	660
y=21.907+0.69×裸地空气湿度（%）	0.57	<0.0001	660
y=59.4+0.0223×冠幅（m^2）	0.02	0.0014	660

注：未达到显著的未列出

9.2.7　环境因子、测树因子对环境调节功能差异解释量的比较

基于表 9-2~表 9-6 和图 9-3~图 9-5 中 r^2 的数据，图 9-6 分析了环境因子和测树因子对环境调节功能（遮阴、降温、增湿）的差异解释。对于遮阴量来说，环境因子解释量是测树因子的 5 倍。对于水平降温量、土壤降温量和增湿量来说，与环境因子的相关性较高（降低量：r^2=0.07~0.27；林下数值：r^2=0.27~0.41），而与测树因子相关性较低（r^2<0.05）。但垂直降温量却与之不同，与环境因子和测树因子相关性大致相同，可知，垂直降温多少不仅与环境因子有关，树木自身长势大小对垂直降温也起到不可替代的作用（图 9-6）。

9.2.8　冗余分析测树因子、环境因子与城市森林微气候调节功能的关系

由图 9-7 可知，在遮阴方面，$\triangle E$ 和遮阴幅度与外界光强呈显著正相关，即外界光强越强，遮阴效应越强；水平降温（$\triangle T_1$）与裸地气温呈显著正相关，而与空气湿度呈显著负相关，即在高温低湿天气下，水平降温越强；$\triangle RH$ 与之相似。在图 9-7 中，$\triangle T_2$ 和$\triangle T_3$ 线较短表明，与遮阴、水平降温和增湿效应相比，垂直

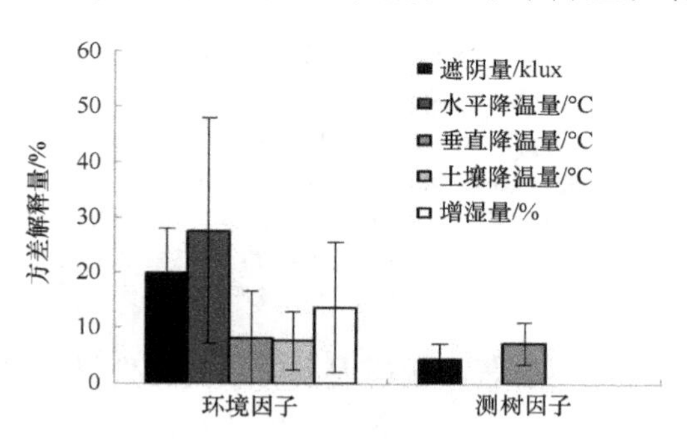

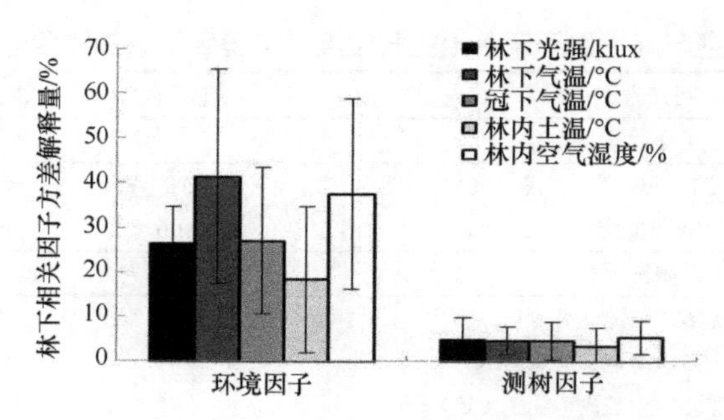

图 9-6　环境因子、测树因子差异解释量的比较

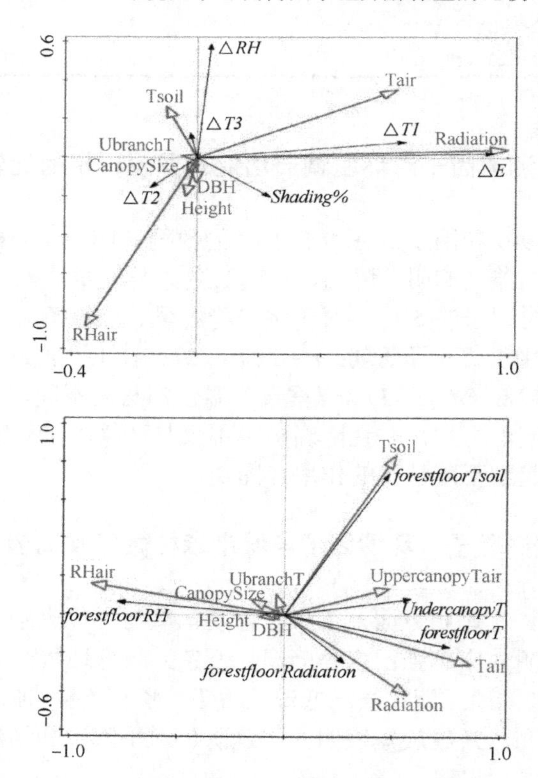

图 9-7　冗余分析气候条件和树木大小对城市森林微气候调节功能的影响
（彩图请扫封底二维码）

上图：调控量（空地与林下之差）；下图：林下微气候。

Tsoil：土壤温度；Tair：空气温度；UbranchT：冠下气温；CanopySize：树冠大小；DBH：胸径；Height：树高；Shading%：遮阴比例；Radiation：太阳辐射强度；RHair：空气相对湿度。forestfloorRH：林床湿度；forestfloorTsoil：林床土壤温度；UppercanopyTair：上部冠层温度；UndercanopyT：下部冠层温度；forestfloorT：林床空气温度；forestfloorRadiation：林床太阳辐射强度

降温效应和土壤降温效应不显著。测树因子的线要比外界环境因子短很多，也足以证明城市微气候调节功能主要与外界气候条件有关。

林下微气候变化显著受外界气候和树木大小影响，如图 9-7 所示。林下微气候与林外气候条件多呈正相关而与树木大小多呈负相关，且林下微气候主要与林外气候条件紧密相关，而大树往往伴随着较小的微气候调节功能（图 9-7）。

哈尔滨城市森林测树因子和外界气候条件可解释微气候调节功能变化的 62%。其中，光强贡献最大变化（57.6%），而树木大小等相关参数（树高和冠幅）贡献的变化较小（<0.1%）（表 9-7）。外界气候条件和测树因子能够解释林下微气候变化的 53.9%。其中，外界气候条件如气温、土壤温度、空气湿度解释量最大（5.4%~32.1%），而测树因子（树高、冠幅、胸径）贡献的变化较小（0.2%~0.4%）（表 9-8）。

表 9-7　森林 ΔE、ΔT_1、ΔT_2、ΔT_3、ΔRH 与外界气候条件关系的冗余分析结果

总变异量是 596 688.459，解释变量占 62%（调整后解释变量是 61.5%）

统计	轴 1	轴 2	轴 3	轴 4
特征值	0.577 5	0.035 6	0.005 7	0.001 2
解释变量（累积）	57.75	61.31	61.88	62
伪相关	0.930 8	0.486	0.191 8	0.538 9
拟合误差	93.1	98.83	99.76	99.95

项目	解释量/%	F 值	P 值	调整 P 值
光强（klux）	57.6	843	0.002	0.005 33
空气湿度（%）	3.2	51.3	0.002	0.005 33
气温（℃）	0.6	10	0.002	0.005 33
土壤温度（℃）	0.2	3.6	0.034	0.054 4
树高（m）	0.3	4.4	0.022	0.044
冠幅（m^2）	<0.1	1	0.324	0.432
枝下高（m）	<0.1	0.6	0.524	0.524
胸径（cm）	<0.1	0.5	0.518	0.524

表 9-8　林下光强、气温、土壤温度、空气湿度和冠下空气温度与微气候调节功能关系的冗余分析结果

总变异量是 143 544.556，解释变量占 53.9%（调整后解释变量是 53.2%）

统计	轴 1	轴 2	轴 3	轴 4
特征值	0.388 6	0.094 8	0.035 4	0.017 8
解释变量（累积）	38.86	48.34	51.88	53.66
伪相关	0.833 6	0.765 5	0.401 7	0.598 4
拟合误差	72.11	89.69	96.26	99.57

项目	解释量/%	pseudo-F	P	P（adj）
空气湿度（%）	32.1	309	0.002	0.003 6
土壤温度（℃）	11.3	130	0.002	0.003 6

续表

项目	解释量/%	pseudo-F	P	P（adj）
气温（℃）	5.4	69.2	0.002	0.003 6
光强（klux）	2.8	37	0.002	0.003 6
冠层气温（℃）	1.5	20.3	0.002	0.003 6
胸径（cm）	0.4	5.3	0.014	0.021
冠幅（m^2）	0.2	3.2	0.042	0.054
树高（m）	0.2	2.1	0.12	0.135
枝下高（m）	<0.1	1.3	0.264	0.264

9.3 讨 论

9.3.1 4种不同林型遮阴、降温、增湿的差异表现

Hamada等（2013）发现不同土地利用形式其降温能力不同：公园内的斜坡和山谷增加对周边城市地区的冷却效果，而商业区阻断公园降温效果的延伸。瑞士学者研究14个林分平均能够降低日最高气温5.1℃和提高日最低相对湿度12.4%（Arx et al. 2012）。国外学者对城市温湿度时空分布与植被覆盖关系的研究显示，城市植被覆盖的地方温度较低（Akinbode et al. 2008；Armson et al. 2012）。李英汉等（2011）的研究显示，居民区绿地在1.5m以上植物冠层降温显著，表明以乔木为代表的高大绿化树种温度调控能力最强。这与我们的研究结果一致，说明城市森林具有明显的遮阴、降温、增湿效应，且不同土地利用形式降温能力不同。

林分功能差异，特别是植物所处城市位置的不同对垂直降温和土壤降温具有重要影响。所以今后评价城市森林遮阴、降温、增湿等生态服务功能时，需要考虑这种林分类型的差异，并重视空间降温（水平、垂直）和不同介质降温（如土壤和空气），综合评价城市森林的生态服务功能，提高评价的准确性。这也是本章的创新点之一。

9.3.2 城市森林遮阴、降温、增湿效应的影响因素

城市森林在高温、高光强的情况下具有更强的生态服务功能，这显示了城市森林的重要性。不考虑森林的规模和结构，树木遮阴效果仍与裸地光强有很强的相关性（r^2=0.95）。外界环境因子与城市森林的环境效应间存在的这种紧密经验模型关系，有可能用于简化估计城市森林生态服务功能，主要体现在光强和气温（图9-3、图9-4）。这些结果说明，通过相关经验方程，能够对遮阴量、水平降温量进行估计，且具有较高的准确度。

目前，对城市森林生态服务功能的评价往往基于复杂的模型，如 I-tree 模型，需要考虑多种环境因子、测树因子及社会因子等（Solecki et al. 2005；马宁等 2011）。现在气象站已经能够提供小时尺度上的太阳辐射量、空气温度等相关数据并且利用高精度遥感技术能够确认城市森林的覆盖率（任志彬 2014）。基于这些覆盖率数据和气象数据，对城市森林遮阴量及水平降温量进行快速估计，能够量化城市森林生态服务功能，提升市民对城市树木重要性的认识。这是本章的第二个创新点。

有研究认为，太阳辐射量越高，绿色植物降温将起到越大的作用（Jim 2015）。还有人研究了不同气候条件下城市绿地降温效果的差异，发现干燥、高温的天气下城区绿地降温效果比较明显（Alexandri and Jones 2008）。Wang YF 等（2015）研究发现，炎热天气下树木的降温效果比多云、寒冷天气下高两倍。Zhang 等（2013）揭示了夏季比冬季城市森林降温、增湿效应更强。这些发现与我们的研究结果类似。

当然，回归分析也显示，对于垂直降温、土壤降温及空气湿度增加，仅考虑外界环境因子与城市森林覆盖率，估计的准确度会较低，相关性 r^2 往往低于 0.2（表 9-4~表 9-6）。且荫地光强与遮阴效应相关性较低（图 9-3）体现了森林规模和结构对城市森林遮阴、降温和增湿效应的重要性（Zhang et al. 2013），本研究忽略了城市森林规模和结构对遮阴、降温、增湿效应的影响。在今后的研究中要充分考虑森林规模或结构的影响，有助于提升城市森林微气候调节功能的准确估计。

9.3.3 基于遮阴、降温、增湿效应的城市森林管理建议

植物通过蒸腾，从环境中吸收大量热量从而降低空气温度。生长良好的成片绿地和树林能有效吸收和阻挡太阳辐射和调节大气湿度（刘娇妹等 2008），发挥其生态服务功能。未来的城市森林建设要兼顾景观结构和生态服务功能，让现有绿地尽可能地发挥其最大的生态效益。从遮阴、降温、增湿与树木长势的关系角度出发，对提高哈尔滨城市森林生态服务功能有如下建议。

第一，保护城区大树，增加大树（树高、冠幅和枝下高比较大的树木）比例。相关回归分析清楚地展示了大树能够显著增强遮阴、降温、增湿等生态服务功能。绿地微环境温度和湿度的差异与乔木的盖度密切相关，乔木盖度越大，则绿地微环境增湿、降温作用就越明显（周立晨等 2005）。具有大且封闭冠层的城市森林有很好的降温效果（Greene and Millward 2016）。Zhang 等（2013）揭示了冠层密度、冠幅大小、树高和光照强度对降温和增湿有显著影响。也有研究认为较大的树木其降温、增湿效应较好（Berry et al. 2013），显示植物自身生长的重要性。所以，在生产实践中避免一些工程导致大树的损失，这样不仅可以增加环境调控功

能（降温、增湿和遮阴），还可以增加文化及游憩等的价值（赵霞 2008）。当然，除上述生态服务功能外，也需要综合考虑其他因素，如在交通量小或人行道上种植高大的行道树对空气环境有生态净化作用，而在车流量大的交通道路上种植以草地和低矮灌木或小乔木则有利于汽车尾气迅速排出街谷（张铮 2007）。

第二，在城市造林及林分管理方面，也需要充分考虑本研究所发现的不同林型间的差异。综合评分中，风景游憩林远高于单位附属林、道路林和生态公益林（表 9-1），即生态效益强于其他三种林型，我们对所调查的所有样地内的树木大小分析表明，道路林冠幅（36m^2）较风景游憩林（43m^2）小很多，这可能限制其生态服务功能的发挥，所以今后要加强这三种林型的管理。由于城市用地多处于紧张状态，合理规划城市森林结构，使其发挥最大的生态服务功能非常重要。除覆盖率与绿地的温湿效应有关外，城市绿地的降温、增湿效应还因自然环境条件、绿地结构、绿地类型及种植形式、结构布局等有关（秦耀民等 2006）。所以在今后的城市森林管理中要注重造林时使树种多样化及合理配置、合理修剪园林树木及定期检查树木生长状态、浇水施肥等。例如，居民区墙体宜用藤本垂直绿化以增加绿量，或者在有条件的情况下，可以设计屋顶绿化，达到降温、增湿的效果（Alexandri and Jones 2008；Jim 2015；Perini et al. 2013）。选择道路林树种时提高红皮云杉、樟子松、落叶松、茶条槭、杜松及圆柏的使用率；生态公益林在种的水平上可以优先选择红皮云杉、榆树、樟子松和白桦，在属的水平上增加松属、云杉属、落叶松属和柳属植物的数量，在科的水平上增加松科、榆科和桦木科等植物的数量（肖路等 2016）。

第三，也有研究显示景观调整能有效提升水平降温效果。Huang 等（2018）对哈尔滨市主要森林斑块的水平降温效果进行评价，数据平均结果表明，在夏季平均降温 1.65℃，最大降温是 7.5℃，而降温距离多在 120m。城市森林的水平降温效果可以通过调整斑块面积、周长和性状来实现，增加斑块面积（37hm^{2}之内）和斑块周长（5300m 之内）是提升水平降温效果的有效方法（表 9-9）。

表 9-9　哈尔滨市主要景观公园夏季冷岛效应比较（Huang et al. 2018）

序号	城市绿地	面积/hm^2	周长/面积比	周长/m	冷却距离/m	冷岛程度/℃	最高温度区别
1	东北烈士纪念馆	0.43	0.060	259	30	1.1	2.96
2	南岗区花园街道司令街	0.77	0.084	648	90	0.14	2.54
3	哈尔滨工业大学	1.24	0.060	747	120	0.76	3.49
4	哈尔滨关道衙门旧址	1.75	0.029	511	90	0.56	2.23
5	马家河	1.83	0.037	670	60	0.38	4.54
6	黑龙江省政法管理干部学院河园	1.85	0.057	1 059	90	0.48	4.83
7	霁虹桥	2.02	0.026	527	120	0.2	5.47

续表

序号	城市绿地	面积/hm²	周长/面积比	周长/m	冷却距离/m	冷岛程度/℃	最高温度区别
8	靖宇公园	2.9	0.024	688	150	1.71	7.96
9	建国公园	3.09	0.023	699	120	2.02	7.68
10	清滨公园	3.09	0.025	767	120	1.56	8.28
11	太平公园	3.34	0.022	733	210	1.07	5.62
12	哈尔滨开发区景观广场	4.2	0.050	2 087	210	1.14	5.46
13	绿山川生态园	4.25	0.019	800	120	0.3	3.4
14	尚志公园	6.61	0.016	1 085	120	1.84	8.09
15	黑龙江中医药大学	7.45	0.027	1 983	120	1.77	5.88
16	哈尔滨供水集团嵩山营业分公司	7.74	0.026	2 014	120	0.99	6.98
17	兆麟公园	8.28	0.014	1 175	150	2.37	9.28
18	古梨园	9.29	0.013	1 236	210	1.64	5.44
19	文化公园	11.27	0.014	1 572	150	1.95	10.37
20	丁香园	15.21	0.010	1 524	180	1.98	6.71
21	儿童公园	17.19	0.013	2 232	150	2.12	9.88
22	哈尔滨高尔夫俱乐部	17.7	0.010	1 736	210	2.12	8.95
23	欧亚之窗公园	32.62	0.007	2 304	210	1.7	9.87
24	哈尔滨工业大学科学园	23.42	0.014	3 195	150	2.33	7.56
25	群力湿地公园	31.14	0.007	2 187	120	2.94	11.48
26	东北林业大学	33.7	0.016	5 368	180	3.39	12.19
27	机场高速	36.96	0.014	5 084	150	1.59	12.83
28	北大荒唐都生态园	58.57	0.005	3 168	270	2.19	8.07
29	松乐公园	63.08	0.006	3 758	270	2.57	8.94
30	东北虎林园	73.58	0.006	4 192	120	1.89	8.01
31	黄家崴子	101.97	0.009	9 492	300	2.48	11.71
32	黑龙江省森林植物园	253.6	0.005	13 351	180	3.58	13.38
	平均值	26.25	0.02	640.8	152.8	1.65	7.50

9.4 小　　结

哈尔滨城市森林 4 种林型均具有遮阴、降温、增湿效应。遮阴、增湿程度分别为 77%~90%、3%~6%；水平降温 3℃左右，土壤降温 1~2℃，垂直降温多表现为冠层气温低于冠下气温（1℃以内）。城市森林 4 种林型遮阴、降温、增湿效应往往具有较大的差异，综合得分排名风景游憩林比其他 3 种林型平均高 13%。城市森林在高温、晴朗和低湿环境下遮阴、降温、增湿效应较强，即具有更强的生态服务功能。测树因子对 4 种林型的遮阴、降温、增湿的影响较环境因子小，解释程度多在 10%以下。比较水平降温和垂直降温效应，垂直降温更易受测树因子（树高、冠幅）影响。据此，本研究对提升哈尔滨城市森林微气候调节提出了建议。

第 10 章　城市森林滞尘功能

大气颗粒物（PM）是被广泛认可的对人体健康最为有害的污染物之一（Agudelo-Castaneda et al. 2016；Barima et al. 2014；Wang L et al. 2015）。大气颗粒物浓度过高会导致呼吸道和心脑血管疾病，甚至能引发癌症和过早死亡（Liu et al. 2015）。普遍认为，植物在清除大气颗粒物方面具有重要功能（Dzierzanowski et al. 2011；Janhäll 2015；Sgrigna et al. 2015；Tallis et al. 2011；Terzaghi et al. 2013），如何充分发挥植物滞尘能力，提升城市植被的生态服务功能，已成为城市绿化研究的重点。

叶片是植物吸附大气颗粒物的主要载体（谢滨泽 2014），叶片的形态特征直接影响植物对颗粒物的截获能力（Chen et al. 2016；De Nicola et al. 2008）。这些特征包括叶片大小、形状、结构、表皮蜡质（Sgrigna et al. 2015；陈玮等 2003；刘玲等 2013；王蕾等 2006）；叶表面沟壑宽窄、深浅等（Wang HX et al. 2015），以及蜡质含量特征（Wang et al. 2011a；陈小平等 2014）。随着对植物滞尘功能的深入研究，扫描电镜（SEM）、X 射线衍射（XRD）等检测技术相继应用到叶片颗粒物理化性质分析中（Amato-Lourenco et al. 2016；Sgrigna et al. 2016；Wang L et al. 2015；Wang et al. 2006），以观测和分析叶片表面颗粒物的粒径和元素组成。

本章选择哈尔滨市几种树木（红皮云杉、黑皮油松、杜松）开展深入研究，旨在明确以下问题：

（1）不同树种间叶片吸附大气颗粒物数量及组成成分的差异性；

（2）种间滞尘差异与叶片形态因子的关系。

通过对这些关系的理解，一方面有益树种选择和城市绿化树种的配置，另一方面也有利于改善现有城市森林生态服务功能和提高评价精度。

10.1　研究地点、材料与方法

10.1.1　研究地概况

选择哈尔滨市东北林业大学校园内，植被丰富、人为活动频繁、环境污染较一致的区域设为试验样地，样地面积大约 6.5hm^2。试验区冬季供暖以燃煤为主，

本章主要撰写者为徐海军和王文杰。

供暖期长达 6 个月，采用 TH-150 型智能中流量颗粒物采样器（武汉市天虹仪表有限责任公司）测定试验区采暖期（2014 年）大气污染状况（表 10-1），$PM_{2.5}$ 浓度超出国际标准（75μg/m^3，世界卫生组织）1.5 倍（Batterman et al. 2016）。

表 10-1　试验区采暖期大气颗粒物浓度概况

	24h 平均值		
	细颗粒物（$PM_{2.5}$）	可吸入颗粒物（PM_{10}）	总悬浮颗粒物（TSP）
颗粒尺寸/μm	$d\leqslant 2.5$	$2.5<d\leqslant 10$	$d\leqslant 100$
颗粒浓度/（μg/m^3）	112.10	150.17	231.86

10.1.2　采样与组分制备

在采暖期，采集红皮云杉（*Picea koraiensis*）、黑皮油松（*Pinus tabuliformis* var. *mukdensis*）和杜松（*Juniperus rigida*）叶片，随机选择 5 株生长状况良好的个体植株，分别按照东、南、西、北 4 个方向，分上、中、下 3 层多点采集叶片，然后将采集的叶片混合，每个品种采样重复 3 次。

先称取定量的鲜叶（M_0），然后将采集的叶片用蒸馏水洗脱，洗脱液直接用已烘干称重的聚四氟乙烯滤膜（0.22μm）过滤，收集到的颗粒物为叶表层颗粒物（S_m），连同滤膜一并烘干至恒重，扣除滤膜重量后即得叶表层颗粒物重量（M_1）（Saebo et al. 2012）；蒸馏水洗脱后的叶再用氯仿洗脱，氯仿洗脱液仍用聚四氟乙烯滤膜（0.22μm）过滤，收集到的颗粒物为蜡层颗粒物（W_m），连同滤膜一并烘干至恒重，扣除滤膜重量后即得蜡层颗粒物重量（M_2）；过滤后的氯仿洗脱液利用旋转蒸发仪进行浓缩，回收氯仿，待洗脱液体积大约 10ml 时，将洗脱液移入蒸发皿中，烘干至恒重后，去除蒸发皿的重量即叶片蜡层蜡质重量（M_3）；收集叶表层颗粒物 S_m（水提取）和蜡层颗粒物 W_m（氯仿提取）低温保存，待测（Przybysz et al. 2014）。

10.1.3　叶片形态和颗粒物形态观测

叶片形态观测：选取经氯仿洗脱后无损伤新鲜叶，利用 DM4000-B 显微镜（德国 Leica）直接切片观察切面形状、气孔腔形状，测量气孔大小、气孔线数量、叶中部 1mm 长度气孔数量等。

颗粒物形态观测：选取风干叶，直接粘台，自然干燥后喷金，用 Philips SEM-505 境检、拍照，可观察叶片气孔排列方式、颗粒物结晶形状、气孔腔口大小、叶表层颗粒物数量、粒径大小等指标。将观察部位进行拍照，利用 Image J（Ottelé et al. 2010）分析，采用分水岭法分割颗粒重叠影像，然后统计计算。流程如下：

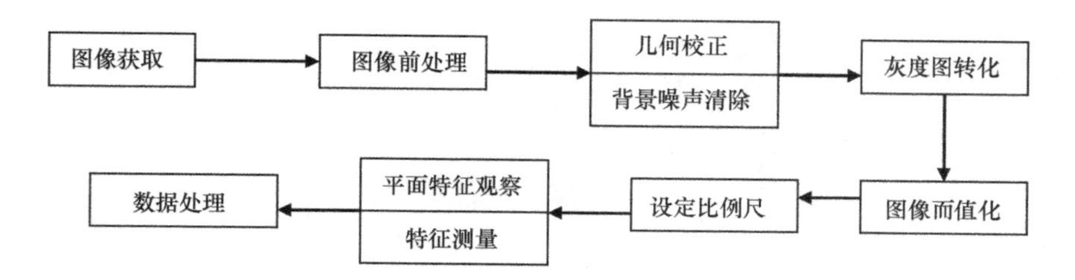

10.1.4　表层和蜡层颗粒物提取组分有效粒径测定

利用激光粒度仪 ZetaPALS/90plus（Brookhaven Instruments Corporation，USA）对水提颗粒物（S_m）和氯仿提取颗粒物（W_m）进行粒径测量，每个组分重复 3 次，采用仪器检测结果中的有效粒径数据进行统计分析。

10.1.5　利用 XRD 测量表层和蜡层颗粒物矿物组成

XRD 仪器型号为日本理学 D/Max2200 型（Rigaku，Japan），光管为 Philips 生产，靶材为 Cu，扫描步距 0.02°，电流、电压为 30mA、40kV，衍射范围 2θ 为 10°~40°，测量速度 0.3s。测量数据用 Jade5 清除背景、平滑后寻峰，并测定峰高、峰面积、峰半高宽和晶粒尺寸。

10.1.6　利用红外光谱仪半定量分析表层和蜡层颗粒物官能团组成

称取 2mg 样品与 200mg 溴化钾混合研磨，压片，然后进行红外光谱观察。红外光谱仪型号为 IRAffinity-1（SHIMADZU，Japan），波谱范围 400~4000cm^{-1}（图 10-1）；各官能团相对含量由 ImageJ2x 计算相对面积，面积单位用像素表示，测得的相对面积均缩小到 1/1000 之后进行数量比较。

10.1.7　利用 XPS 分析表层和蜡层颗粒物元素组成

X 射线光电子能谱（XPS）仪器型号为 K_α（Thermo Scientific，USA），测试条件是 X 射线 80kV、30mA、MgK_α 线。首先对样品进行宽扫，扫描范围为 0~1000eV，分析材料中所含元素。根据宽扫结果分别对 C1s、Al2p、O1s、Si2p、P2p、Ca2p、K2p、N1s、Fe2p、Mg1s 和 Na1s 进行扫描，得到不同元素的特征峰，计算特征曲线面积，得到元素的相对含量。利用 C1s 峰（285.00eV）作样品结合能校正（Li Y et al. 2013）。

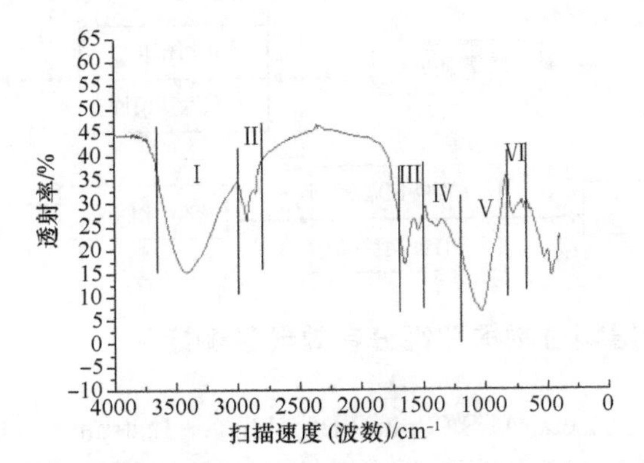

图 10-1 PM 功能性组分红外光谱划分方法示意图（彩图请扫封底二维码）

Ⅰ. 羧酸、酚类、醇类的 O—H 伸缩振动带，有机胺类、酰胺的 N—H 伸缩振动带，芳香族 C—H 的伸缩振动带（波谱范围为 3650~3000cm^{-1}）；Ⅱ. 脂肪族的 C—H 伸缩振动带（波谱范围为 3000~2800cm^{-1}）；Ⅲ. 羧酸、酮类、氨基化合物中的 C═O 伸缩振动带，羧酸盐类中不对称的 COO—伸缩振动带（波谱范围为 1700~1480cm^{-1}）；Ⅳ. 羧酸盐类中对称的 COO—伸缩振动带，—CH_2—和—CH_3 基团的 C—H 弯曲振动带，C—O 的伸缩振动带，—COOH 的 O—H 弯曲振动带（波谱范围为 1480~1200cm^{-1}）；Ⅴ. 多糖中的 C—O 伸缩振动带，黏土矿物和氧化物的 Si—O—Si 伸缩振动带，黏土矿物和氧化物中的 O—H 弯曲振动带（波谱范围 1200~830cm^{-1}）；Ⅵ. 烯烃和芳香化合物中的 C—H 弯曲振动带（波谱范围 830~670cm^{-1}）

10.1.8 表层和蜡层颗粒物中重金属测量

称取提取组分样品 0.1000g 于 30ml 聚四氟乙烯坩埚中，用少量水润湿后加入 10ml 盐酸，于通风橱内的电热板上低温（150℃）加热 1h（加盖），待样品初步分解，即残液为 2~3ml 时，向内添加 5ml 硝酸、5ml 氢氟酸和 3ml 高氯酸（开盖），保持中温（225℃）加热消解至产生大量浓白烟，赶尽白烟，此时残渣呈灰白色黏稠糊状（若颜色较深，再添加 5ml 硝酸、5ml 氢氟酸和 3ml 高氯酸，重复数次），取下冷却后，以 0.2%硝酸定容至 50ml，由电感耦合等离子体发射光谱仪（ICP-OES，PerkinElmer8000，USA）测定颗粒物中 Cr、Cd、Ni、Cu、Pb 元素的质量浓度。

10.1.9 数据处理

数据采用平均值±标准差，借助 SPSS 16.0、Excel 和 Origin Pro 9.0 软件进行分析、制图。

10.2 结果与分析

10.2.1 叶片形态结构特征差异性

红皮云杉、黑皮油松和杜松之间叶片形态结构特征的差异不仅表现在叶片形态方面，而且在微结构方面也存在显著的差异。

三个常绿树种叶片形态特征差异主要表现在杜松叶片尺寸最小，叶含水率最低，但单位质量叶面积最大和蜡质含量最高；而黑皮油松的形态特征恰好与之相反（表 10-2）。此外，在单叶投影面积方面，杜松和红皮云杉差异不显著，但显著低于黑皮油松（$p<0.05$）。

表 10-2　叶片形态特征

	叶长/cm	单叶重/mg	叶含水率/%	单叶投影面积/cm^2	单位质量叶面积/（cm^2/g）	叶蜡含量/%
红皮云杉	2.09b±0.08	10.82b±0.57	54.37b±0.55	0.19b±0.01	17.54b±1.06	6.39b±1.15
黑皮油松	15.58a±0.33	170.53a±0.18	56.48a±0.25	1.66a±0.19	9.75c±1.09	3.22b±0.51
杜松	1.74c±0.06	5.59c±0.18	45.26c±0.50	0.15b±0.01	27.35a±1.99	11.9a±2.61

注：同列不同字母表示差异显著（$p<0.05$）

在微结构特征方面，红皮云杉、黑皮油松、杜松除横切面形状有差异外（图 10-2），在气孔线数量、气孔大小、1mm 长度气孔数量等方面均有显著差异（表 10-3）。红皮云杉气孔线较少，叶背 4~8 条，腹面 6~10 条，黑皮油松相对较多，叶背 11~13 条，腹面 8~9 条，而杜松叶背没有气孔线分布，气孔线全部集中在“V”形凹槽内，数量为 7~9 条；统计叶中部 1mm 长度气孔数量，红皮云杉气孔数量显著少于黑皮油松而多于杜松，红皮云杉在此间距内气孔总数约 117 个，黑皮油松约有 223 个，杜松最少约 100 个。气孔是植物与外界进行气体交换的主要通道，气孔腔形状、气孔大小均影响气体交换量，因此对颗粒物的固持和吸附也有着直接的影响，从解剖结构（图 10-3）可知，红皮云杉气孔腔形状为“上大下小”的空腔，与外界气体交换的“门户”较大，气孔长椭圆形，长轴是短轴的 2 倍多；黑皮油松气孔腔形状为“上小下大”类似瓶状的空腔，气孔近圆形，对外气体交换的门户较小，但气孔较大；杜松气孔腔形状与红皮云杉的相似，但杜松叶形特殊，其“V”形凹槽自然形成一个较大的空腔，此凹槽可为杜松气体交换提供了一个稳定缓冲区，此外，杜松气孔为椭圆形，长轴是短轴的近 2 倍，气孔是三者中最大的。

10.2.2　PM 特征差异

10.2.2.1　叶片 PM 镜检形态特征差异

通过扫描电镜观察叶表层 PM 形态特征，可以清晰地看到：红皮云杉叶表气孔腔几乎完全被 PM 填充和覆盖，且气孔腔内及周围 PM 聚集较为致密，呈海绵状孔隙结构；该结构树枝状突起多而密集、孔隙度大；离气孔较远的叶表分布着相对稀疏的海绵状结构，且上面附着有大量片层或块状颗粒（图 10-4，Ⅰ~Ⅲ）。黑皮油松叶表面附着的 PM 相对较少，气孔腔没有完全被 PM 填充和覆盖，气孔

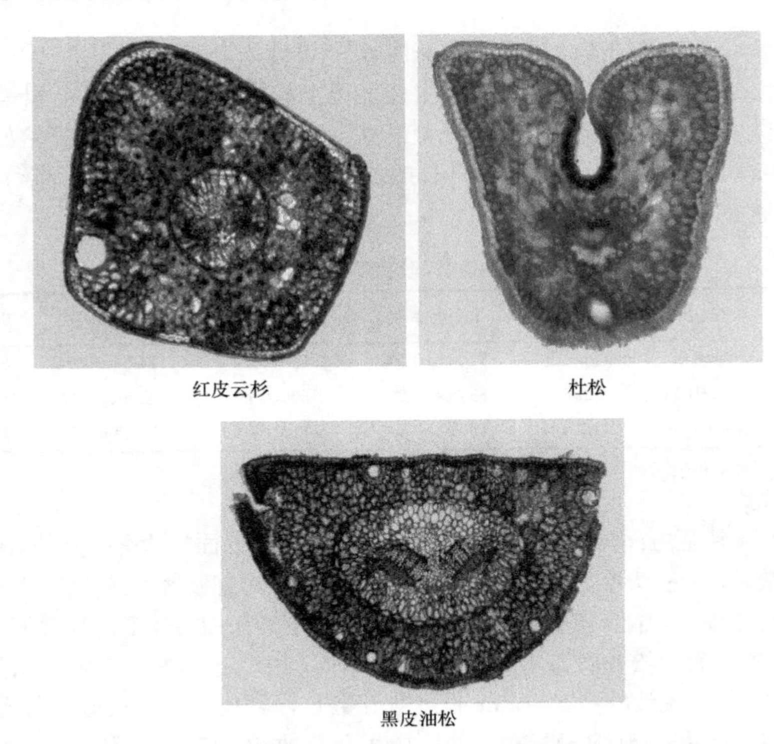

图 10-2　不同树种叶片横切面特征图（彩图请扫封底二维码）

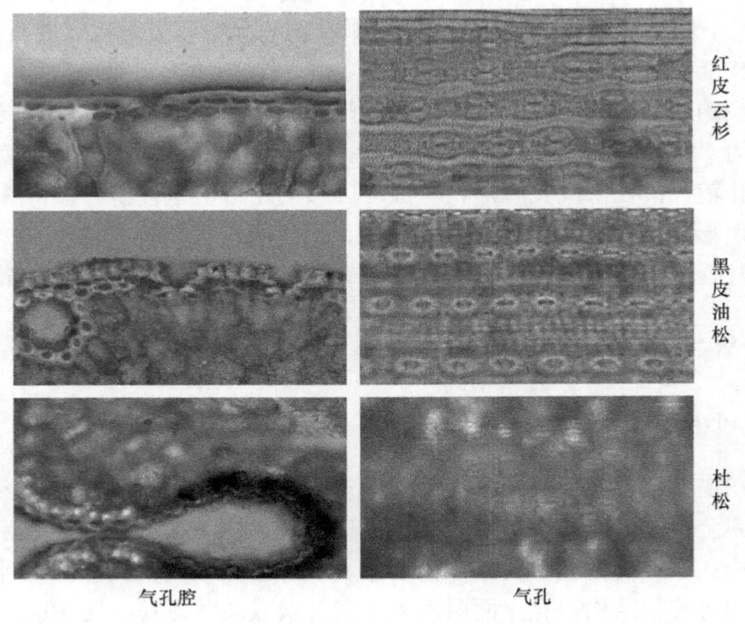

图 10-3　不同树种叶片气孔腔和气孔形态特征图（彩图请扫封底二维码）

腔内部较深处 PM 呈海绵状结构、往外被块状和片状 PM 填充，且块状 PM 占绝对优势，气孔周围及叶表面附着大量块状或片状 PM（图 10-4，Ⅳ~Ⅵ）；杜松气孔腔完全被 PM 覆盖，且沿气空腔外沿形成隆起的堆积物。气孔腔外围覆盖大量密实的块状 PM，"V"形凹槽外围纵行沟壑内也有大量块状 PM 分布，但 PM 还是较集中于凹槽内部（图 10-4，Ⅶ~Ⅸ）。

利用 ImageJ 对叶片扫描电镜图片进行测量和相关特征数据提取（表 10-4）可

表 10-3　叶形态解剖特征

	叶形	横切面形状	气孔线数量/条			1mm 长度气孔数量/个			气孔大小		
			叶背	腹面	总数	叶背	腹面	总数	长/μm	宽/μm	面积/μm²
红皮云杉	条形叶	菱形	4~8	6~10	10~18	53±17	63±12	117±21	22.80±0.76	9.53±1.25	681±59
黑皮油松	针形叶	半圆形	11~13	8~9	19~22	133±30	90±15	223±37	28.26±4.76	23.57±4.33	2134±593
杜松	刺形叶	"V"形	无	7~9	7~9	无	100±11	100±9	45.72±1.67	23.22±2.16	3339±333

图 10-4　叶表面 PM 扫描电镜图

知，红皮云杉气孔腔孔口面积与杜松的差异不显著但远大于黑皮油松，其气孔腔孔口面积是黑皮油松的近 4 倍（$p<0.05$）；叶表层 PM 附着数量方面红皮云杉每 100μm^2 大约有 69 个 PM，与杜松差异不显著，但仍显著高于黑皮油松，是黑皮油松的 2 倍多（$p<0.05$）；PM 的相对投影面积红皮云杉为 42.56%，黑皮油松达到 49.14%，二者均显著小于杜松（$p<0.05$）；PM 尺寸方面，红皮云杉叶表层似乎更趋向吸附细颗粒物，其 PM 尺寸最小，平均为 4.65μm，而黑皮油松叶表层 PM 平均尺寸最大，约为 12.61μm。

表 10-4　SEM 观测叶表层 PM 特征

	气孔腔孔口面积/μm^2	PM 密度/（个/100μm^2）	PM 相对投影面积/%	PM 尺寸/μm
红皮云杉	1899.2a±554.9	69.1a±4.85	42.56c±1.86	4.65c±0.48
黑皮油松	482.4b±114.4	29.2b±0.90	49.14b±1.81	12.61a±0.58
杜松	1270.9a±155.1	51.3a±19.3	64.4a±3.28	8.27b±0.79

注：同列不同字母表示差异显著（$p<0.05$）

10.2.2.2　叶表层及蜡层 PM 粒径特征差异

红皮云杉、黑皮油松和杜松叶蜡层 PM 粒径均显著大于叶表层 PM（$p<0.05$）；蜡层 PM 粒径树种间差异不显著，三个树种蜡层 PM 粒径依次为 1250nm、1180nm、1070nm；表层 PM 粒径树种间差异亦不显著，三个树种表层 PM 粒径依次为 951nm、1100nm、911nm（图 10-5），可见，在大气颗粒物沉降过程中，蜡层对固持较大的大气颗粒物有显著的作用，而树种间对颗粒物粒径的筛选吸附似乎较弱。

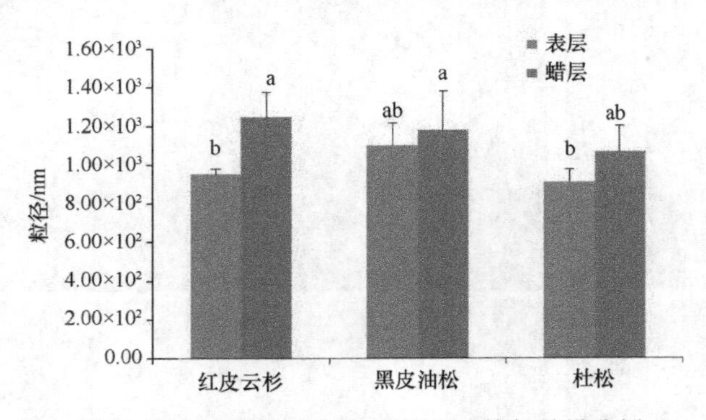

图 10-5　不同树种表层和蜡层 PM 粒径差异分析

10.2.3　滞尘量差异及其与叶片形态相关性

10.2.3.1　树种间滞尘量差异特征

树种间不仅叶片总滞尘量有显著差异，且在表层和蜡层的滞尘量上也存在显著差异（表 10-5）。杜松叶片总滞尘量显著高于黑皮油松和红皮云杉（$p<0.05$），三者总滞尘量依次 5.73g/m²、2.83g/m²、2.27g/m²，其中叶表面滞尘量杜松>红皮云杉>黑皮油松，滞尘量依次为 3.50g/m²、2.18g/m²、1.40g/m²；蜡层滞尘量杜松>黑皮油松>红皮云杉，滞尘量依次为 2.23g/m²、0.87g/m²、0.65g/m²。

表 10-5　不同树种叶片滞尘量分析

	表层尘/（g/m²）	蜡层尘/（g/m²）	总滞尘量/（g/m²）	蜡层尘/表层尘/%	蜡层尘/总滞尘量/%
红皮云杉	2.18b±0.43	0.65b±0.17	2.83b±0.69	29.82b±2.77	22.97b±1.64
黑皮油松	1.40c±0.09	0.87b±0.17	2.27b±0.26	62.14a±8.28	38.33a±3.15
杜松	3.50a±0.44	2.23a±0.46	5.73a±0.83	63.71a±10.04	38.92a±3.86

注：同列不同字母表示差异显著（$p<0.05$）

叶表层和蜡层滞尘量的差异性反映出不同树种间叶片对颗粒物捕获能力存在差异。试验数据显示，杜松、黑皮油松、红皮云杉的蜡层滞尘量依次占表面尘的 63.71%、62.14%、29.82%，占总滞尘量的 38.92%、38.33%、22.97%，经差异性分析，前两者显著高于红皮云杉（$p<0.05$），这表明，蜡层滞尘作用对树木总体滞尘能力有重要影响，且树种间蜡层滞尘能力存在差异。由于表面尘以附着方式滞留，其稳定性差，容易随气流回归空气中，而蜡层颗粒物以黏附、镶嵌和包埋的形式滞留，极难脱离叶片重回大气中，故此，蜡层滞尘量对评估种间叶片滞尘能力及滞尘效果均有重要的参考意义。

10.2.3.2　叶片形态因子与滞尘量相关性分析

分析叶片形态特征与滞尘量的相关性可知（表 10-6），叶表层滞尘量与叶投影面积、单叶鲜重呈显著负相关（$p<0.05$），表明叶片越小越有利于叶面尘的积累；与叶含水率呈极显著负相关，与单位质量叶面积、叶蜡含量等指标呈极显著正相关性（$p<0.01$），表明叶片水分含量低、叶比表面积大、叶蜡含量高均有利于叶面尘的积累。蜡层滞尘量与单位质量叶面积呈显著正相关（$p<0.05$），与气孔面积、叶蜡含量呈极显著正相关（$p<0.01$），与叶含水率呈极显著负相关（$p<0.01$），表明气孔越大、叶片水分含量越低、叶蜡含量越高、叶比表面积越大越有利于蜡层颗粒物的捕获，蜡层固持颗粒的数量也越多，这可能是由于气孔大有利于气体交换，而叶片水分含量低有利于在气孔腔周围形成气压差、促进气体交换，从而增加大气颗粒物与蜡层接触概率，提高叶蜡对颗粒物的固持和捕获的量。叶片总滞尘量与气孔面积显著相关（$p<0.05$），与叶含水率、单位质量叶面积和叶蜡含量极显著相关（$p<0.01$），表明气孔大小、叶含水量、叶比表面积、叶蜡均对叶片滞尘效果有显著影响。

表 10-6　叶片表观特征与滞尘量相关性分析

		气孔线	气孔数	气孔面积	叶投影面积	单叶鲜重	叶含水率	单位质量叶面积	叶蜡含量
表面尘	Pearson 相关系数	−0.409	0.188	0.513	−0.742*	−0.749*	−0.910**	0.908**	0.955**
	显著性 p	0.275	0.627	0.158	0.022	0.020	0.001	0.001	0
蜡层尘	Pearson 相关系数	−0.277	0.523	0.847**	−0.381	−0.388	−0.900**	0.790*	0.871**
	显著性 p	0.471	0.149	0.004	0.311	0.303	0.001	0.011	0.002
总滞尘量	Pearson 相关系数	−0.364	0.350	0.687*	−0.605	−0.612	−0.941**	0.889**	0.954**
	显著性 p	0.336	0.356	0.041	0.084	0.080	0	0.001	0

注：* p<0.05；** p<0.01

从试验结果得知，气孔线与气孔数对滞尘量的影响并不大，究其原因尚不清楚；此外，叶投影面积、单叶鲜重仅对叶表面滞尘产生显著的影响，而对蜡层滞尘量和总滞尘量并没有达到显著的影响，这可能是由于这两个指标反映的是外在的叶尺寸特征，叶片越小虽有利于表面尘的积累，但在增加蜡层固持和捕获方面并没有达到显著的促进作用。

10.2.4　PM 矿物组成及其与叶片形态相关性

10.2.4.1　不同树种间叶表层和蜡层 PM 矿物组成分析

红皮云杉、黑皮油松和杜松的叶表层 PM（水提取）和蜡层 PM（氯仿提取）均在 2θ 为 20.86°、26.64°、27.94°处呈现三个明显的衍射峰（图 10-6），分别代表石英-1（4.26Å）、石英-2（3.34Å）和斜长石（3.19Å），三个树种叶表层和蜡层 PM 中矿物晶体最大衍射峰均为石英-2 衍射峰（26.64°，3.34Å）（表 10-7），且同一提取组分中矿物晶体组成特征种间差异不显著；在表层 PM 中，三个树种的石英-2 衍射峰高及峰面积高低顺序依次为红皮云杉、黑皮油松、杜松；斜长石的峰高和峰面积表现为杜松和红皮云杉稍高于黑皮油松；在蜡层 PM 中，三个树种矿物晶体组分含量高低顺序与表层基本相同。

通过对三个树种表层与蜡层中 PM 矿物组成差异性比较可以看出，树种间叶表层石英矿物组成在峰高、峰面积、晶粒尺寸（Xs）均要显著高于蜡层（p<0.05），其中表层 PM 矿物组成含量几乎是蜡层尘的 2 倍，而晶粒尺寸大约高出蜡层尘的 1/4 倍；斜长石在峰高、峰面积显著高于蜡层，但晶粒尺寸差异不显著，其表层含量是蜡层的 1.6~2.0 倍。由此可知，表层尘矿物组分含量显著高于蜡层尘，但矿物结晶化程度、晶粒相对结晶程度低于蜡层尘。

10.2.4.2　叶表层和蜡层 PM 矿物组成与叶片形态因子相关性

分析不同提取组分中 PM 矿物组成与叶片形态因子的相关关系（表 10-8），发

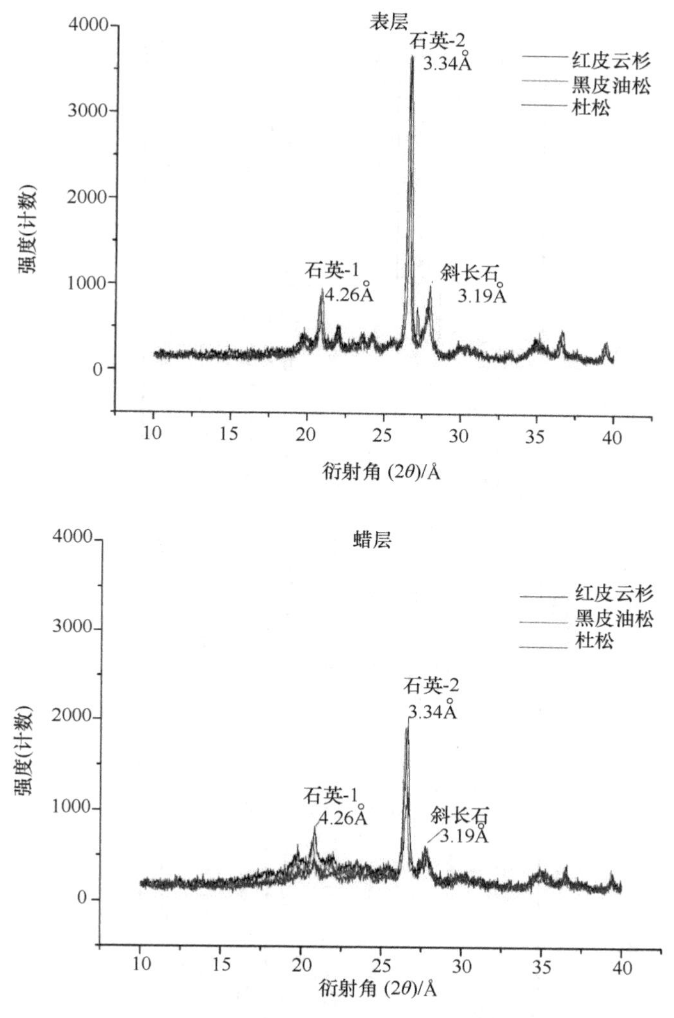

图 10-6　不同提取组分 PM 矿物晶体衍射图谱（彩图请扫封底二维码）

现表层 PM 矿物晶体中主要衍射峰石英-2 与叶片形态有显著相关性；而在蜡层中，石英-1 和斜长石衍射峰与叶片形态有显著相关性。

表层 PM 中石英-2 衍射峰（26.64°，3.34Å）的峰面积与气孔面积呈显著负相关（$p<0.05$），表明气孔面积对叶表吸附石英晶粒数量有显著的影响，即气孔越大表面颗粒物中石英-2 的积累量越少。在蜡层中，石英-1 和斜长石衍射峰的峰高、峰面积与叶片形态未呈现显著的相关性，但石英-1 的半峰全宽（FWHM）与单位质量叶面积、叶蜡含量呈极显著正相关（$p<0.01$），与叶投影面积、单叶鲜重、叶含水率呈显著负相关（$p<0.05$）；斜长石的衍射峰半峰全宽与气孔面积、叶含水率

表 10-7 叶片不同层次 PM 矿物组成特征

衍射位置		峰高/counts			峰面积/counts			半峰全宽/（°）			晶粒尺寸/Å		
		2θ=26.64，DA=3.34Å	2θ=20.86，DA=4.26Å	2θ=27.94，DA=3.19Å	2θ=26.64，DA=3.34Å	2θ=20.86，DA=4.26Å	2θ=27.94，DA=3.19Å	2θ=26.64，DA=3.34Å	2θ=20.86，DA=4.26Å	2θ=27.94，DA=3.19Å	2θ=26.64，DA=3.34Å	2θ=20.86，DA=4.26Å	2θ=27.94，DA=3.19Å
晶体		石英-2	石英-1	斜长石	石英-2	石英-1	斜长石	石英-2	石英-1	斜长石	石英-2	石英-1	斜长石
表层	红皮云杉	1 017a±147	207a±48	169a±2.1	14 317a±709	2 635a±525	4 410a±607	0.24bc±0.03	0.22c±0.02	0.44a±0.06	376ab±55	421a±42.9	192a±25.2
	黑皮油松	974a±95	163ab±34	164a±5.7	13 211a±1 417	2 165ab±317	3 773a±254	0.23c±0.01	0.23c±0.02	0.39a±0.01	394a±23	397a±34.5	217a±8.1
	杜松	964a±89	202a±30	172a±34.6	13 181a±906	2 679a±345	4 084a±521	0.23c±0.01	0.23c±0.02	0.41a±0.04	389a±12.7	400a±40.6	209a±21.7
蜡层	红皮云杉	475b±15	111bc±14	100b±26.9	7 940b±573	1 856bc±103	2 381b±456	0.28ab±0.01	0.29b±0.022	0.41a±0.04	308c±18.2	303b±27.7	207a±19.5
	黑皮油松	436b±53	89c±6	88b±14.5	7 039b±472	1 259c±61	2 141b±208	0.28abc±0.02	0.24bc±0.012	0.41a±0.03	319bc±20.8	370a±20.8	207a±14.6
	杜松	429b±153	84c±41	85b±25.5	7 628b±1884	1 648bc±569	2 429b±608	0.31a±0.05	0.35a±0.06	0.49a±0.05	281c±44.7	245b±43.2	172a±19.2

注：同列不同字母表示差异显著（p<0.05）

和单位质量叶面积显著相关，晶粒尺寸（Xs）变化趋势与半峰全宽的相反，即气孔面积小、叶含水率大、单位质量叶面积小的叶片其斜长石矿物晶粒尺寸越大。

上述结果表明，叶表层 PM 中矿物晶体数量受叶片形态影响较大，但在晶粒尺寸方面影响较小；而对于蜡层矿物晶体，叶片形态对其晶粒发育状况和晶粒尺寸具有较大影响

10.2.5 PM 元素组成及其与叶片形态相关性

10.2.5.1 不同树种叶表层和蜡层 PM 元素组成

经 XPS 对晶体表面 C1s、O1s、Si2p、Al2p、N1s、Fe2p、Ca2p、P2p、Mg1s、Na1s、K2p 11 种元素检出分析，发现在三个树种的表层 PM（水提取）和蜡层 PM（氯仿提取）中均可检出上述所有元素（图 10-7），其中，C、O、Si、Al 4 种元素在这两个提取组分中均占检出元素含量的 93%以上。

表 10-8 PM 矿物晶体组成与叶片形态因子相关性

叶层	矿物组成		气孔线	气孔数	气孔面积	叶投影面积	单叶鲜重	叶含水率	单位质量叶面积	叶蜡含量
表层	石英-2	峰高	–0.304	–0.235	–0.397	–0.129	–0.072	0.128	–0.188	0.023
		峰面积	–0.152	–0.335	–0.686*	–0.288	–0.238	0.194	–0.131	–0.007
		FWHM	0.338	–0.068	–0.246	–0.169	–0.197	0.048	0.126	–0.055
		Xs	–0.285	0.030	0.179	0.151	0.184	–0.010	–0.155	0.020
蜡层	石英-1	峰高	0.202	–0.241	–0.494	–0.093	–0.078	0.186	–0.244	–0.245
		峰面积	0.061	–0.234	–0.328	–0.619	–0.608	–0.276	0.300	0.259
		FWHM	–0.197	0.165	0.405	–0.756*	–0.763*	–0.762*	0.897**	0.813**
		Xs	0.22	–0.045	–0.291	0.872**	0.876**	0.763*	–0.914**	–0.829**
	斜长石	峰高	0.606	–0.103	–0.392	–0.082	–0.11	0.121	–0.098	–0.257
		峰面积	0.498	0.125	–0.065	–0.287	–0.319	–0.255	0.251	0.029
		FWHM	–0.334	0.404	0.673*	–0.389	–0.394	–0.695*	0.710*	0.629
		Xs	0.415	–0.360	–0.679*	0.384	0.389	0.694*	–0.695*	–0.638

注：* $p<0.05$；** $p<0.01$

表 10-9 不同组分 PM 元素组成差异性的 XPS 分析（单位：%）

		元素固持量										
		C1s	O1s	Si2p	Al2p	Fe2p	N1s	Na1s	P2p	Ca2p	K2p	Mg1s
水提取	红皮云杉	43.94b ±3.25	35.56a ±2.00	9.89a ±0.93	4.21a ±0.32	1.073a ±0.12	2.47ab ±0.12	0.40c ±0.17	0.87ns ±0.09	0.90ns ±0.21	0.39ns ±0.07	0.57ns ±0.20
	黑皮油松	54.80a ±2.07	29.09b ±1.75	7.37b ±0.33	3.14b ±0.19	0.82ab ±0.13	1.88bc ±0.12	0.60bc ±0.11	0.68ns ±0.30	0.77ns ±0.06	0.363ns ±0.21	0.48ns ±0.13
	杜松	43.61b ±3.21	35.42a ±1.40	9.63a ±1.14	4.07a ±0.33	1.01a ±0.18	2.73ab ±0.02	0.49c ±0.09	0.82ns ±0.12	1.19ns ±0.17	0.43ns ±0.04	0.61ns ±0.17

续表

		元素固持量										
		C1s	O1s	Si2p	Al2p	Fe2p	N1s	Na1s	P2p	Ca2p	K2p	Mg1s
氯仿提取	红皮云杉	56.77a ±0.01	29.47b ±0.84	4.48c ±0.97	2.16c ±0.27	0.70b ±0.03	2.9a ±0.11	0.81ab ±0.01	0.82ns ±0.03	0.95ns ±0.06	0.35ns ±0.14	0.58ns ±0.08
	黑皮油松	60.86a ±5.08	26.75b ±3.07	4.40c ±1.31	2.02c ±0.48	0.70b ±0.08	1.76c ±0.33	0.89a ±0.04	0.68ns ±0.42	0.98ns ±0.13	0.43ns ±0.14	0.52ns ±0.21
	杜松	59.38a ±6.06	28.25b ±3.41	4.17c ±1.24	2.14c ±0.63	0.59b ±0.25	2.32b ±0.31	0.61c ±0.12	0.75ns ±0.27	0.82ns ±0.19	0.53ns ±0.14	0.44ns ±0.13

注：同列不同字母表示差异显著（$p<0.05$）

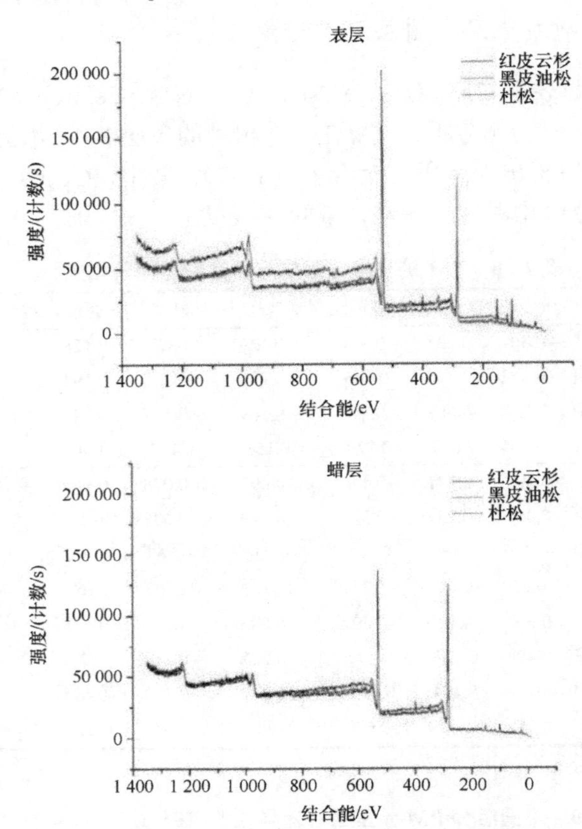

图 10-7　不同树种表层及蜡层 PM 元素 XPS（彩图请扫封底二维码）

由结果分析可知（表 10-9），三个树种叶表层与蜡层 PM 元素组成呈现相似的变化规律。首先是表层 PM 中 C 和 Na 元素含量要显著低于蜡层（$p<0.05$），尤其红皮云杉表现最为突出；其次是 O、Si、Al、Fe 和 N 元素表现为表层含量显著高于蜡层含量，其他元素表层和蜡层间差异不显著（$p<0.05$）。在相同提取组分中，不同树种间 PM 元素组成也存在显著的差异性。表层 PM 中，黑皮油松 C 元素含

量显著高于另两个品种（$p<0.05$），而 O、Si、Al 元素显著低于另两个品种（$p<0.05$），其他元素也低于另两个品种但差异不显著。在蜡层 PM 中，红皮云杉 N 素含量显著高于另两个品种，黑皮油松含量最低；黑皮油松和红皮云杉 Na 元素显著高于杜松，前两者差异不显著；除 N、Na 元素外，其他元素在三个树种间均表现为差异不显著。综上所述，叶片蜡层对 C 元素的吸附和固持要优于表层，其 C 固持量也较表层的多；表层对其他元素 O、Si、Al、Fe、N 等元素的吸附和固持量要优于蜡层，且三个树种中对 C 元素有较强吸附能力的是黑皮油松。

10.2.5.2　叶表层和蜡层 PM 元素组成与叶片形态因子相关性分析

表层 PM 中 C 元素与叶投影面积、单叶鲜重呈极显著正相关（$p<0.01$），与单位质量叶面积和叶蜡含量呈显著负相关（$p<0.05$）；O、Al、N 元素与叶投影面积和单叶鲜重呈极显著负相关（$p<0.01$），Si 元素与叶投影面积呈极显著负相关（$p<0.01$）、与单叶鲜重呈显著负相关（$p<0.05$）；O、Si、Al、N 均与叶含水率呈负相关，与单位质量叶面积和叶蜡含量呈正相关。可见，叶片大而厚实有利于 C 元素的捕获和积累；而叶片较薄而小、低含水率、叶蜡含量高有利于 O、Si、Al、N 的积累。蜡层 PM 元素组成与叶形态特征的相关性较弱，只有 N 和 Mg 元素与叶形态特征存在显著的相关性。其中，N 元素与叶投影面积、单叶鲜重呈显著负相关（$p<0.05$），Mg 元素与气孔数呈显著负相关（$p<0.05$）（表 10-10）。

表 10-10　不同组分 PM 元素组成与叶片形态结构相关性分析

		气孔线	气孔数	气孔面积	叶投影面积	单叶鲜重	叶含水率	单位质量叶面积	叶蜡含量
叶面滞尘	C1s	0.062	0.097	−0.012	0.868**	0.850**	0.578	−0.732*	−0.709*
	O1s	−0.049	−0.138	−0.004	−0.862**	−0.852**	−0.551	0.726*	0.680*
	Si2p	−0.014	−0.110	−0.090	−0.802**	−0.768*	−0.455	0.610	0.599
	Al2p	0.004	−0.134	−0.139	−0.849**	−0.823**	−0.469	0.646	0.621
	Ca2p	−0.153	0.141	0.477	−0.542	−0.554	−0.760*	0.702*	0.843**
	K2p	−0.877**	−0.373	0.270	−0.173	−0.229	−0.241	0.295	0.410
	N1s	0.098	0.206	0.124	−0.836**	−0.827**	−0.703*	0.790*	0.607
蜡质滞尘	N1s	0.219	−0.379	−0.503	−0.781*	−0.784*	−0.155	0.410	0.194
	Mg1s	−0.611	−0.784*	−0.399	0.051	0.044	0.394	−0.366	−0.154

注：* $p<0.05$；** $p<0.01$

10.2.6　PM 功能性组分及其与叶片形态相关性

10.2.6.1　不同树种叶表层和蜡层 PM 功能性组分组成

依据红外光谱分析模型（图 10-1）对三个树种叶表层（水提取）和蜡层（氯仿提取）PM 进行解析，发现表层和蜡层 PM 中均含有 6 类功能性组分（图 10-8）。

进一步分析可知，三个树种叶表层功能性组分 VI 含量高于蜡层，而 II~IV 低于蜡层；但 I 和 V 功能性组分含量三个树种表现并不一致，红皮云杉与另两个树种恰好相反，即红皮云杉 I 和 V 功能性组分表层高于蜡层，而另两个树种却低于蜡层；此外，树种间也存在复杂的显著性差异，对于叶表层颗粒物，红皮云杉的功能性组分 VI 约为另两个树种的 1.3~1.7 倍，而功能性组分 III 在红皮云杉和杜松间表现差异不显著，但二者显著高于黑皮油松，约为黑皮油松的 1.9~2.3 倍；对于蜡层颗粒物，杜松固持的 I 和 III 功能性组分显著高于红皮云杉和黑皮油松，但在 IV 组分含量方面，黑皮油松显著高于另两个树种（$p<0.05$）。可见，不同树种叶片滞尘在功能性组分组成方面存在显著差异。

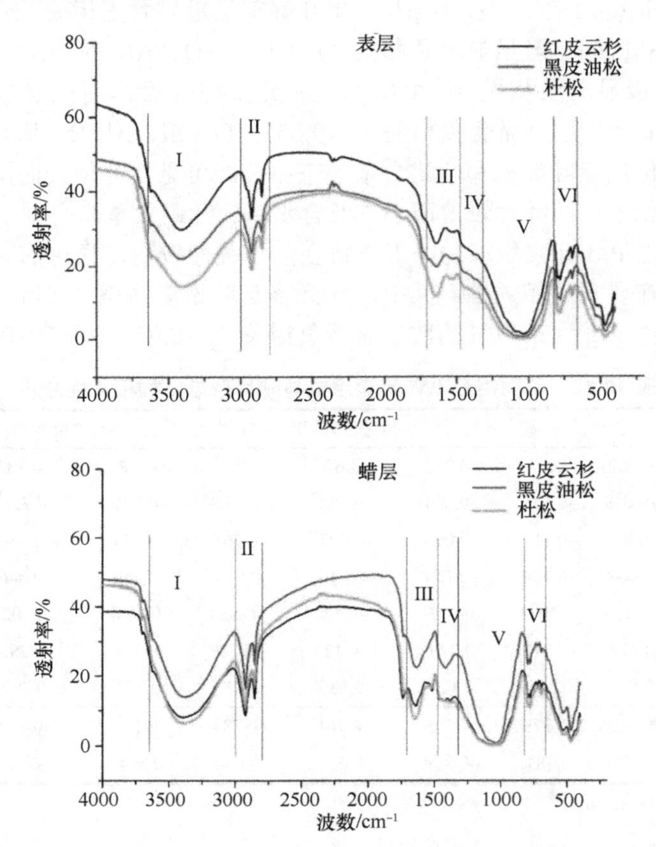

图 10-8　不同洗脱组分红外谱及官能团划分（彩图请扫封底二维码）

10.2.6.2　叶表层和蜡层 PM 功能性组分与叶片形态因子相关性分析

分析表层和蜡层 PM 功能性组分与叶形态之间的相关关系（表 10-12），可知：表层颗粒物功能性组分 III、IV、V、VI 与叶片形态特征显著相关，而 I 和 II 未呈

表 10-11　不同叶层 PM 功能性组分种间差异分析

官能团组		I	II	III	IV	V	VI
		O—H 和 N—H 伸缩振动	C—H 伸缩振动	C=O 伸缩振动	COO—伸缩振动和 C—H 弯曲振动	C—O、O—H 和 Si—O—Si 伸缩振动	C—H 弯曲振动
表层滞尘	红皮云杉	80.35b±10.48	7.97bc±0.76	4.95b±0.48	0.14c±0.02	90.43a±2.98	8.54a±0.78
	黑皮油松	56.98b±1.89	6.66c±0.47	2.61c±0.93	0.13c±0.02	65.77ab±1.89	6.41b±0.58
	杜松	65.85b±8.85	6.68c±0.95	5.99b±1.88	0.09c±0.03	52.33b±14.75	4.97bc±1.28
蜡层滞尘	红皮云杉	78.80b±0.79	10.33ab±0.33	6.06b±0.28	0.33bc±0.03	68.12ab±0.35	3.96c±0.12
	黑皮油松	85.79b±11.48	8.50bc±1.37	5.56b±0.65	1.77a±0.28	72.24ab±9.34	4.37c±0.63
	杜松	110.38a±38.83	11.65a±3.87	9.22a±0.86	0.39b±0.17	72.81ab±35.59	4.80bc±1.43

注：同列不同字母表示差异显著（$p<0.05$）

表 10-12　PM 红外官能团组成与叶片形态相关性

		气孔线	气孔数	气孔面积	叶投影面积	单叶鲜重	叶含水率	单位质量叶面积	叶蜡含量
表层滞尘	I	−0.235	−0.561	−0.496	−0.640	−0.640	−0.035	0.305	0.273
	II	−0.321	−0.653	−0.582	−0.343	−0.347	0.219	0.013	0.084
	III	−0.279	−0.021	0.168	−0.784*	−0.782*	−0.702*	0.783*	0.880**
	IV	0.024	−0.436	−0.547	0.381	0.373	0.710*	−0.562	−0.523
	V	−0.184	−0.832**	−0.818**	−0.132	−0.128	0.572	−0.345	−0.287
	VI	−0.266	−0.881**	−0.749*	−0.063	−0.075	0.601	−0.366	−0.339
蜡层滞尘	I	0.302	0.529	0.445	−0.163	−0.192	−0.512	0.422	0.202
	II	0.322	0.057	−0.240	−0.355	−0.365	−0.151	0.209	−0.028
	III	0.062	0.533	0.624	−0.580	−0.598	−0.952**	0.870**	0.812**
	IV	0.112	0.163	0.099	0.984**	0.972**	0.588	−0.772*	−0.654
	V	0.458	0.337	−0.069	0.046	0.045	−0.027	−0.044	−0.255
	VI	0.386	0.548	0.248	−0.003	−0.016	−0.298	0.200	0.007

注：* $p<0.05$；** $p<0.01$

现显著相关性。功能性组分III与叶投影面积、单叶鲜重、叶含水率呈显著负相关（$p<0.05$），与单位质量叶面积和叶蜡含量呈显著正相关；功能性组分 V 和 VI 与气孔数和气孔面积呈显著负相关。

在蜡层 PM 中，仅功能性组分 III、IV 与叶形态有显著相关。组分 III 与叶含水率、单位质量叶面积及叶蜡含量显著相关，即具有小的叶片、低的含水率、高的叶蜡含量会更加有利于功能性组分 III 的固持；功能性组分 IV 与叶投影面积、单叶鲜重及单位质量叶面积呈显著相关，即较大且厚实的叶片蜡层会有利于红外官能团 IV 的吸附。

10.2.7　PM 重金属含量及其与叶片形态相关性

10.2.7.1　不同树种叶表层和蜡层 PM 重金属含量特征

由试验结果可知（表 10-13），不但树木叶表层和蜡层之间 PM 重金属含量存在显著差异（$p<0.05$），而且相同提取组分中不同树木品种间重金属含量也大多存在显著差异（$p<0.05$）。从三个树种叶表层与蜡层 PM 重金属变化趋势可以看出，叶表层重金属 Pb、Cu、Ni、Cr、Cd 的含量基本显著高于蜡层；重金属含量高低顺序依次为 Pb、Cu、Cr、Ni、Cd，且表层含量分别是蜡层的 1.0~2.8 倍、1.3~2.8 倍、2.1~5.3 倍、1.7~3.4 倍、1.5~1.9 倍。

表 10-13　不同树种叶表层及蜡层 PM 重金属含量差异分析（单位：$\mu g/m^2$）

		Pb	Cu	Ni	Cr	Cd
表层滞尘	红皮云杉	352ab±70.4	158b±11.1	75b±4.3	86b±18.7	0.89cd±0.23
	黑皮油松	190bc±32.1	141b±8.7	55bc±9.1	76b±2.4	1.14bc±0.13
	杜松	559a±223.4	281a±42.8	130a±16.6	219a±99.2	2.42a±0.39
蜡层滞尘	红皮云杉	125c±16.5	56c±8.8	22d±4	30b±10.6	0.48d±0.14
	黑皮油松	196bc±54.6	109bc±29.4	32cd±8.5	37b±7.3	0.74cd±0.15
	杜松	269bc±150	162b±59.5	70b±23.3	41b±30.8	1.57b±0.48

注：同列不同字母表示差异显著（$p<0.05$）

表层 PM 提取组分中，种间重金属含量差异性表现为杜松显著高于红皮云杉和黑皮油松（$p<0.05$），且后两者差异不显著；而在蜡层 PM 提取组分中，重金属含量杜松仍最高，除 Pb、Cr 含量上与另两个树种差异不显著外，在 Cu、Ni、Cd 含量差异上都达到显著水平。

10.2.7.2　叶表层和蜡层 PM 重金属含量与叶片形态因子相关性分析

通过进一步分析可知（表 10-14），叶表层 PM 中重金属含量与叶形态特征相关性较强。Pb 和 Ni 含量与叶投影面积、单叶鲜重、叶含水率呈显著负相关，与单位质量叶面积、叶蜡含量呈显著正相关；Cu 和 Cd 含量与气孔面积、单位质量叶面积、叶蜡含量呈显著正相关，与叶含水率呈极显著负相关；Cr 含量与叶含水率呈极显著负相关，与单位质量叶面积、叶蜡含量呈显著正相关；由此可见，含水率低、叶比表面积大、蜡质含量高、气孔大的叶形态更加有利于表层 PM 重金属积累。

表 10-14　PM 重金属组成与叶片形态因子相关性

		气孔线	气孔数	气孔面积	叶投影面积	单叶鲜重	叶含水率	单位质量叶面积	叶蜡含量
表层滞尘	Cd	−0.087	0.638	0.749*	−0.367	−0.366	−0.889**	0.722*	0.750*
	Pb	−0.226	0.100	0.415	−0.677*	−0.678*	−0.805**	0.770*	0.900**
	Cu	−0.248	0.418	0.681*	−0.577	−0.580	−0.952**	0.865**	0.953**
	Ni	−0.237	0.363	0.595	−0.703*	−0.698*	−0.961**	0.916**	0.969**
	Cr	−0.309	0.274	0.597	−0.460	−0.467	−0.823**	0.692*	0.852**

续表

		气孔线	气孔数	气孔面积	叶投影面积	单叶鲜重	叶含水率	单位质量叶面积	叶蜡含量
蜡层滞尘	Cd	–0.332	0.444	0.838**	–0.263	–0.278	–0.822**	0.673*	0.810**
	Pb	–0.415	0.251	0.693*	–0.020	–0.024	–0.494	0.365	0.586
	Cu	–0.324	0.447	0.865**	–0.014	–0.026	–0.635	0.465	0.629
	Ni	–0.344	0.447	0.828**	–0.298	–0.303	–0.815**	0.695*	0.831**
	Cr	–0.592	–0.060	0.287	0.018	0.034	–0.194	0.092	0.404

注：* $p<0.05$；** $p<0.01$

然而，蜡层 PM 中重金属含量与叶形态特征相关性较弱。除 Pb、Cu、Ni、Cd 含量与气孔面积呈显著相关性外，只有 Ni、Cd 含量与叶含水率、单位质量叶面积、叶蜡含量有显著相关性。可见，蜡层 PM 重金属积累与叶蜡含量和气孔大小的关系较紧密，尤其是气孔大小的影响最为明显。

10.2.8　现有树种配置及滞尘功能提升评价

哈尔滨城市绿化所用的针叶树种配置比例云杉属占 54%、松属占 45%、刺柏属仅占 1%（图 10-9），主要代表树种为红皮云杉、黑皮油松和杜松。目前，哈尔滨冬季空气质量较差，尤其是碳排放和汽车尾气污染严重。根据试验中三个树种对 C、Pb、Cu 的吸附特征，以现有配置比例为基准，对哈尔滨针叶树种的城市服务功能进行测算可知，如果将现有三类针叶树种的配置调整到 40%、40%、20%，城市针叶树种对 C、Pb、Cu 的有效吸附量将分别增加 32.9%、26.2%、26.3%。

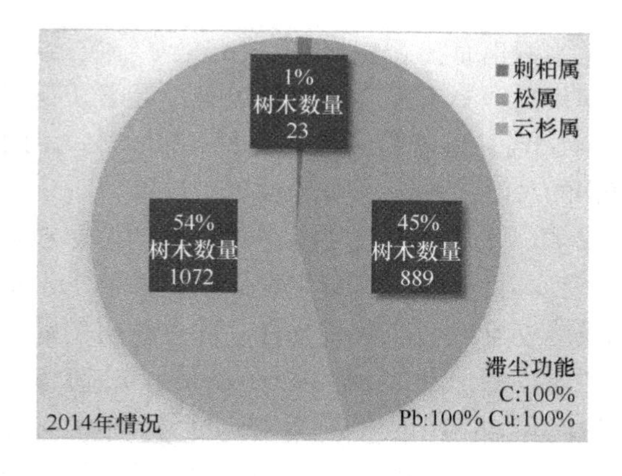

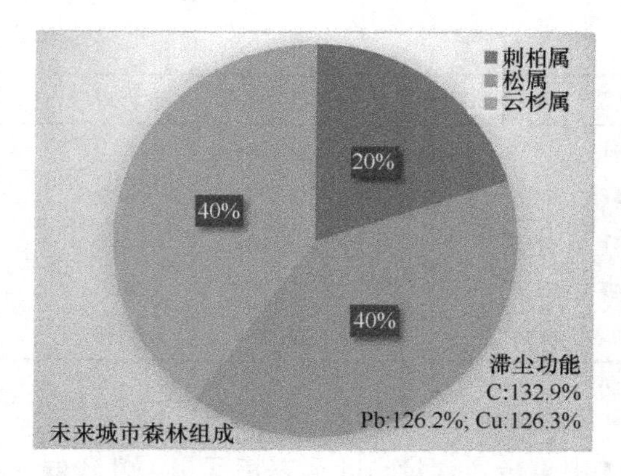

图 10-9　哈尔滨针叶树种配比调查统计图（彩图请扫封底二维码）

10.3　讨　　论

10.3.1　不同树种叶片吸附 PM 数量及种类的差异性

植物对大气颗粒物的滞留能力存在很大差异（Popek et al. 2013；高君亮等 2013；赵松婷等 2014）。试验研究表明杜松滞尘量（5.73g/m^2）显著高于黑皮油松和红皮云杉。若仅从种间总滞尘量的数量关系比较，此结果与前人的结论相符（柴一新等 2002）；但由于叶片蜡层和表层对 PM 的滞留方式存在差异（Freer-Smith et al. 1997；Przybysz et al. 2014；Saebo et al. 2012；赵晨曦等 2013），以及树木对 PM 的清除和转运可能存在不同的方式，所以表层和蜡层滞留的 PM 数量分配关系可能会有不同。通过对北方常绿植物叶片表层及蜡层分别提取并进行成分检测，结果发现，不同树种叶表层和蜡层对 PM 的截获能力存在显著差异（表 10-5），且表层和蜡层滞尘分配比例也有显著差异。表层滞尘量红皮云杉显著高于黑皮油松，而蜡层滞尘量却正好相反，二者滞尘总量虽差异不显著，但蜡层滞尘量占总滞尘量比例黑皮油松（38.33%）显著高于红皮云杉（22.97%），此现象反映蜡层滞尘能力较强，且对植物的总滞尘量有重要影响。

植物是一个生命体，叶片从空气环境中截获并固持颗粒物的同时也在进行生命活动，在一系列外界环境干扰及自身生理活动的影响下，不同树种叶片截获的 PM 在形态和组成成分上可能会产生差异性。叶片吸附的颗粒物可通过亲脂性通道富集在角质层或者表皮蜡质层（Amato-Lourenco et al. 2016；De Temmerman et al. 2015；Popek et al. 2013），非常细小的颗粒物能够进入叶片，较大的颗粒物被叶片蜡质层固持（Fernandez and Brown 2013；Song et al. 2015；Shahid et al. 2017）。试验结果显示，不同树种叶片气孔周围 PM 形态特征差别较大（图 10-4），且树木叶片表层和蜡层 PM 的组成成分也存在显著差异。其中，表层 PM 的矿物中，石英的含量接近蜡层的 2 倍，晶粒尺寸约为蜡层的 1.25 倍；表层中 O、 Si、Al、Fe、N 元素含量显著高于蜡层，而蜡层中 C、Na 元素含量却显著高于表层；红外官能团表现为，三个树种叶表层 VI 功能性组分含量高于蜡层，而 II~IV 低于蜡层；在 I 和 V 功能性组分含量方面，红皮云杉表层高于蜡层，而另两个树种却表层低于蜡层；重金属含量表层显著高于蜡层。由表层和蜡层 PM 成分组成差异性对比结果可知，表层和蜡层在 PM 吸附种类方面基本一致，差异性主要表现富集的数量和固持的分配比例方面。这可能是由于在气流运动的作用下，大气颗粒物一部分附着在叶表层，另一部分嵌入蜡层，附着于表层的 PM 在植物自身活动和外界影响下，又会有一部分 PM 从表层转移到蜡层，在此过程中，植物叶片的形态及生理活动发挥了筛选和调节功能，从而出现了类似蜡层中富集 C、Na 及 I~IV 官能团组分等现象，由此产生了树种间滞尘数量的差异及表层和蜡层间 PM 组分富集分配的差异。

10.3.2　种间滞尘差异与叶片形态因子的关系

不同的树种有着不同的特性，如叶片大小、气孔、叶片微结构等特性均会影响植物对颗粒物的捕获效率（Freer-Smith et al. 2004）。分析叶片形态特征与滞尘量的相关性可知（表 10-6），总滞尘量、表层滞尘量及蜡层滞尘量，三者均与单位质量叶面积、叶蜡含量及叶含水率呈显著的相关性。此外，叶片越小越有利于增强表层滞尘能力，而气孔面积越大越有利于提高蜡层滞尘量及总滞尘量。

在 PM 成分组成与叶片形态特征相关性方面，叶片形态特征的影响效果表现为多样性，如叶片形态能显著影响表层石英衍射峰（2θ=26.64，DA=3.34）的峰面积，而对蜡层中该衍射峰的影响不显著；在叶片 C 元素固持量增加的同时，伴随着 O、Si、Al、N 富集量的下降；在功能性组分 III 增加的同时，却伴随着对 IV 的提高有抑制作用。也可能正是由于这种复杂多样的相关关系，使得树种间在滞尘质量方面存在差异性。由于大气颗粒物具有完全开放的源，进而使 PM 具有不同的理化性质，而植物在被动接受干湿沉降的过程中，同时也在主动进行着生命活动及气体交换，从而形成了较为复杂的 PM 截获、转移路径，随之也呈现出随着叶片形态的不同，叶片滞尘能力和滞尘质量产生显著差异。

植物能吸附、转移富集于 $PM_{2.5}$ 中的重金属、盐类离子及其他有害物质（Tallis et al. 2011；Popek et al. 2013）；叶片能通过气孔直接吸收空气中超微颗粒物（De Temmerman et al. 2015），叶片形态对表层富集重金属有显著影响，叶含水率低、叶比表面积大、蜡质含量高、气孔大的叶形态，更加有利于表层 PM 重金属积累。然而，蜡层 PM 中重金属含量与叶形态特征相关性较弱，除气孔面积与 Pb、Cu、Ni、Cd 含量呈显著相关性外，其他叶片形态因子对蜡层重金属富集几乎没有影响。

根据此结果并结合蜡层重金属富集的数量特征，蜡层可能还存在其他重金属富集路径，而气孔途径只是叶片蜡层富集重金属的重要渠道之一。

10.4 小 结

（1）不同树种间叶片总滞尘量有显著差异，且在表层和蜡层的滞尘量上也存在显著差异。杜松叶片滞尘量显著高于红皮云杉和黑皮油松（$p<0.05$），其中叶表面滞尘量杜松>红皮云杉>黑皮油松；蜡层滞尘量杜松>黑皮油松>红皮云杉，三个树种蜡层滞尘量依次占总滞尘量的38.92%、38.33%、22.97%。

（2）三种树木吸附物的XRD特征存在明显差异。衍射角2θ为20.86°、26.64°、27.94°处呈现三个明显的衍射峰；表层矿物晶体含量是蜡层的2倍，晶粒尺寸高出蜡层尘的1/4倍；表层和蜡层的矿物晶体组成特征种间差异不显著。叶片PM中的元素组成也存在种间差异，其中C、O、Si、Al 4种元素的含量占93%以上；三个树种中，黑皮油松对C元素的吸附能力最强。从红外官能团组成来看，叶表层颗粒物红外官能团VI的C—H弯曲振动显著高于蜡层，红皮云杉表层红外官能团（除III红外官能团外）含量最高。叶表层重金属含量高低顺序依次为Pb、Cu、Cr、Ni、Cd，且表层含量分别是蜡层的1.0~2.8倍、1.3~2.8倍、2.1~5.3倍、1.7~3.4倍、1.5~1.9倍；三个树种中，杜松对重金属的吸附量最大。

（3）叶片形态特征与滞尘相关性表现：叶小、含水率低、叶比表面积大、叶蜡含量高、气孔大等特征均有利于提高叶片滞尘量；叶尺寸大、叶厚实有利于C元素的捕获和积累；而叶较薄而小、含水率低、蜡质含量高有利于O、Si、Al、N的积累；叶含水率低、叶比表面积大、蜡质含量高、气孔大的叶形态更加有利于表层PM重金属积累。

（4）哈尔滨城市森林的滞尘功能明显，不仅仅在叶片表面，而且可以深入蜡质中。通过调整树种组成，可以明显提高滞尘量，并影响滞尘组成。

第 11 章　绿化树种对土壤性质的影响

东北地区造林树种很多（薛建华和卓丽环 2005），城市园林绿化树种选择的过程中，应当根据当地的气候条件、土壤条件、地形条件等选择适合本地的树种，做到“因地制宜、适地适树”，以利于树木的正常生长发育，抵御自然灾害，保持稳定的绿化效果（Augusto et al. 2002；Kenney et al. 2011）。树种选择恰当，树木生长健壮，则绿地效益发挥较好。如果选择失误，树木生长不良，就需要多次变更树种，城市绿化面貌长时间得不到改善，既有时间损失又有经济损失（孙景波等 2009）。因此选出适合东北地区的城市造林树种非常重要。

目前，短期室内控制实验及短期野外研究进行较多，但是其得出结论的可靠性值得商榷。而长期定位研究所获得的结果，将更加有益于适宜城市造林树种的选择（Edmondson et al. 2014）。针对哈尔滨市而言，大面积的城市森林多集中在哈尔滨市植物园和东北林业大学实验林场，地处二三环之间的城市核心区，树种丰富多样（陈俊瑜和冯美瑞 1985）。土壤立地条件基本一致，这为开展树种差异对土壤影响的研究提供了理想的实验材料。

基于此，本章将以此长期固定样地种植超过 30 年的树木为研究对象，从土壤增肥、降低土壤盐碱度等多角度，对多个树种进行评价，旨在选择适宜哈尔滨城市土壤改良的树种。已有相关文章可参考（Wang et al. 2017；路嘉丽等 2016）。

11.1　材料与方法

11.1.1　研究地点、材料与样品采集

研究区选择东北林业大学实验林场和植物园西区，直线距离 900m，地理坐标 45°43′N、126°37′E，海拔平均 150m，土地总面积 75hm^2。研究区属温带半湿润季风气候区。研究区的土壤为地带性黑钙土，地形平缓且水分条件良好。

于 2013 年 7~8 月在东北林业大学实验林场和哈尔滨植物园，选择两个样地共有的 8 个树种，即水曲柳（*Fraxinus mandschurica*）、胡桃楸（*Juglans mandshurica*）、松树（*Pinus* spp.）（包括樟子松和红松）、云杉（*Picea* spp.）（包括红皮云杉和鱼鳞云杉）、杨树（*Populus* spp.）、榆树（*Ulmus pumila*）、黄檗（*Phellodendron*

本章主要撰写者为王文杰和路嘉丽。

amurense)、落叶松（*Larix gmelinii*），可以去除地点间差异的影响。每个树种在两个地点各选 5 块及 5 块以上样地。每块样地随机选择 4 个点，做出剖面，沿土壤剖面划分 0~20cm、20~40cm、40~60cm 3 个土层，100cm^3 环刀采样。每个样地的树木年龄，至少用生长锥采集 4 个树心、查年轮并以平均值代表（Wang et al. 2011b）。

11.1.2　9 个土壤相关指标的测定

土壤样品风干至恒重，去除石块、植物根系等杂物，并过 2mm、0.25mm 土壤筛。备用土壤指标测定，方法参照鲍士旦（2000）。土壤 pH 采用 Sartorius PB 10 型精密酸度计测定，而土壤电导率采用 DDS-307 电导率测定仪测定（采用 1 土∶5 水的土壤溶液测定），有机碳含量采用重铬酸钾外加热法测定，全氮含量采用半微量凯氏定氮法测定，碱解氮含量采用碱解扩散法测定，全磷含量采用 NaOH 熔融-钼锑抗比色法测定，速效磷含量采用碳酸氢钠法测定，全钾含量采用 NaOH 熔融-火焰光度法测定，速效钾含量采用 NH_4OAc 浸提-火焰光度法测定。

11.1.3　数据处理

以 8 个树种类型和 3 个土壤深度为固定因子（自变量），以 9 个土壤相关指标为因变量，进行多因素方差分析。8 个树种类型间存在差异显著（$p<0.05$），说明不同类型间具有显著不同的上述土壤相关指标，否则说明种间差异不明显。当种间差异显著时，使用多重比较确认种间差异的大小和发生在哪些植被类型之间，使用不同字母标示这种差异，这种标示方法也是 11.1.4 节中数据标准化的基础。

本研究通过类型与深度（类型×深度）的交互作用分析树种类型间差异是否在不同土壤深度表现一致：当类型×深度交互作用 $p<0.05$ 时，说明类型间的差异在不同土壤深度显著不同；反之，当类型×深度交互作用 $p>0.05$ 时，说明类型间的差异在不同土壤深度基本一致（即差异不显著）。

11.1.4　数据标准化综合得分处理方法

种间差异分析的难点在于不同指标的种间差异不尽一致，如何能够综合这些指标获得更为可信的结果。一般来讲多是通过降维的方法，把数据归结为几类进行分析。本研究在逐个指标种间差异分析的基础上（如 11.1.3 节所述），把 9 个指标分为土壤肥力（有机碳、全氮、全磷、全钾、碱解氮、速效磷、速效钾）、盐碱度（土壤 pH 和电导率）两组。根据 11.1.3 节结果将各个指标的数值按照从好到坏（如肥力指标，越高越好；降盐碱能力，pH 和电导率越低越好）排序并根据多重比较的结果使用顺序字母 a、b、c、d 进行显著性差异标注。

数据标准化处理步骤：

（1）首先将多重比较所标示的字母 a、b、c、d 分别用数字 4、3、2、1 进行转换，当某一指标标有多个字母时取其算术平均值[如 ab，则取值为（4+3）/2=3.5]；

（2）然后将两组指标类型的各个指标得分相加，用相加所得和来代表这一功能（土壤肥力维持能力和降盐碱能力）的标准化得分；

（3）上述标准化得分越高，说明该树种土壤肥力维持能力、降低土壤盐碱度能力越好。

上述数据处理均采用 SPSS 19.0 软件进行，用 Excel 2007 绘制相关图表。

11.2　结果与分析

11.2.1　8 个树种生长状态等基本情况差异

8 个树种密度为 565～1506 株/hm^2，树高为 8.1~14.7m，胸径为 18.7~23.3cm，地径为 22.8~29.1cm，树基部面积比为 0.33~1.24，树龄为 27~53 年（表 11-1）。

表 11-1　不同树种的基本情况

类型	密度/（株/hm^2）	树高/m	胸径/cm	地径/cm	树基部面积比	年轮/年
胡桃楸	1220	12.4	22.4	28.4	0.99	38
黄檗	1506	8.1	18.9	23.8	0.56	53
落叶松	723	13.1	23.3	29.1	0.35	38
水曲柳	1157	14.7	20.8	22.8	0.52	47
松树	700	11.8	20.1	24.8	1.24	36
杨树	1035	12.3	18.7	23.5	0.33	27
榆树	665	11.7	20.5	25.7	0.42	31
云杉	565	11.8	21.8	26.6	0.45	28

11.2.2　树种类型对 9 个指标影响的多因素方差分析结果

树种类型间对于 9 个指标中的 6 个（pH、电导率、有机碳、全氮、速效磷、全磷）差异显著；不同深度土壤之间 9 个指标中的 7 个（pH、电导率、碱解氮、速效磷、全磷、速效钾、全钾）差异显著；种间和土壤深度间存在显著交互作用的指标有电导率、全钾，其他指标均不具有明显的交互作用（表 11-2）。

11.2.3　8 个树种和 9 个指标的差异多重比较：0~60cm 分层分析结果

如表 11-3 所示，0~20cm 土层种间差异达到显著的指标是 pH、电导率、碱解

表 11-2 树种类型、土壤深度对 9 个指标的影响及交互作用

因变量		土壤 pH	土壤电导率 /（μS/cm）	有机碳 /（g/kg）	碱解氮 /（mg/kg）	全氮 /（g/kg）	速效磷 /（mg/kg）	全磷 /（g/kg）	速效钾 /（mg/kg）	全钾 /（g/kg）
树种类型	*F* 值	5.147	5.106	2.841	1.551	5.308	2.106	3.525	0.967	0.349
	显著性 *p*	0.000	0.000	0.008	0.154	0.000	0.046	0.002	0.457	0.930
土壤深度	*F* 值	141.614	3.583	2.134	5.664	2.279	10.306	9.282	10.04	278
	显著性 *p*	0.000	0.030	0.122	0.004	0.106	0.000	0.000	0.000	0.000
树种类型×土壤深度	*F* 值	1.641	1.770	0.782	1.314	1.002	0.689	0.586	0.590	10.487
	显著性 *p*	0.074	0.048	0.687	0.205	0.454	0.783	0.873	0.870	0.000

表 11-3 树种类型差异对不同土层、不同指标的影响方式及差异大小

指标	深度	落叶树种						常绿树种	
		胡桃楸	黄檗	落叶松	水曲柳	杨树	榆树	松树	云杉
土壤 pH	0~20cm	6.01c	5.64ab	5.26a	5.94bc	6.26c	6.06bc	5.74ab	6.00bc
	20~40cm	7.63d	6.73a	6.84ab	7.19cd	6.9abc	6.83ab	6.92abc	7.24bcd
	40~60cm	7.29d	6.56a	6.93b	7.03cd	7.07bc	6.85ab	6.95ab	7.01bc
土壤电导率 /（μS/cm）	0~20cm	40.46ab	46.3ab	29.73a	44.96ab	40.3ab	52.73b	44.34ab	42.6ab
	20~40cm	44.70ab	31.27a	37.94ab	44.53ab	46.7ab	43.7ab	43.86ab	56.79b
	40~60cm	56.56bc	34.28a	46.62a	49.5abc	42.82a	49.0ab	54.47ab	81.67c
有机碳 /（g/kg）	0~20cm	15.42a	19.04a	13.81a	14.81a	14.53a	17.19a	13.79a	16.92a
	20~40cm	16.25a	11.7bc	13.5abc	16.29ab	9.78c	15.2ab	13.1abc	15.59ab
	40~60cm	17.55a	12.2bc	12.9abc	14.29ab	10.5d	16.29a	13.9abc	15.38ab
碱解氮 /（mg/kg）	0~20cm	48.83ab	50.28a	36.98b	40.95ab	39.2ab	46.2ab	41.68ab	49.35a
	20~40cm	46.73a	38.73a	38.27a	45.85a	36.05a	42.14a	39.30a	38.50a
	40~60cm	30.45b	47.6ab	47.72ab	51.89ab	50.4ab	65.80a	52.74ab	61.60a
全氮 /（g/kg）	0~20cm	0.63abc	0.70a	0.47c	0.56abc	0.46c	0.6abc	0.48ab	0.55abc
	20~40cm	0.57ab	0.45ab	0.44ab	0.54ab	0.43b	0.57a	0.45ab	0.56ab
	40~60cm	0.57bcd	0.46cd	0.44bcd	0.56ab	0.39d	0.67a	0.50bcd	0.56abc
速效磷 /（mg/kg）	0~20cm	14.57ab	3.57b	7.21ab	10.04ab	7.11ab	14.75a	10.76ab	10.41ab
	20~40cm	4.70a	2.34a	5.41a	5.77a	8.49a	7.74a	7.73a	8.50a
	40~60cm	2.75a	1.85a	5.60a	4.15a	3.43a	3.88a	6.22a	5.08a
全磷 /（g/kg）	0~20cm	0.33a	0.36a	0.35a	0.34a	0.31a	0.37a	0.40a	0.43a
	20~40cm	0.25bc	0.20c	0.32abc	0.28bc	0.3abc	0.41a	0.37ab	0.45a
	40~60cm	0.45a	0.33a	0.41a	0.33a	0.46a	0.49a	0.50a	0.48a
速效钾 /（mg/kg）	0~20cm	71.51a	91.53a	74.14a	74.28a	69.58a	92.42a	70.28a	74.37a
	20~40cm	45.70b	73.42a	55.51ab	46.15b	48.5b	60.4ab	60.41ab	46.85b
	40~60cm	99.91a	115.4a	105.85a	73.84a	64.81a	155.7a	169.57a	109.08a
全钾/（g/kg）	0~20cm	39.69a	49.67a	42.87a	41.72a	42.84a	49.56a	45.97a	41.77a
	20~40cm	46.08d	61.10c	81.97b	62.98cd	100.5a	90.6ab	80.68b	88.52ab
	40~60cm	113.2ab	131.6a	105.4ab	103.6ab	88.6b	97.63b	102.6ab	101.9ab

注：表中小写字母表示同层土壤不同种间的差异显著性，不同字母表示差异显著（$p<0.05$），相同字母表示差异不显著（$p>0.05$）

氮、全氮、速效磷；20~40cm 土层只有碱解氮、速效磷 2 个指标的种间差异不显著；40~60cm 土层除速效磷、全磷、速效钾 3 个指标外，其他 6 个指标的种间差异达到显著。

土壤盐碱度的种间差异主要表现在土壤 pH 和电导率。0~20cm 土层：pH 为 5.26（落叶松）~6.26（杨树），从低到高依次是落叶松、黄檗、松树、水曲柳、云杉、胡桃楸、榆树、杨树；榆树的电导率显著高于其余树种，是最小值落叶松的 1.8 倍左右。20~40cm 土层：胡桃楸的 pH 为 7.63，显著高于其余树种；电导率从低到高依次是黄檗、落叶松、榆树、松树、水曲柳、胡桃楸、杨树、云杉。40~60cm 土层：胡桃楸的 pH 显著高于其余树种；云杉的电导率最高，是最低值黄檗的约 2.4 倍。

土壤肥力维持能力的种间差异主要表现在有机碳、全氮、全磷、全钾、碱解氮、速效磷、速效钾 7 个指标。0~20cm 土层：有机碳、全磷、速效钾、全钾 4 个指标种间差异不显著；碱解氮含量最高的是黄檗（50.28mg/kg），是最低值落叶松的 1.4 倍左右；全氮含量由高到低依次是黄檗、胡桃楸、榆树、水曲柳、云杉、松树、落叶松、杨树；榆树的速效磷含量是黄檗的 4 倍左右。20~40cm 土层：碱解氮、速效磷 2 个指标种间差异不显著；有机碳含量由高到低依次是水曲柳、胡桃楸、云杉、榆树、落叶松、松树、黄檗、杨树；杨树的全氮含量最低（0.43g/kg）；云杉的全磷含量最高，为 0.45g/kg，是最低值黄檗的 2.2 倍左右；速效钾含量由高到低依次是：黄檗、榆树、松树、落叶松、杨树、云杉、水曲柳、胡桃楸；杨树的全钾含量最高（100.5g/kg），是最小值胡桃楸的 2 倍左右。40~60cm 土层：速效磷、全磷、速效钾 3 个指标种间差异不显著；杨树的有机碳含量最低（10.5g/kg），和其余 7 个树种差异显著；榆树的碱解氮含量最高（65.8mg/kg），是最低值胡桃楸的 2 倍左右；榆树的全氮含量最高（0.67g/kg），是最低值杨树的 1.7 倍左右；全钾含量由高到低依次是黄檗、胡桃楸、落叶松、水曲柳、松树、云杉、榆树、杨树。

11.2.4　土壤肥力维持指标和降土壤盐碱指标综合分析

土壤肥力维持能力方面：综合所有土层结果，土壤肥力维持能力的平均分数线是 32.13（图 11-1）。位于平均分数线以上的树种是榆树（38）、云杉（36）、松树（33），它们的土壤肥力维持能力比较高；水曲柳（32）接近于平均分数线；而位于平均分数线以下的树种是胡桃楸（30.5）、黄檗（30.5）、落叶松（30.5）、杨树（26.5），它们的土壤肥力维持能力比较低。对比表 11-3，肥力维持能力比较高的树种组（榆树、云杉、松树）土壤有机碳、碱解氮、全氮、速效磷、全磷、速效钾、全钾平均值多高于肥力维持能力比较低的树种组（胡桃楸、黄檗、落叶松、杨树）相应值，相应平均值分别高出 10%、14%、10%、49%、28%、22%、3%。

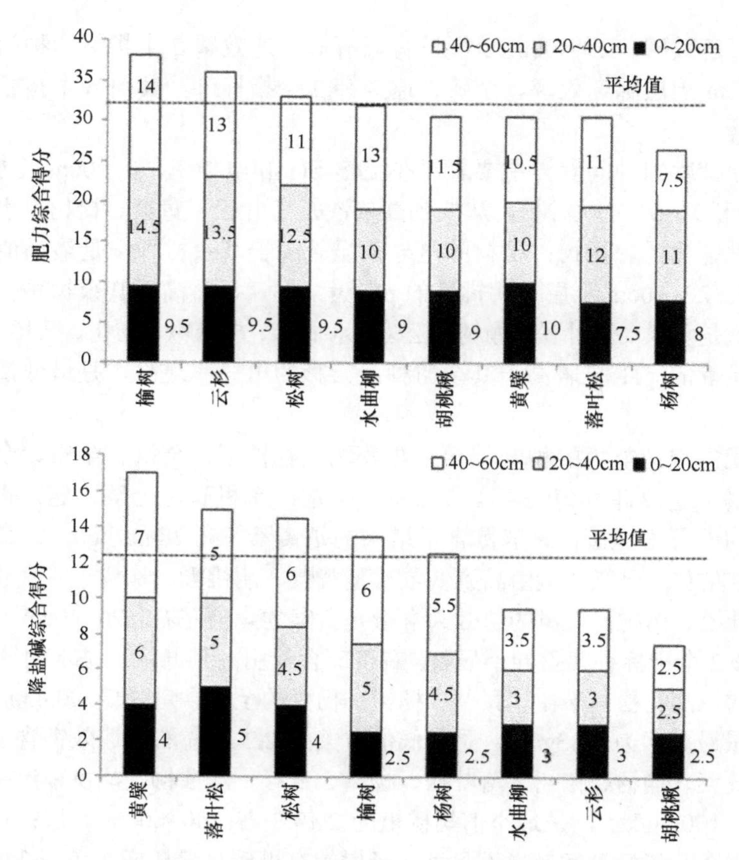

图 11-1 种间肥力维持能力和降盐碱能力及不同土层差异综合比较分析

松树和云杉：常绿树种；其他树种：落叶树种

常绿树种和落叶树种土壤肥力维持得分平均值相差很小(图 11-1),具体来看,0~20cm 土层综合得分差异为 7.5%,20~40cm 土层综合得分差异为 15.6%,40~60cm 土层综合得分差异为 7%。

降低土壤盐碱度方面：综合所有土层结果，降低土壤盐碱能力平均分数线是 12.38（图 11-1）。位于平均分数线以上的树种是黄檗（17）、落叶松（15）、松树（14.5）、榆树（13.5）、杨树（12.5），它们的降盐碱能力比较高；而水曲柳（9.5）、云杉（9.5）、胡桃楸（7.5）3 个树种得分低于平均分数线，它们的降盐碱能力比较低。对比表 11-3，降盐碱能力比较高的树种组（黄檗、落叶松、松树、榆树、杨树）土壤 pH、土壤电导率低于水曲柳、云杉、胡桃楸相应值的 5%、19%。

常绿树种和落叶树种降盐碱能力得分平均值相差很小（图 11-1），具体来看，0~20cm 土层综合得分差异为 7.7%,20~40cm 土层综合得分差异为 15.6%,40~60cm 土层综合得分差异为 3.5%。

11.3　讨　论

土壤养分含量状况是土壤肥力的重要标志。在陆地生态系统中，土壤具有高度的空间变异性。因此，监测养分空间分布特性对土壤养分管理及精确施肥等具有重要的意义。本章所选择的东北林业大学实验林场和哈尔滨市植物园西区均位于哈尔滨市二三环之间，建立的初衷是为城市森林建设提供支撑，我们选择的 8 个树种在两个地点均存在，而且林龄都达到了中龄林（表 11-1），这为我们的比较创造了很好的条件。对有机碳、碱解氮、全氮、全磷、速效磷、速效钾、全钾 7 个土壤肥力维持指标进行数据标准化处理时我们发现：榆树具有较好的土壤肥力维持能力，而杨树表现最差。综合所有土层结果，土壤肥力维持能力比较好的树种是榆树、云杉、松树，适合作为城市造林树种；而胡桃楸、黄檗、落叶松、杨树 4 个树种的土壤肥力维持能力比较低。

由于城市环境中的土壤因为人类活动而发生极大改变，而且这种改变可以区别于其他植被生态系统及不同城市环境中的土壤（Scharenbroch et al. 2005）。对于河道周边土壤水肥条件优越的地区，也可以考虑一些养分消耗快、生产力高的树种。另外对于城市氮、磷沉降比较严重的工厂周围，我们也可以考虑种植那些相对比较耗肥的树种（如杨树），有助于土壤富营养化的处理。而对于相对比较贫瘠的城市核心区域，人为干扰较大，我们应该选择土壤肥力维持能力比较强的树种如榆树等。Scandinavia 半岛在为城市铺砌路面选择森林树种时，除了考虑美学效果和功能特性外，还会优先选择耐逆性强的树种（Sjöman and Nielsen 2010）。这与我们的研究观点基本一致：植树造林过程中，应该根据具体条件选择合适的树种，并通过树种来改良恶劣的土壤条件。随着人口的增长，洛杉矶通过种植和管理百万树木来改善城市环境，为树木提供更多的生长空间以利于更好地整合绿色基础设施与灰色基础设施（McPherson et al. 2011）。针对树种肥力消耗的种间比较研究，在南方进行的较多（赵雪梅等 2009），而针对东北地区城市造林绿化树种的研究还少见报道。

东北地区是我国土地盐碱化最严重的地区之一，同时其中的松嫩平原也是世界三大苏打盐碱土分布区之一。松嫩平原是主要的盐碱土分布区，哈大齐工业走廊等建设项目要求城镇区域绿化先行，东北地区盐碱土的改良治理是一个意义重大的战略规划（李秀军等 2002）。在城市造林树种选择过程中，我们应该避免选择降盐碱能力高的树种。对土壤 pH、土壤电导率 2 个降盐碱度指标进行数据标准化处理时我们发现：长期种植水曲柳、云杉、胡桃楸土壤 pH 和电导率维持在较高的水平上，而黄檗、落叶松、松树、榆树等种植则更好地降低了土壤 pH 和电导率，降盐碱得分较高（图 11-1）。另外，我们的结果与植物耐盐碱相关研究结果也一致（魏晨辉等 2015；张建锋等 2002）。魏晨辉等（2015）研究指出，在松嫩平原盐碱地地区适合盐碱地造林的树种有落叶松、榆树等，不适合盐碱地造林的树种有水曲柳。长期以来，哈尔滨市道路冬季除雪化冰都是用盐水（即氯化钠溶液）作为融雪剂，这导致道路周边等受盐碱胁迫严重。已经发现一些针叶树如云杉的死亡。城市绿化适宜树种选择将提升绿化成功率。我们的研究为此奠定了基础。

城市造林树种选择过程中，我们经常考虑常绿树种和落叶树种搭配的种植方式。在本章所调查的 8 个树种中，也可分为常绿树种和落叶树种。对常绿树种与落叶树种土壤肥力维持和降盐碱综合得分比较分析可知，所有差异均未达到显著水平（$p>0.05$）。常绿树种和落叶树种土壤肥力维持和降盐碱得分平均值相差很小，说明二者在土壤肥力维持和降盐碱度方面差异不大。

此外，我们得出的结论也存在一些不确定性。例如，树木种植能够更大地降低土壤 pH 和电导率，从而能够在一定程度上缓解土壤盐碱的胁迫，但是植物是否能够在盐碱环境下更好的生长也是需要考虑的指标（魏晨辉等 2015），这也需要对树种生长等逆境生理生态学指标进行进一步研究。

11.4 小　结

我们通过对 8 个树种的研究发现，针对哈尔滨市造林绿化，榆树具有较好的土壤肥力维持能力，而杨树表现最差。从降低土壤盐碱能力来看，黄檗、落叶松、松树、榆树等降低土壤盐碱度的能力比较好。常绿树种和落叶树种在土壤肥力维持方面和降盐碱能力方面差异不显著。这些数据为哈尔滨城市绿化树种的选择奠定了基础。

第 12 章　城市行道树树木大小和健康状况分析：新方法应用

随着网络技术，特别是街景的普及，是否可以利用网络大数据进行行道树测量成为研究热点。国内外许多研究者已经开展了利用人工拍摄照片测量林木体大小的工作（Zhang and Huang 2009；李永宁等 2008；张向华等 2004），但是网络街景大数据是否可用于分析，尚未见系统报道。本研究课题组开发了基于网络街景测定树木大小的方法（Wang et al. 2018c）。行道树既是城市道路绿化的主体，又是城市森林的重要组成部分，其生长和健康状况直接影响城市生态环境和生态服务功能的发挥，以及观赏价值的高低（初丛相和杨义波 2006；汪瑛 2011）。

本章以哈尔滨街景照片测量技术为依托，从行道树树木大小、健康水平、空间分布异质性切入，分析测树因子和健康指标的空间分布状况，旨在回答以下问题：

（1）哈尔滨市行道树树木大小和健康如何？是否存在哪些规律性变化？

（2）行道树木健康状况与树木大小特征关系？对未来城市林分管理的启示？

（3）行道树的空间异质性特征是什么？对未来样地设置与调查有哪些启示？

相关研究为后续的城市行道树调查与管理提供数据与技术支撑。

12.1　材料与方法

12.1.1　样地设置

利用自主研发的城市森林布点工具软件，在百度街景地图中对整个哈尔滨市进行网格化布点，保证间距 500~800m 方格内至少布点一个，并将布点信息保存在百度地图账号（自行命名）中，完成对整个哈尔滨市的样地设置。本章共调查 879 块样地 26 140 棵行道树，图 12-1 为本研究测量样地的空间分布图。

12.1.2　调查方法

具体调查方法分为以下 4 个步骤：

本章主要撰写者为王文杰、王洪元和刘晓。

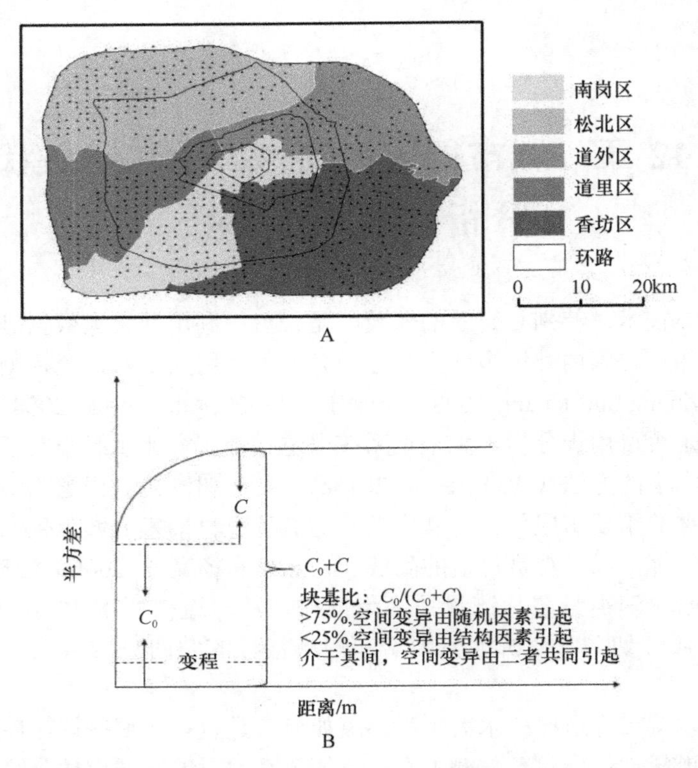

图 12-1 调查样地在哈尔滨市的空间分布（A）及本章分析空间异质性的方法图示（B）
（彩图请扫封底二维码）

（1）在百度地图上将哈尔滨市地图比例放大到最大，运用百度地图自带测距工具结合城市森林布点工具对地图进行网格法均匀布点，设定样点间距为 600m，利用百度地图的收藏功能，将布置完毕的样点规则命名并永久保存。

（2）依次进入样点街景地图，对以样点为中心 100m 范围内的树木截图，图片要包含树木的全貌，以及至少一项已知物体的尺寸，并将图片以“样点编号+截图顺序号+株数.jpg”方式命名保存，形成待测树木图片库。

（3）利用 ImageJ 软件依次按顺序打开待测图片，采集每张图片中的标尺并测算出图片中待测树木的胸径、枝下高、树高与冠幅（每木检尺）。

（4）依次进入样点街景地图，对以样点为中心 100m 范围内行道树立体结构与健康状况进行识别并记录。健康状况包括 4 个类别：有支架树木株数占该样地树木总株数的百分比；树冠枯梢树木株数占该样地树木总株数的百分比；叶片颜色不正常树木株数占该样地树木总株数的百分比；死亡株数占该样地树木总株数的百分比。

12.1.3　数据分析

采用 JMP 10.0 软件绘制树木大小（树高、枝下高、冠幅和胸径）和树木健康水平的箱线图。将调查的 6 种结构乔灌草、乔灌、乔草、乔、灌草、无，分别赋值 5、4、3、2、1、0，用 JMP10.0 绘制箱线图。箱线图（boxplot）包括 5 个统计量：最小值、下四分位数（Q_1）、中位数（Q_2）、上四分位数（Q_3）与最大值，以此来反映数据分布的中心位置和散布范围。上四分位数与下四分位数的间距称为四分位间距（interquartile range，IQR）。箱线图的上下限（异常值截断点）分别在比 Q_1 低 1.5 倍 IQR 和比 Q_3 高 1.5 倍 IQR 的位置上，上下限以外的数据认为是异常值，用“•”表示。红色线段标示最小 50%数据分布空间。菱形代表算数平均值。

运用 ArcGIS 10.0 对哈尔滨整体树木大小、健康情况及立体结构做克里金插值，得出空间分布图。利用 SPSS 22.0 对不同行政区和不同环路间行道树测树因子和健康状况进行方差分析和 Duncan 多重比较分析。

在空间异质性方面，如图 12-1 所示，通过半方差模型拟合，获得变程，即在某种观测尺度下，空间相关性的作用范围；结构系数 C_0，即由随机因素所引起的变异分量；基台值（C_0+C）表示系统内的总变异，其值越大表示总的空间异质性程度越高；块金值与基台值的比值 C_0/（C_0+C），即随机异质性占空间异质性的百分比，若该比值<25%，说明具有强烈的空间相关性，空间异质性主要受结构因素影响；若该比值在 25%~75%，则说明具有中等强度的空间相关性，空间异质性受结构因素和随机因素共同影响；若该比值>75%，则说明空间相关性较弱，空间异质性主要受随机因素影响（周伟等 2017，2018）。

12.2　结果与分析

12.2.1　树高、胸径、冠幅、枝下高大小分布

如图 12-2 所示，哈尔滨市树高小于 9m 的行道树占样地总行道树的 72%；胸径在 10~30cm 范围内的树木占一半以上，小于 10cm 的占 13%，大于 40cm 的行道树仅占 5%；枝下高普遍小于 4m；62%的行道树冠幅分布在 2~6m，16%的行道树冠幅小于 2m。

由图 12-3 可知，树高低于 7m 的行道树主要分布在三四环间的道里区、道外区和南岗区，而大于 9m 的多于分布香坊区和松北区，在一至四环均有分布；胸径小于 15cm 的行道树主要分布在城市西南和东北方向上，在行政区上主要集中在道里区、南岗区和道外区，在环路上主要集中在三环和四环内；但胸径在 20~30cm 的行道树多分布在城市的东南和正北方向上，在行政区上主要集中在香

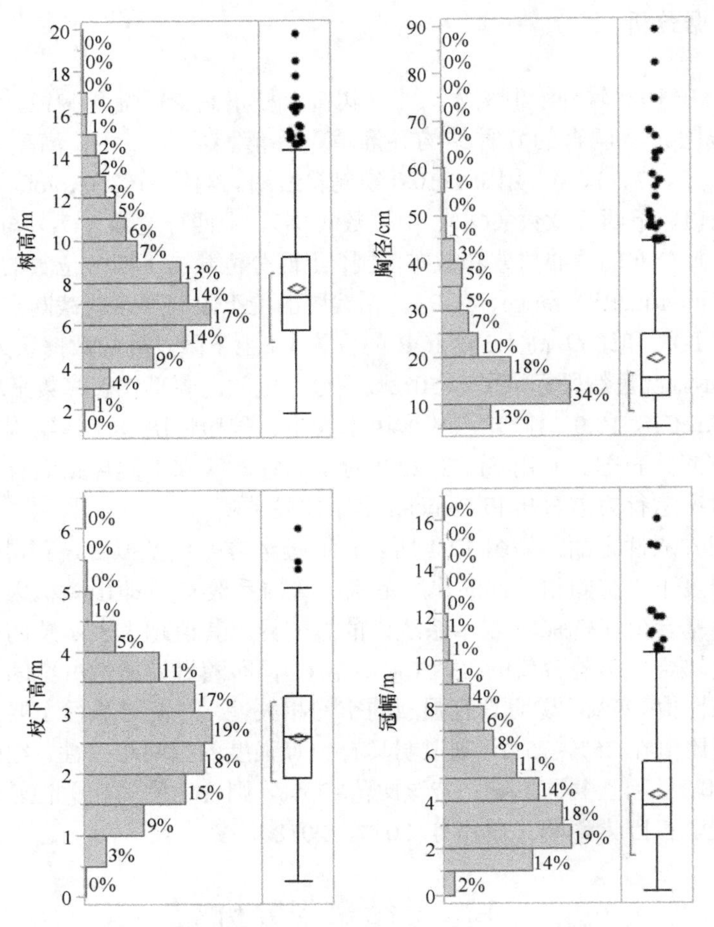

图 12-2 哈尔滨市行道树木生长大小分布箱线图（彩图请扫封底二维码）

坊区，而在环路上主要集中在二环、三环和四环间；冠幅小于 4m 的行道树主要分布在城市的西部和东北方向上，在行政区上主要集中在道里区和道外区，在环路上主要分布在三环和四环内；枝下高小于 2m 的行道树主要分布在四环。

12.2.2 立体垂直结构分布

行道树树木垂直结构情况如图 12-4A 所示，哈尔滨城市行道树树木立体配置乔灌草复合结构比例不到全城的一半，仅有 35%（5~6）；两种配置结构乔草（4~5）、乔灌（3~4）、灌草（1~2）仅占 19%，单一配置结构乔（2~3）占 17%，无树木配置约占 29%，占哈尔滨全城行道树的 1/4 还多。

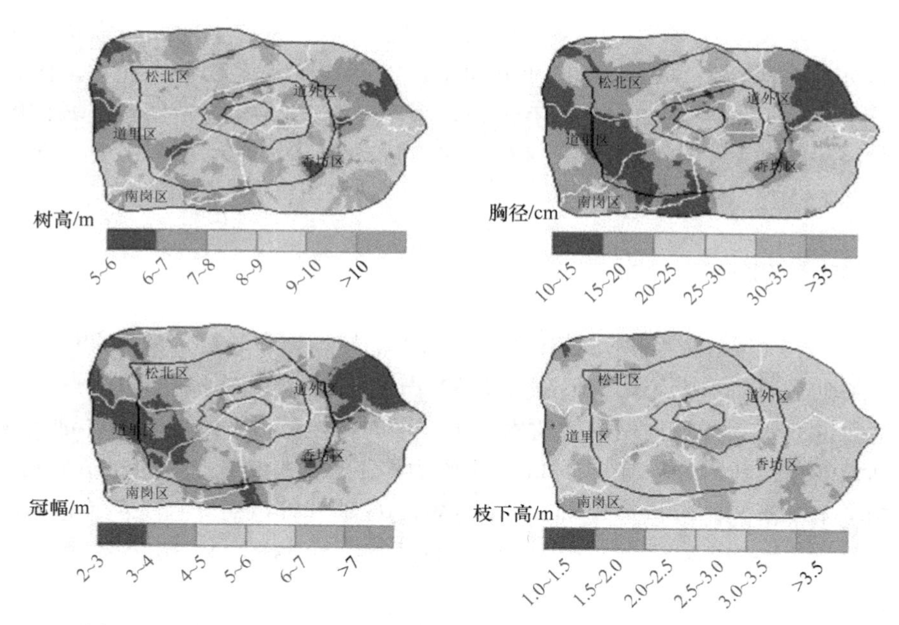

图 12-3　哈尔滨市行道树树木大小空间分布图（彩图请扫封底二维码）

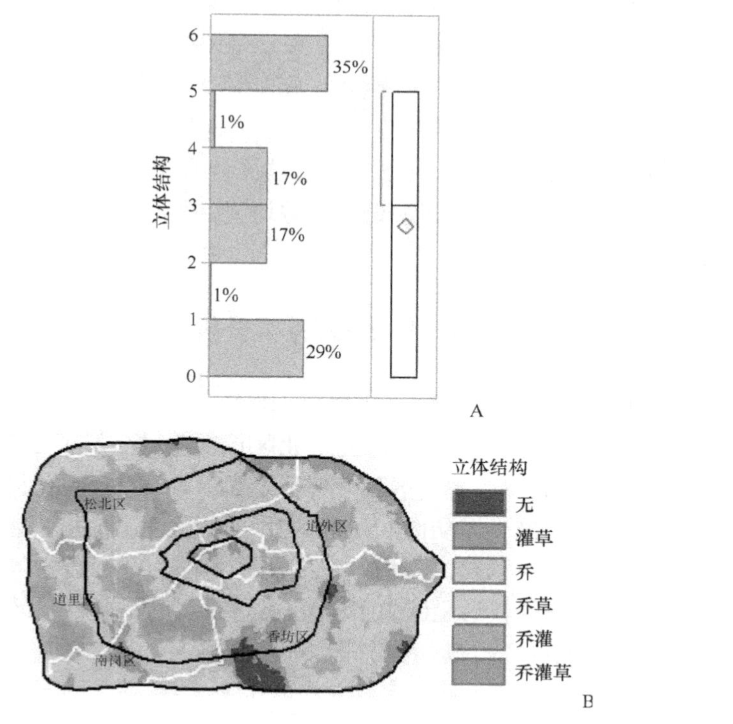

图 12-4　哈尔滨市行道树树木立体配置结构图和空间分布图（彩图请扫封底二维码）

行道树树木垂直结构空间分布如图 12-4B 所示，无树木配置与灌草两种结构主要分布在市中心、正南和正北方向上，在行政区上主要集中在香坊区，在环路上主要分布在三环和四环；乔灌草、乔灌、乔草结构主要分布在城市的西部，在行政区上主要集中在松北区、道里区和南岗区，在环路上主要分布在三环与四环。

12.2.3 树木健康状况分布

由图 12-5 可知，行道树支架比例小于 5%的样地数占总样地数的 79%，大于 50%的样地占 10%，支架比例达到 100%的占 3%。行道树树冠枯梢比例小于 5%的样地数占 67%，样地内枯梢的树木少于一半的样地数占 88%，单个样地内树木均有枯梢的样地数占 8%。行道树叶片颜色均不正常的样地比例占 25%，50%以上叶片颜色不正常的比例也占 49%，仅有 36%的样地其行道树叶片颜色不正常比例少于 5%。行道树树木死亡比例少于 50%的样地数占 98%，共 861 块，死亡比例少于 5%的样地也占 88%，树木全部死亡的样地仅有 8 块（图 12-5）。

图 12-6 示出哈尔滨市行道树健康状况空间分布情况。由图 12-6 可知，含有 40%~70%支架的样地主要分布在道里区和南岗区，在环路上主要集中在三环与四环内；含有 30%~50%树冠枯梢的样地主要分布在城市的东部与西部，在行政区上主要分布在道外区、道里区和香坊区，在环路上主要集中在三环和四环；含有 50%~80%叶片颜色不健康的样地在城市的各个区域均有分布，含有 80%~100%叶片颜色不健康的样地主要分布道里区和香坊区，且集中在三环与四环；死亡比例在 10%~30%的样地主要分布在道外区和香坊区，在环路上主要集中在三环和四环（图 12-6）。

12.2.4 不同行政区间行道树生长状况差异分析

如表 12-1 所示，哈尔滨不同行政区间树木生长大小（树高、枝下高、冠幅、胸径）均差异显著（$p<0.05$）。香坊区和松北区行道树树高显著高于其他三个区（道里区、道外区、南岗区），香坊区行道树比道里区高 1m；南岗区行道树枝下高显著高于松北区；南岗区、香坊区和松北区行道树冠幅显著大于道里区和道外区，道里区最小（3.58m）；同样的南岗区、香坊区和松北区行道树胸径显著大于道里区，香坊区行道树胸径较道里区大 6cm 左右，哈尔滨不同行政区行道树胸径大小依次为香坊区>松北区>南岗区>道外区>道里区。

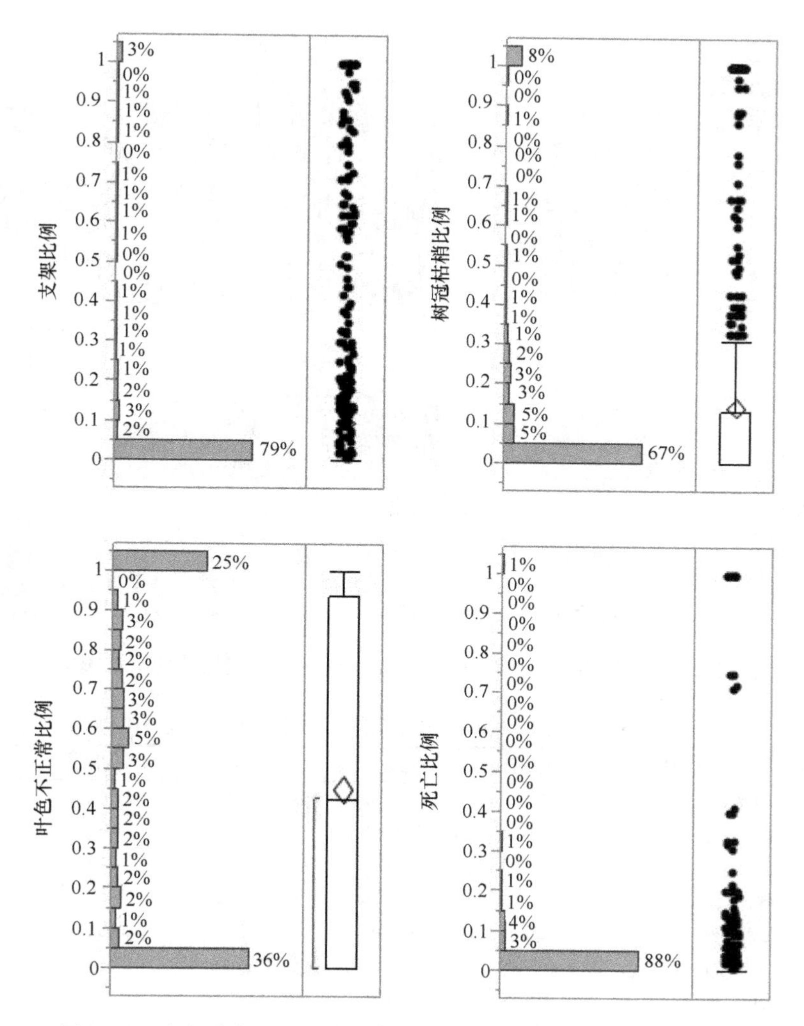

图 12-5　哈尔滨市行道健康状况分布图（彩图请扫封底二维码）

行道树支架比例和死亡比例在不同行政区间差异显著（p<0.05），道里区支架比例最高（21%），其次是南岗区（13%），香坊区最少，仅有 3%；香坊区死亡比例显著高于松北区 5 个百分点（表 12-1）。

12.2.5　不同环路行道树生长状况差异分析

由表 12-2 可知，不同环路行道树枝下高、冠幅差异显著（p<0.05），树高和胸径差异不显著（p>0.05）。不同环路行道树树高呈现了中间峰的模式，即二环、三环行道树树高高于一环、四环；一环、二环、三环行道树枝下高显著高于四环，

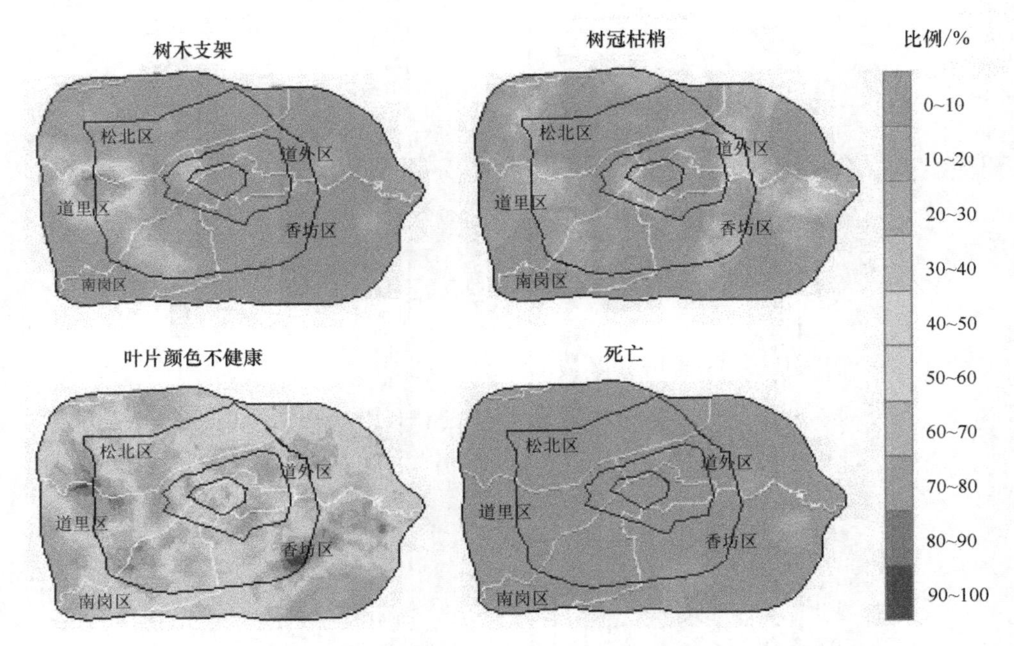

图 12-6 哈尔滨市行道树健康状况空间分布图（彩图请扫封底二维码）

表 12-1 哈尔滨市不同行政区间树木生长状况差异

树木大小和健康指标	道里区	道外区	南岗区	香坊区	松北区
树高/m	7.16a	7.20a	7.85ab	8.16b	8.00b
枝下高/m	2.61ab	2.64ab	2.77b	2.56ab	2.45a
冠幅/m	3.58a	3.73a	4.69b	4.75b	4.41b
胸径/cm	16.12a	18.91ab	19.66bc	22.37c	20.44bc
支架比例	0.21c	0.07ab	0.13b	0.03a	0.09ab
叶色不正常比例	0.43a	0.44a	0.47a	0.48a	0.42a
枯梢比例	0.15a	0.17a	0.12a	0.16a	0.13a
死亡比例	0.03ab	0.04ab	0.02ab	0.06b	0.01a

注：同列不同字母表示差异显著（p<0.05）

表 12-2 哈尔滨市不同环路间树木生长状况差异

树木大小和健康指标	一环	二环	三环	四环
树高/m	7.59a	8.02a	7.94a	7.56a
枝下高/m	2.85b	2.90b	2.77b	2.39a
冠幅/m	5.26b	5.20b	4.09a	4.13a
胸径/cm	22.93a	21.67a	19.43a	19.35a
支架比例	0.09a	0.08a	0.16a	0.07a
叶色不正常比例	0.62c	0.31a	0.53bc	0.43ab
枯梢比例	0.18a	0.11a	0.17a	0.14a
死亡比例	0.003a	0.03a	0.03a	0.04a

注：同列不同字母表示差异显著（p<0.05）

二环行道树枝下高高出四环近 0.5m；比较哈尔滨市行道树不同环路间树木胸径大小顺序为一环>二环>三环>四环；一环和二环的冠幅（平均值=5.23m）显著高出三环和四环（平均值=4.11m）1m 左右。随着环数的增加，行道树冠幅和胸径总体呈现越来越小的趋势，即市区>郊区。

行道树叶片颜色不健康比例在不同环数间差异显著（$p<0.05$），1 环内树木叶色不正常比例多高于其他环（表 12-2）。支架比例、枯梢比例、死亡比例不同环数间差异不显著（$p>0.05$），其变化范围分别为 0.07~0.16、0.11~0.18、0.003~0.04。

12.2.6 行道树树木大小与健康的关系

由表 12-3 可知，支架比例、叶色不正常比例与冠幅和树高显著负相关（$p<0.01$），即树木越高大，支架比例、叶色不正常比例越少。而枯梢比例与行道树树木大小（胸径）呈显著正相关关系（$p<0.01$）（表 12-3）。

表 12-3 哈尔滨市行道树树木大小与健康间的关系

	支架比例	枯梢比例	叶色不正常比例	死亡比例
树高	–0.111**	0.067	–0.242**	0.005
枝下高	0.022	–0.012	–0.069	–0.052
胸径	–0.21**	0.264**	–0.032	0.039
冠幅	–0.242**	0.126**	–0.204**	0.022

注：** $p<0.01$

12.2.7 行道树树木大小的空间异质性分析

如图 12-7 所示，哈尔滨市行道树冠幅、枝下高、树高、胸径的 C_0 分别为 7.47、0.002、0.011、0.034，冠幅的 C_0/（C_0+C）为 0.26，>0.25 且<0.75，所以冠幅的空间异质性由结构因素和随机因素共同引起。行道树枝下高、树高、胸径的 C_0/（C_0+C）分别为 0.08、0.08、0.12，皆<0.25，所以由结构因素引起空间异质性较大，在同一尺度（步长）下可以看出，树木的冠幅、枝下高、树高、胸径的变程分别为 2340m、1320m、1470m、1890m（表 12-4），说明它们在变程范围内具有空间自相关。根据变程来确定取样的最小间距，据此确定最小采样数量，冠幅 156 个样方、枝下高 440 个样方、树高 360 个样方、胸径 224 个样方。

各向异性分析（图 12-8），哈尔滨市行道树冠幅、枝下高、树高、胸径在 0°、45°、90°、135° 4 个方向上的半方差函数值的比值皆接近于 1，所以哈尔滨市行道树的冠幅、枝下高、树高、胸径在 0°、45°、90°、135°这几个方向上的变化无明显差异，为各向同性。

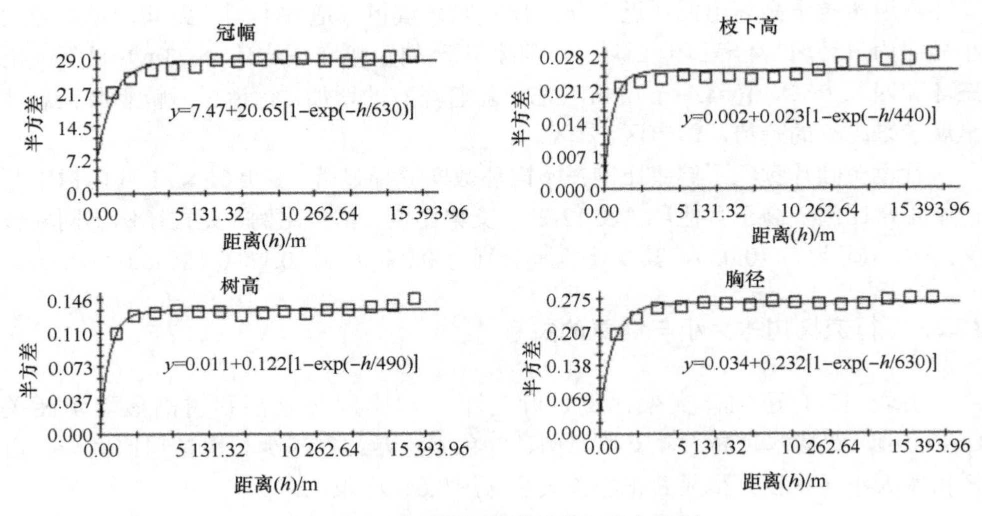

图 12-7 哈尔滨市行道树特征半方差图

表 12-4 半方差分析统计表

	模型	C_0	C_0/（C_0+C）	变程/m	r^2	残差 RSS
冠幅	指数	7.47	0.26	2340	0.83	10.1
枝下高	指数	0.002	0.08	1320	0.23	4.218×10^{-5}
树高	指数	0.011	0.08	1470	0.71	2.460×10^{-4}
胸径	指数	0.034	0.12	1890	0.88	5.274×10^{-4}

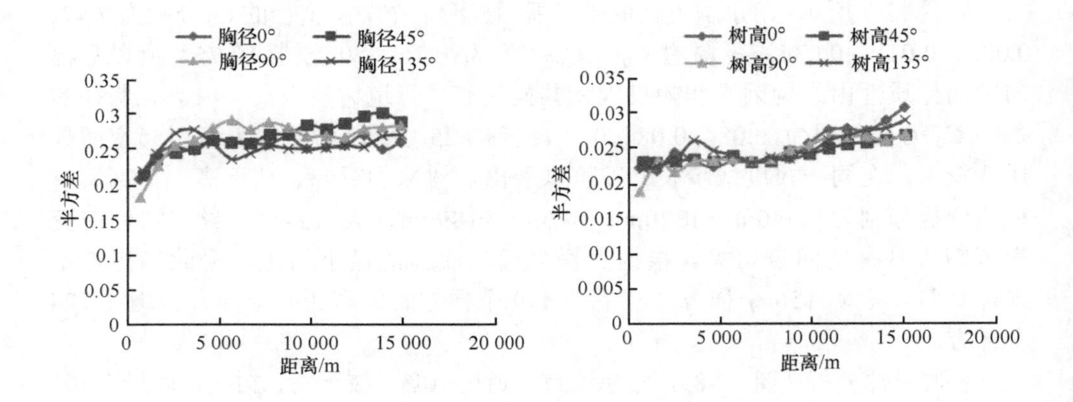

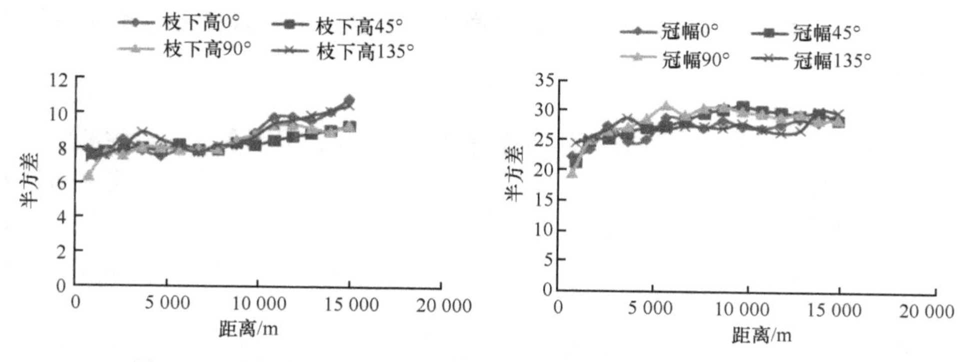

图 12-8　哈尔滨市行道树特征各向异性图（彩图请扫封底二维码）

12.3　讨　论

12.3.1　网络街景方法能够快速、高效评价道路林生长与健康水平

国外利用网络街景对城市环境研究相对较成熟，许多研究者通过处理网络街景图像获取实验数据，并建立了诸如城市绿色指数测定、环境-身体锻炼关系、社区环境健康评价等（Bader et al. 2015；Griew et al. 2013；Li et al. 2015；Richards and Edwards 2017），均取得了良好的成果。而本章利用网络街景建立的城市行道树调查方法，高效且大范围地完成了哈尔滨的行道树调查，相比于传统调查方法大大节省了调查时间。例如，张铮（2007）等 3 人仅调查了哈尔滨市 5 个行政区的主干道路中 31 条的道路绿化结构、100m 长道路行道树绿带和分车带内树木的种类、数量就花费了 2 个多月；李娟等（2015）5 人耗时 3 个月调查研究了长春市主城区 78 条主要道路行道树的树种结构特征与健康状况；张波等（2016）5 人耗时 1 个月调查了哈尔滨市 220 块样地、1000 多棵树木的生长状况。而利用该调查方法在有网络的情况下，1 人仅花费 3 周的时间，就完成了对哈尔滨市 879 块样地 26 140 棵行道树的测量。

评价城市森林树木生长与健康状况是保障植被生态服务于市民的一个基础（陈勇等 2014；高阳和胡竞恺 2017；毛齐正等 2012）。通过对街景数据的研究发现，哈尔滨市行道树幼树的比例很大，大径阶的树木较少，乔灌草的搭配仅占到 1/3，导致行道树垂直空间分布不均，支架与枯梢出现比例低于 30%的情况占到 80%以上，虽然死亡比例较少，但叶片颜色不正常比例非常高，样地内叶片颜色均不正常的样地比例占总样地数的 25%，表明绿化效果较弱。张波等（2016）调查的哈尔滨市行道树冠幅和胸径偏小，与本章结论一致，我们在此基础上对其进行了补充。

12.3.2 哈尔滨市行道树树木大小、健康水平的空间分布规律及城市道路绿化管理建议

本章的研究发现，不同行政区间行道树树木大小差异显著，小树主要集中在道里区与道外区，大树主要分布在香坊区与松北区，这可能是由于道里区与道外区在城市化进程中，地铁和高架桥等城市建设活动破坏了街道原有的行道树（Jim and Liu 2001；Nagendra and Gopal 2010），今后在城市道路建设过程中应注重对行道树的保护。

有研究表明，哈尔滨市道路绿化简单、结构单一（柴汝松和程志刚 2013；孙文静 2008；许大为等 2002）、哈尔滨市香坊区绿化水平低，与本章研究结果，即香坊区的乔灌草配置低、没有植被的样地多一致。城市道路绿化的主体应是以乔木为主的疏林草地式的复合结构，这种复合结构能增加遮阴效果与绿量，为人们提供游憩场所的同时还能够为城市面貌增添色彩（钱能志 2005），而树种配置结构单一极易引发病虫害（Kendal et al. 2014），这可能是导致哈尔滨市各行政区大量行道树叶片颜色不健康的原因之一，同时也说明近几年哈尔滨市绿化并没有取得良好的进展，并且对行道树的养护不到位，今后应该增加城市行道树复合群落，使结构更稳定，同时改善行道树立地环境，起到增加绿化层次及提高环境效益的作用。

城乡梯度上的研究还发现，行道树树高、胸径及冠幅大小随城市化方向逐渐增大，应加强对城市中心现有大树的保护，在种植新树的同时增加大树比例（张波等 2016），一环叶片颜色不健康比例显著大于其他三个环路区域，可能是由于一环城市化程度较高、人为活动干扰程度强、不透水路面导致人行道与行道树种植区域冲突（Mullaney et al. 2015），致使树木生长受到抑制，因此在城市绿化管理中应加强对行道树种植区域的防护，如增加围栏等。

分析行道树测树因子和健康水平的关系表明，树木越大支架比例和叶色不正常比例越小，而枯梢比例增加。有研究表明，树木越大其生态服务功能越强（Berry et al. 2013；Greene and Millward 2016；Zhang et al. 2013）。所以在今后道路绿化管理中，应合理修剪绿地树木及定期检查树木生长状态、浇水施肥等。

12.3.3 行道树树木大小测定野外采样合理性分析

在以往的调查中，都是采取实地调查。实地观察存在一个重要的缺点就是受时间、空间等客观条件的限制，实地观察的对象和范围也有很大的局限性。例如，张波等（2016）通过在哈尔滨市 220 块样地、每块样地 4~10 株树木测量，发现哈尔滨城市森林树木树高小于 10m 的占总量的近 70%，枝下高绝大部分小于 4m，冠幅小于 50m^2 的占 69%，胸径小于 100cm 的树木约占 80%，平均树高、枝下高、

冠幅、胸径分别为 8.57m、2.20m、47.93m^2、66.30cm。我们在更大的样地（879 块）调查基础上，确定哈尔滨市平均树高 7.8m、枝下高是 3.83m、冠幅是 38.3m、胸径是 18.78cm（图 12-2）。可以看出，不同样方、不同测定方法之间尚存在一定的差异。如何才能在统计学上，充分考虑空间异质性，获得统计学上具有可靠性、最低的采样量，我们的研究给出了一个尝试。本章通过半方差函数对哈尔滨市整体的数据进行分析，根据变程来确定取样的最小间距，据此确定最小采样数量，冠幅 156 个样方、枝下高 440 个样方、树高 360 个样方、胸径 224 个样方。本章实际调查了 879 块样地，我们的研究结果具有统计学上的可靠性。当然，获得具有同样统计学精度，很多指标可以减少采样数量，合理的确定取样距离对于提升工作效率、获得可靠数据至关重要。

采用同样的方法，颜亮等（2012）在内蒙古荒漠草原选取 900 个样方进行盖度观测，结果证明，样方大小不变，将取样数量减少至 36 个便可分析所研究样地的空间异质性。

12.4　小　　结

哈尔滨市行道树的测树因子总体表现为一环、二环好于三环、四环，但总体水平不高，小树集中在三环与四环内，特别是道里区与道外区最小。全市乔灌草三种立体结构配置占所有测定样地数量的 35%，香坊区乔灌草配置结构最差。哈尔滨市行道树叶片颜色不健康比例高，25%以上的样地叶片颜色完全不健康。道里区和香坊区的平均健康水平差，一环叶色不正常比例显著高于二环和四环。行道树越大支架比例、叶色不正常比例越少，而枯梢和死亡比例越大。半方差分析表明，未来研究应该考虑空间自相关性。这些发现有助于哈尔滨市行道树的管理与防护，同时为其他科研人员调查研究哈尔滨城市森林生态服务功能提供基础数据。整体来看，使用网络大数据，特别是街景大数据可以替代野外实际调查，实现树木大小、健康和垂直结构的遥测，这项技术是未来发展的方向。

第 13 章　结论与建议

13.1　结　　论

13.1.1　哈尔滨城市森林植被与土壤特征

哈尔滨城市森林常见树木共 66 种，隶属于 18 科 34 属，最常见的树种是银中杨（13.5%）、最常见的属是杨属（37.6%）、最常见的科为是杨柳科（45.5%）。参照全国第二次土壤普查分级标准，哈尔滨城市绿地土壤有机质、全钾、速效钾含量较高，碱解氮、全氮、速效磷处于中上水平，而全磷含量较低。土壤容重偏高，pH 为弱碱性。全氮、全磷、土壤容重及碱解氮是限制土壤肥力的主要因子。土壤容重及有机质空间变异主要受人为活动等随机因素影响，而全磷、碱解氮、速效磷、速效钾及综合肥力空间变异受气候、土壤质地、土壤类型等结构因素及人为干扰、施肥耕作等随机因素共同影响。

13.1.2　城市化进程中植被格局与树木、鸟类多样性演变

哈尔滨市快速城市化 30 年间耕地面积损失最为严重，超过 60%的新增城市面积由耕地转化而来，同时耕地的 AREA_MN 及 COHESION 在快速城市化的 30 年中大幅下降。而城市森林景观在城市化进程中呈增加趋势，其景观面积在 30 年间增加了近 80%，其 AREA_MN 及 COHESION 也大幅增加。城市湿地景观面积比较波动，主要受松花江季节性雨洪及湿地管理等的影响，2007~2014 年受湿地保护政策的影响，其景观面积及斑块连通性有所增加，湿地保护对其景观覆盖与斑块间交流都有积极作用。

城市化使哈尔滨市木本植物和鸟类组成发生了巨大变化。城乡梯度和长期历史数据均显示，在城市化进程中哈尔滨市木本植物科和属的多样性明显增加，在种的水平上外来种和热带分布型树种增加明显。过渡区域（中度干扰区域）通常具有较高的丰富度和多样性及较多的外来种。城市植物多样性的改变与外来种的引进及树种对气候变化的适应性关系密切。鸟类多样性变化可能与城市树种增加有关联。与 20 世纪 80 年代相比，2014 年杂食性鸟类和喜栖森林型鸟类多样性增加。

本章撰写者为王文杰。

13.1.3　哈尔滨城市森林主要生态服务功能

13.1.3.1　碳储存功能

哈尔滨城市森林单位面积树木与土壤有机碳储量高于东北地区其他城市，但是低于当地自然林。树木总碳储量 30 万~36 万 t，土壤总碳储量 21 万 t 左右。单位面积树木碳储量变异较大且无规律，而土壤有机碳含量与碳储量均随城乡梯度（环路、建成历史）降低。一个城市能提供的与碳相关的生态服务能力随着城市年龄的增加，特别是土壤碳，其碳累积速率为 15.4gC/（m^2·年）。城市森林景观总体较破碎，面积小于 0.5hm^2 的斑块占景观的 70%以上。景观形状指数 LSI 随城乡梯度增加，其与土壤有机碳的密切关系表明，LSI 可能为土壤有机碳在中心城区的积累提供一种景观学解释。

13.1.3.2　遮阴、增湿、降温功能

哈尔滨城市森林的遮阴、增湿程度分别为 77%~90%、3%~6%；水平降温 3℃左右，土壤降温 1~2℃，垂直降温多表现为冠层气温低于冠下气温（1℃以内）。4 种林型遮阴、降温、增湿效应综合得分排名风景游憩林比其他 3 种林型平均高 13%。城市森林在高温、晴朗和低湿环境下遮阴、降温、增湿效应较强，即具有更强的生态服务功能。测树因子对遮阴、降温、增湿效应的影响较环境因子小，且垂直降温较水平降温更易受测树因子（树高、冠幅）影响。

13.1.3.3　净化空气功能

叶形、叶长、横切面、气孔线数量、气孔大小、密度、气孔腔结构、叶蜡含量、叶面积、干鲜比等叶片形态特征差异是影响树木滞尘量差异性的重要原因。叶表层颗粒物以石英（26.64°，3.34Å）为主，红皮云杉晶体化程度、含量及晶粒结晶度稍高于黑皮油松；叶表层晶体矿物元素组成黑皮油松具有较高的 C 含量（54.8%），且显著高于红皮云杉和杜松，但在 O、Si、Al 元素的含量方面却显著低于红皮云杉和杜松，蜡层（氯仿提取）中，元素含量差异不大；杜松固持重金属 Pb、Cu、Cr 显著最高，红皮云杉叶表层较黑皮油松固持更多的 Pb、Cu、Cr，而黑皮油松却能吸附更多的 Cd。这些结果说明，不同树木在滞尘净化大气方面存在着明显的差异。敏感性分析表明，通过调整树木组成，能够提升滞尘量，并且影响其滞尘化学组成。

13.2　建　　议

13.2.1　合理配置树种组成

根据 10/20/30 法则，为更好地配置城市森林科属种组成，首先，在道外区城

市森林树种选择时应减少杨树类，而提高榆树、暴马丁香、白桦、水曲柳和落叶松等这些非杨树类树种在城市森林中的使用比例；松北区应适当增加杏、水曲柳和落叶松的使用比例；香坊区应适当地减少杨树类的使用比例。在属和科水平上，各区应减少杨属和杨柳科的使用而增加其他科属植物的使用频率。其次，一环应优先选择樟子松、水曲柳、银中杨及茶条槭等；四环应优先选择杏、落叶松和茶条槭，杏属、落叶松属、梨属及黄檗属等植物，松科，蔷薇科及芸香科类的植物。再次，道路林树种选择时应提高红皮云杉、樟子松、落叶松，茶条槭、杜松及圆柏的使用率；生态公益林在种的水平上可以优先选择红皮云杉、榆树、樟子松和白桦，在属的水平上增加松属、云杉属、落叶松属和柳属植物的数量，在科的水平上增加松科、榆科和桦木科等植物的数量。此外，敏感性分析表明，合理调整种间配置，也能够显著提升叶片滞尘总量。

13.2.2 维持土壤肥力与提升土壤质量

为了更好地维持土壤肥力，在哈尔滨市造林绿化过程中，应该适当的多栽植榆树，而减少杨树的栽植。从降低土壤盐碱能力来看，黄檗、落叶松、松树、榆树等降低土壤盐碱度的能力比较好。常绿树种和落叶树种在土壤肥力维持方面和降盐碱能力方面差异不显著。

此外，为了更好地提高土壤质量，在今后绿地管理过程中，应注重改善土壤质地和养分条件，提高土壤养分利用率，尤其注重道路绿地及单位绿地的养分改善。城市绿地土壤人为干扰较大，应该建立城市垃圾、污水等污染物无害化处理系统以避免其对土壤的污染。通过疏松土壤、枯枝落叶沤肥、种植固氮耐低磷植物等生物学措施及精准增施氮磷有机肥并控制钾肥、施用土壤改良剂等人为调控措施改善土壤肥力状况。此外，我们在注重城市绿地美观功能、合理配置树种改善城市树种种植结构的同时，应更加注重城市绿地土壤的生态服务功能。

参 考 文 献

安康, 谢小平, 张海珍, 周虹 (2015) 西湖风景区土壤肥力的空间格局及其影响因子. 生态学杂志 34: 1091-1096.

包耀贤, 徐明岗, 吕粉桃, 黄庆海, 聂军, 张会民, 于寒青 (2012) 长期施肥下土壤肥力变化的评价方法. 中国农业科学 45: 4197-4204.

鲍士旦 (2000) 土壤农化分析. 北京: 中国农业出版社.

陈传国, 郭杏芬 (1984) 阔叶红松林生物量的研究. 林业勘查设计 (2): 11-19, 6.

柴汝松, 程志刚 (2013) 哈尔滨市老城区道路绿化现状分析与对策建议. 防护林科技 (10): 81-82.

柴一新, 祝宁, 韩焕金 (2002) 城市绿化树种的滞尘效应——以哈尔滨市为例. 应用生态学报 13: 1121-1126.

陈俊瑜, 冯美瑞 (1985) 哈尔滨城市绿化树种调查报告. 自然资源研究 (01): 30-48.

陈水华, 丁平, 郑光美, 诸葛阳 (2000) 城市化对杭州市湿地水鸟群落的影响研究. 动物学研究 (04): 279-285.

陈玮, 何兴元, 张粤, 孙雨, 王文菲, 宁祝华 (2003) 东北地区城市针叶树冬季滞尘效应研究. 应用生态学报 14: 2113-2116.

陈小平, 焦奕雯, 裴婷婷, 周志翔 (2014) 园林植物吸附细颗粒物($PM_{2.5}$)效应研究进展. 生态学杂志 33: 2558-2566.

常学向, 车克钧, 宋彩福, 李秉新, 王金叶 (1997) 祁连圆柏群落生物量及营养元素积累量. 西北林学院学报 (1): 24-29.

陈秀龙 (2007) 海口市城市森林乔木树种结构与环境服务功能分析. 华南热带农业大学硕士学位论文.

陈勇, 孙冰, 廖绍波, 罗水兴, 陈雷, 蔡刚 (2014) 深圳市城市森林林内景观的美景度评价. 林业科学 50: 39-44.

初丛相, 杨义波 (2006) 长春市广场树木生长状况与园林植物多样性相关关系的研究. 吉林林业科技 35: 23-25.

崔潇潇, 高原, 吕贻忠 (2010) 北京市大兴区土壤肥力的空间变异. 农业工程学报 26: 327-333.

单奇华, 俞元春, 张建锋, 钱洪涛, 徐永辉 (2009) 城市森林土壤肥力质量综合评价. 水土保持通报 29: 186-190.

范夫静, 宋同清, 黄国勤, 曾馥平, 彭晚霞, 杜虎, 鹿士杨, 时伟伟, 谭秋锦 (2014) 西南峡谷型喀斯特坡地土壤养分的空间变异特征. 应用生态学报 25: 92-98.

冯万忠, 段文标, 许皞 (2008) 不同土地利用方式对城市土壤理化性质及其肥力的影响——以保定市为例. 河北农业大学学报 31: 61-64.

高学斌, 赵洪峰, 罗时有, 罗磊, 侯玉宝 (2008) 西安地区鸟类区系 30 年的变化. 动物学杂志 43(06): 32-42.

高阳, 胡竞恺 (2017) 基于 AHP 法的城市开发区道路植物景观评价体系构建——以广州开发区黄埔区为例. 内蒙古林业科技 43: 58-61.
高君亮, 张景波, 孙非, 郝玉光, 赵英铭, 张格 (2013) 内蒙古磴口县10种园林绿化树种滞尘能力研究. 干旱区资源与环境 8: 176-180.
顾兵, 吕子文, 梁晶, 黄懿珍, 周立祥, 方海兰 (2010) 绿化植物废弃物覆盖对上海城市林地土壤肥力的影响. 林业科学 46: 9-15.
郭艳娜, 霍沁建, 袁玲 (2004) 森林土壤肥力概述. 中国农学通报 20: 143-145.
郝兴宇, 蔺银鼎, 武小钢, 王娟, 梁峰, 梁娟 (2007) 城市不同绿地垂直热力效应比较. 生态学报 27: 685-691.
何兴元, 刘常富, 陈玮, 关正君, 赵桂玲 (2004) 城市森林分类探讨. 生态学杂志 23: 175-178+185.
哈尔滨市统计局, 国家统计局哈尔滨调查队 (2013) 哈尔滨统计年鉴 2013. 北京: 中国统计出版社.
胡忠良, 潘根兴, 李恋卿, 杜有新, 王新洲 (2009) 贵州喀斯特山区不同植被下土壤C、N、P含量和空间异质性. 生态学报 29: 4187-4195.
纪浩, 董希斌 (2012) 大兴安岭低质林改造后土壤肥力综合评价. 林业科学 48: 117-123.
贾炜玮, 姜生伟, 李凤日 (2008) 黑龙江东部地区樟子松人工林单木生物量研究. 辽宁林业科技 (3): 5-9.
姜秀芬 (1982) 哈尔滨市平房区的鸟类——兼谈鸟类保护. 自然资源研究 (01): 77-80.
阚文杰, 吴启堂 (1994) 一个定量综合评价土壤肥力的方法初探. 土壤通报 25: 245-247.
匡文慧, 张树文, 张养贞, 盛艳 (2005) 1900年以来长春市土地利用空间扩张机理分析. 地理学报 60: 841-850.
李国松 (2012) 基于遥感技术的哈尔滨城市热岛效应缓解规划策略研究. 哈尔滨工业大学硕士学位论文.
李海梅, 何兴元, 陈玮, 徐文铎 (2004) 中国城市森林研究现状及发展趋势. 生态学杂志 23: 55-59.
李娟, 韩姣, 王晓娜, 李青梅, 孙悦, 赵珊珊 (2015) 行道树树种结构及健康评价的研究. 吉林林业科技 44: 16-20.
李强 (2012) 哈尔滨市园林植物食叶类害虫种类调查及防治. 北方园艺 (18): 113-115.
李强, 刘思婷 (2012) 哈尔滨市古树名木现状分析及保护对策研究. 安徽农业科学 40(24): 12144-12145.
李秀军, 李取生, 王志春, 刘兴土 (2002) 松嫩平原西部盐碱地特点及合理利用研究. 农业现代化研究 23: 361-364.
李晓娜 (2010) 帽儿山天然次生林常见下木生物量的相对生长与分配. 东北林业大学博士学位论文.
李英汉, 王俊坚, 陈雪, 孙建林, 曾辉 (2011) 深圳市居住区绿地植物冠层格局对微气候的影响. 应用生态学报 22: 343-349.
李永宁, 张宾兰, 秦淑英, 李帅英, 黄选瑞 (2008) 郁闭度及其测定方法研究与应用. 世界林业研究 21: 40-46.
李志国, 张过师, 刘毅, 万开元, 张润花 (2013) 湖北省主要城市园林绿地土壤养分评价. 应用生态学报 24: 2159-2165.
蔺银鼎, 韩学孟, 武小刚, 郝兴宇, 王娟, 梁锋, 梁娟, 王志红 (2006) 城市绿地空间结构对绿地生态场的影响. 生态学报 26: 3339-3346.
刘常富, 李海梅, 何兴元, 陈玮, 徐文铎, 赵桂玲, 宁祝华 (2003) 城市森林概念探析. 生态学杂志 22: 146-149.
刘常富, 李京泽, 李小马, 何兴元, 陈玮 (2009) 基于模拟景观的城市森林景观格局指数选取. 应用生态学报 20(5): 1125-1131.
刘常富, 张幔芳 (2012) 不同建筑密度下城市森林景观逆破碎化趋势. 西北林学院学报 27: 266-271.
刘建锋, 肖文发, 江泽平, 冯霞, 李秀英 (2005) 景观破碎化对生物多样性的影响. 林业科学研究 18(2): 222-226.
刘建中, 李振声, 李继云 (1994) 利用植物自身潜力提高土壤中磷的生物有效性. 中国生态农业学报 (1): 16-23.
刘娇妹, 李树华, 杨志峰 (2008) 北京公园绿地夏季温湿效应. 生态学杂志 27: 1972-1978.
刘玲, 方炎明, 王顺昌, 谢影, 杨聃聃 (2013) 7 种树木的叶片微形态与空气悬浮颗粒吸附及重金属累积特征. 环境科学 34: 2361-2367.
刘占锋, 傅伯杰, 刘国华, 朱永官 (2006) 土壤质量与土壤质量指标及其评价. 生态学报 26: 901-913.
路嘉丽, 沈光, 王琼, 任蔓莉, 裴忠雪, 魏晨辉, 王文杰 (2016) 树种差异对哈尔滨市土壤理化性质影响及造林启示. 植物研究 36: 549-555.
马建章 (1992) 黑龙江省鸟类志. 北京: 中国林业出版社.
马宁, 何兴元, 石险峰, 陈玮 (2011) 基于i-Tree模型的城市森林经济效益评估. 生态学杂志 30: 810-817.
马钦彦 (1989) 中国油松生物量的研究. 北京林业大学学报 (4): 1-10.
马克明, 傅伯杰, 郭旭东 (2001) 农业区城市化对植物多样性的影响: 遵化的研究. 应用生态学报 12: 837-840.
毛齐正, 罗上华, 马克明, 邬建国, 唐荣莉, 张育新, 宝乐, 张田 (2012) 城市绿地生态评价研究进展. 生态学报 32: 5589-5600.
聂绍荃, 杨福林 (1983) 关于哈尔滨市引种绿化树种雏议. 东北林学院学报(03): 20-24.
潘宏阳 (2002) 我国森林病虫害预防工作存在的问题与对策. 中国森林病虫 21: 42-47.
彭镇华 (2003) 中国城市森林. 北京: 中国林业出版社.
钱能志 (2005) 遵义市城区城市森林结构与生态功能研究. 南京林业大学博士学位论文.
秦耀民, 刘康, 王永军 (2006) 西安城市绿地生态功能研究. 生态学杂志 25: 135-139.
任志彬 (2014) 城市森林对城市热环境的多尺度调节作用研究——以长春市为例. 中国科学院大学博士学位论文.
阮亚男, 孙雨, 陈玮, 杨军, 阎红 (2009) 城市森林对沈阳市春季鸟类的影响. 辽宁工程技术大学学报 28: 307-309.
佘冬立, 邵明安, 俞双恩 (2010) 黄土高原水蚀风蚀交错带小流域土壤矿质氮空间变异性. 农业工程学报 26: 89-96.
沈一凡, 钱进芳, 郑小平, 袁紫倩, 黄坚钦, 温国胜, 吴家森 (2016) 山核桃中心产区林地土壤肥力的时空变化特征. 林业科学 52: 1-12.
司建华, 冯起, 鱼腾飞, 常宗强, 席海洋, 苏永红 (2009) 额济纳绿洲土壤养分的空间异质性. 生态学杂志 28: 2600-2606.

孙景波, 佟静秋, 牟长城, 常方圆 (2009) 哈尔滨城市人工林天然更新组成结构与年龄结构. 东北林业大学学报 37: 16-18.
孙雁, 刘志强, 王秋兵, 刘洪彬 (2012) 1910—2010 年沈阳城市土地利用空间结构演变特征. 地理科学进展 31(9): 1204-1211.
孙文静 (2008) 哈尔滨市绿地系统现状分析及规划研究. 东北林业大学硕士学位论文.
唐亚森, 张铮 (2007) 哈尔滨市主干道路绿化树种组成及结构分析. 林业勘查设计 (3): 56-59.
田绪庆, 陈为峰, 申宏伟 (2015) 日照市城区绿地土壤肥力质量评价. 水土保持研究 22: 138-143.
汪贵斌, 曹福亮, 程鹏, 陈雷, 刘婧, 李群 (2010) 不同银杏复合经营模式土壤肥力综合评价. 林业科学 46: 1-7.
汪瑛 (2011) 北京市行道树结构分析与健康评价. 中国林业科学研究院硕士学位论文.
王蕾, 高尚玉, 刘连友, 哈斯 (2006) 北京市11种园林植物滞留大气颗粒物能力研究. 应用生态学报 17: 4597-4601.
王槐, 许青(2002) 哈尔滨太平国际机场春季鸟类的群落结构. 东北林业大学学报 (04): 31-36.
王瑞静 (2012) 滨海城市木本植被多样性与储碳功能研究. 上海师范大学博士学位论文.
王辛芝, 张甘霖, 俞元春, 张金池 (2006) 南京城市土壤 pH 和养分的空间分布. 南京林业大学学报(自然科学版) 30: 69-72.
王雪梅, 柴仲平, 武红旗 (2016) 典型干旱荒漠绿洲区耕层土壤养分空间变异. 水土保持通报 36: 51-56.
王彦平, 陈水华, 丁平 (2004) 城市化对冬季鸟类取食集团的影响. 浙江大学学报(理学版) (03): 330-336+348.
王秋兵, 段迎秋, 魏忠义, 韩春兰, 孔令苏, 窦立珠 (2009) 沈阳市城市土壤有机碳空间变异特征研究. 土壤通报 40(2): 252-257.
王永, 李春阳, 李翠兰, 韩旖旎, 吕艳, 张晋京 (2011) 长春市不同利用方式土壤有机碳数量特征的初步研究. 吉林农业大学学报 33(1): 51-56.
王勇, 许洁, 杨刚, 李宏庆, 吴时英, 唐海明, 马波, 王正寰 (2014) 城市公共绿地常见木本植物组成对鸟类群落的影响. 生物多样性 22(02): 196-207.
魏晨辉, 沈光, 裴忠雪, 任蔓莉, 路嘉丽, 王琼, 王文杰 (2015) 不同植物种植对松嫩平原盐碱地土壤理化性质与细根生长的影响. 植物研究 35: 759-764.
吴征镒 (2003) 《世界种子植物科的分布区类型系统》的修订. 云南植物研究 (05): 535-538.
吴飞 (2012) 马鞍山市城市森林碳储量及分布格局研究. 安徽农业大学硕士学位论文.
吴泽民, 吴文友, 高健, 张少杰 (2003) 合肥市区城市森林景观格局分析. 应用生态学报 (12): 2117-2122.
肖路, 王文杰, 张丹, 何兴元, 魏晨辉, 吕海亮, 周伟, 张波 (2016) 哈尔滨市城市森林树种种类组成特征及配置合理性. 生态学杂志 35: 2074-2081
谢滨泽, 王会霞, 杨佳, 王彦辉, 石辉 (2014) 北京常见阔叶绿化植物滞留 $PM_{2.5}$ 能力与叶面微结构的关系. 西北植物学报 34: 2432-2438.
许大为, 刘小丹, 范光华, 许易梅 (2002) 哈尔滨市绿地系统现状的分析和调整对策. 东北林业大学学报 30: 131-136.
许青, 李炳辉, 林睿 (2003) 哈尔滨太平国际机场冬季鸟类组成及鸟撞预防措施效果的分析. 东北林业大学学报 (03): 41-43.

薛建华, 卓丽环 (2005) 黑龙江省主要城市绿化树种的应用研究. 哈尔滨师范大学自然科学学报 21: 99-102.

颜亮, 周广胜, 张峰, 隋兴华, 平晓燕 (2012) 内蒙古荒漠草原植被盖度的空间异质性动态分析. 生态学报 32: 4017-4024.

杨皓, 胡继伟, 黄先飞, 范明毅, 李婕羚 (2015) 喀斯特地区金刺梨种植基地土壤肥力研究. 水土保持研究 22: 50-55.

杨奇勇, 杨劲松, 刘广明 (2011) 土壤速效养分空间变异的尺度效应. 应用生态学报 22: 431-436.

张波, 王文杰, 周伟, 肖路, 吕海亮, 魏晨辉 (2016) 哈尔滨城市森林树木生长状况及各生长指标的相关性分析. 安徽农业科学 44: 127-128.

张波, 王文杰, 何兴元, 周伟, 肖路, 吕海亮, 魏晨辉 (2017) 哈尔滨城市森林遮荫和降温增湿效应差异及其影响因素. 生态学杂志 36(04): 951-961.

张丹 (2015) 城市化背景下城市森林结构与碳储量时空变化研究——以长春市为例. 中国科学院大学博士学位论文.

张建锋, 宋玉民, 邢尚军, 马丙尧, 郗金标 (2002) 盐碱地改良利用与造林技术. 东北林业大学学报 30: 124-129.

张丽娜, 李军, 范鹏, 曹裕, 居玛汗, 卡斯木 (2013) 黄土高原典型苹果园地深层土壤氮磷钾养分含量与分布特征. 生态学报 33: 1907-1915.

张莉燕, 盛建东, 武红旗, 朱建雯, 高军 (2009) 新疆柽柳立地土壤养分的空间变异特征. 林业科学 45: 54-60.

张明丽, 秦俊, 胡永红 (2008) 上海市植物群落降温增湿效果的研究. 北京林业大学学报 30: 39-43.

张全智, 王传宽 (2010) 6 种温带森林碳密度与碳分配. 中国科学: 生命科学 40: 621-631.

张同智, 高军, 刘传顺 (2010) 哈尔滨气温变化特征分析. 黑龙江气象 27: 7-10.

张伟, 刘淑娟, 叶莹莹, 陈洪松, 王克林, 韦国富 (2013) 典型喀斯特林地土壤养分空间变异的影响因素. 农业工程学报 29: 93-101.

张向华, 陆载涵, 宋小春 (2004) 图像测量技术在森林调查中的应用. 湖北工学院学报 19: 36-38.

张铮 (2007) 哈尔滨市道路绿化结构与改善小气候功能的研究. 东北林业大学硕士学位论文.

赵霞 (2008) 合肥市居住区绿化环境综合效益评价研究. 安徽农业大学硕士学位论文.

赵晨曦, 王玉杰, 王云琦, 张会兰 (2013) 细颗粒物($PM_{2.5}$)与植被关系的研究综述. 生态学杂志 32(8): 2203-2210.

赵雪梅, 孙向阳, 王海燕, 康向阳, 王玉红 (2009) 不同种植密度下三倍体毛白杨林地土壤的养分消耗. 东北林业大学学报 37: 42-44.

赵松婷, 李新宇, 李延明 (2014) 园林植物滞留不同粒径大气颗粒物的特征及规律. 生态环境学报 23(2): 271-276.

郑宝江, 潘磊 (2012) 黑龙江省外来入侵植物的种类组成. 生物多样性 20(02): 231-234.

中国科学院中国植物志编辑委员会 (2013) 中国植物志. 北京: 科学出版社.

中国林业局 (2016-9-12) 国家林业局关于着力开展森林城市建设的指导意见. http://www.forestry.gov.cn/main/4818/content-907127.html.

周立晨, 施文彧, 薛文杰, 王天厚, 葛振鸣, 周慧, 仲阳康 (2005) 上海园林绿地植被结构与温湿度关系浅析. 生态学杂志 24: 1102-1105.
周伟, 王文杰, 张波, 肖路, 吕海亮, 何兴元 (2017) 长春城市森林绿地土壤肥力评价研究. 生态学报 37: 1211-1220.
周伟, 王文杰, 何兴元, 张波, 肖路, 王琼, 吕海亮, 魏晨辉 (2018) 哈尔滨城市绿地土壤肥力及其空间特征. 林业科学 54: 9-17.
周以良 (2001) 黑龙江省植物志. 哈尔滨: 黑龙江科学技术出版社.
应天玉, 李明泽, 范文义 (2009) 哈尔滨城市森林碳储量的估算. 东北林业大学学报 37(9): 33-35.
尹锴, 赵千钧, 崔胜辉, 吝涛, 石龙宇 (2009) 城市森林景观格局与过程研究进展. 生态学报 29(1): 389-398.
应天玉, 李明泽, 范文义 (2009) 哈尔滨城市森林碳储量的估算. 东北林业大学学报 37(9): 33-35.
赵晨曦, 王玉杰, 王云琦, 张会兰 (2013) 细颗粒物($PM_{2.5}$)与植被关系的研究综述. 生态学杂志 32(8): 2203-2210.
邹春静, 卜军 (1995) 长白松人工林群落生物量和生产力的研究. 应用生态学报 (2): 123-127.
Agudelo-Castaneda DM, Teixeira EC, Schneider IL, Pereira FN, Oliveira ML, Taffarel SR, Sehn JL, Ramos CG, Silva LF (2016) Potential utilization for the evaluation of particulate and gaseous pollutants at an urban site near a major highway. Science of the Total Environment 543: 161-170.
Akinbode OM, Eludoyin AO, Fashae OA (2008) Temperature and relative humidity distributions in a medium-size administrative town in southwest Nigeria. Journal of Environmental Management 87: 95-105.
Alexandri E, Jones P (2008) Temperature decreases in an urban canyon due to green walls and green roofs in diverse climates. Building & Environment 43: 480-493.
Alvey AA (2006) Promoting and preserving biodiversity in the urban forest. Urban Forestry & Urban Greening 5: 195-201.
Amato-Lourenco LF, Moreira TC, de Oliveira Souza VC, Barbosa F Jr, Saiki M, Saldiva PH, Mauad T (2016) The influence of atmospheric particles on the elemental content of vegetables in urban gardens of Sao Paulo, Brazil. Environmental Pollution 216: 125-134.
Aldrich JW, Coffin RW (1980) Breeding bird populations from forest to suburbia after thirty-seven years. American Birads 34: 455-472.
Armson D, Stringer P, Ennos AR (2012) The effect of tree shade and grass on surface and globe temperatures in an urban area. Urban Forestry & Urban Greening 11: 245-255.
Aronson MFJ, La Sorte FA, Nilon CH, Katti M, Goddard MA, Lepczyk CA, Warren PS, Williams NSG, Cilliers S, Clarkson B, Dobbs C, Dolan R, Hedblom M, Klotz S, Kooijmans JL, Kühn I, MacGregor-Fors I, McDonnell M, Mörtberg U, Pyšek P, Siebert S, Sushinsky J, Werner P, Winter M (2014) A global analysis of the impacts of urbanization on bird and plant diversity reveals key anthropogenic drivers. Proceedings of the Royal Society of London B: Biological Sciences 281. doi: 10.1098/rspb.2013.3330.
Arx GV, Dobbertin M, Rebetez M (2012) Spatio-temporal effects of forest canopy on understory microclimate in a long-term experiment in Switzerland. Agricultural & Forest Meteorology 166-167: 144-155.
Augusto L, Ranger J, Binkley D, Rothe A (2002) Impact of several common tree species of European temperate forests on soil fertility. Annals of Forest Science 59: 233-253.

Amato-Lourenco LF, Moreira TC, de Oliveira Souza VC, Barbosa F Jr, Saiki M, Saldiva PH, Mauad T (2016) The influence of atmospheric particles on the elemental content of vegetables in urban gardens of Sao Paulo, Brazil. Environmental Pollution 216: 125-134.

Bader MD, Mooney SJ, Lee YJ, Sheehan D, Neckerman KM, Rundle AG, Teitler JO (2015) Development and deployment of the Computer Assisted Neighborhood Visual Assessment System (CANVAS) to measure health-related neighborhood conditions. Health & Place 31: 163-172.

Baranov A, Gordeev T, Kuzmin V (1955) Index florae Harbinensis. Harbin: Heilongjiang Publishing Group.

Barima YS, Angaman DM, N'Gouran K P, Koffi NA, Kardel F, De Canniere C, Samson R (2014) Assessing atmospheric particulate matter distribution based on Saturation Isothermal Remanent Magnetization of herbaceous and tree leaves in a tropical urban environment. Science of the Total Environment 470-471: 975-982.

Batterman S, Xu L, Chen F, Chen F, Zhong X (2016) Characteristics of $PM_{2.5}$ concentrations across Beijing during 2013-2015. Atmospheric Environment 145: 104-114.

Beisel JN, Moreteau JC (1997) A simple formula for calculating the lower limit of Shannon's diversity index. Ecological Modelling 99: 289-292.

Benedito E, Philippsen JS, Zawadzki CH (2009) Species composition and richness of avifauna in an urban area of southern Brazil. Acta Scientiarum Biological Sciences 32: 55-62.

Berry R, Livesley SJ, Lu A (2013) Tree canopy shade impacts on solar irradiance received by building walls and their surface temperature. Building & Environment 69: 91-100.

Biamonte E, Sandoval L, Chacón E, Barrantes G (2011) Effect of urbanization on the avifauna in a tropical metropolitan area. Landscape Ecology 26: 183-194.

Bonthoux S, Barnagaud J-Y, Goulard M, Balent G (2013) Contrasting spatial and temporal responses of bird communities to landscape changes. Oecologia 172: 563-574.

Burke JM, Zufall MJ, Ozkaynak H (2001) A population exposure model for particulate matter: case study results for $PM_{2.5}$ in Philadelphia, PA. Journal of Exposure Analysis & Environmental Epidemiology 11: 470-489.

Burton ML, Samuelson LJ, Mackenzie MD (2009) Riparian woody plant traits across an urban-rural landuse gradient and implications for watershed function with urbanization. Landscape and Urban Planning 90: 42-55.

Carreiro M, Howe K, Parkhurst D, Pouyat R (1999) Variation in quality and decomposability of red oak leaf litter along an urban-rural gradient. Biology and Fertility of Soils 30: 258-268.

Catford JA, Daehler CC, Murphy HT, Sheppard AW, Hardesty BD, Westcott DA, Rejmánek M, Bellingham PJ, Pergl J, Horvitz CC (2012) The intermediate disturbance hypothesis and plant invasions: Implications for species richness and management. Perspectives in Plant Ecology, Evolution and Systematics 14: 231-241.

Chen FS, Yavitt J, Hu XF (2014) Phosphorus enrichment helps increase soil carbon mineralization in vegetation along an urban-to-rural gradient, Nanchang, China. Applied Soil Ecology 75: 181-188.

Chen H, Zhang W, Gilliam F, Liu L, Huang J, Zhang T, Wang W, Mo J (2013) Changes in soil carbon sequestration in Pinus massoniana forests along an urban-to-rural gradient of southern China. Biogeosciences 10: 6609-6616.

Chen J (2007) Rapid urbanization in China: A real challenge to soil protection and food security. CATENA 69: 1-15.

Chen L, Liu C, Zou R, Yang M, Zhang Z (2016) Experimental examination of effectiveness of vegetation as bio-filter of particulate matters in the urban environment. Environmental Pollution 208: 198-208.

Chen TB, Zheng YM, Lei M, Huang ZC, Wu HT, Chen H, Fan KK, Yu K, Wu X, Tian QZ (2005) Assessment of heavy metal pollution in surface soils of urban parks in Beijing, China. Chemosphere 60: 542-551.

Chen WY (2015) The role of urban green infrastructure in offsetting carbon emissions in 35 major Chinese cities: A nationwide estimate. Cities 44: 112-120.

Chen X, Wang W, Liang H, Liu X, Da L (2014) Dynamics of ruderal species diversity under the rapid urbanization over the past half century in Harbin, Northeast China. Urban Ecosystems 17: 455-472.

Clarke KR, Stephenson W (1975) An Introduction to Numerical Classification. London: Academic Press.

Cornelis J, Hermy M (2004) Biodiversity relationships in urban and suburban parks in Flanders. Landscape and Urban Planning 69: 385-401.

Curnutt JL (2000) Host-area specific climatic-matching: similarity breeds exotics. Biological Conservation 94: 341-351.

Davidson EA, Janssens IA (2006) Temperature sensitivity of soil carbon decomposition and feedbacks to climate change. Nature 440: 165-173.

De Jong M, Joss S, Schraven D, Zhan C, Weijnen M (2015) Sustainable-smart-resilient-low carbon-eco-knowledge cities；making sense of a multitude of concepts promoting sustainable urbanization. Journal of Cleaner Production 109: 25-38.

De Nicola F, Maisto G, Prati MV, Alfani A (2008) Leaf accumulation of trace elements and polycyclic aromatic hydrocarbons (PAHs) in Quercus ilex L. Environmental Pollution 153: 376-383.

De Temmerman L, Waegeneers N, Ruttens A, Vandermeiren K (2015) Accumulation of atmospheric deposition of As, Cd and Pb by bush bean plants. Environmental Pollution 199: 83-88.

DeCandido R, A.Muir A, Gargiullo MB (2004) A first approximation of the historical and extant vascular flora of New York City: implications for native plant species conservation. Journal of the Torrey Botanical Society 131: 243-251.

Di GM, Holderegger R, Tobias S (2009) Effects of habitat and landscape fragmentation on humans and biodiversity in densely populated landscapes. Journal of Environmental Management 90: 2959-2968.

Dimoudi A, Kantzioura A, Zoras S, Pallas C, Kosmopoulos P (2013) Investigation of urban microclimate parameters in an urban center. Energy & Buildings 64: 1-9.

Dockery DW, Xu X, Spengler JD, Ware JH, Fay ME, Jr FB, Speizer FE (1993) An association between air pollution and mortality in six U.S. cities. New England Journal of Medicine 329: 1753-1759.

Douglas I (2012) Urban ecology and urban ecosystems: understanding the links to human health and well-being. Current Opinion in Environmental Sustainability 4: 385-392.

Drayton B, Primack RB (1996) Plant species lost in an isolated conservation area in Metropolitan Boston from 1894 to 1993. Conservation Biology 10: 30-39.

Dzierzanowski K, Popek R, Gawronska H, Saebo A, Gawronski SW (2011) Deposition of particulate matter of different size fractions on leaf surfaces and in waxes of urban forest species. International Journal of Phytoremediation 13: 1037-1046.

Edmondson JL, Davies ZG, McHugh N, Gaston KJ, Leake JR (2012) Organic carbon hidden in urban ecosystems. Scientific Reports 2: 1-7.

Edmondson JL, O'Sullivan OS, Inger R, Potter J, McHugh N, Gaston KJ, Leake JR (2014) Urban tree effects on soil organic carbon. PLoS ONE 9: e101872.

Escobedo F, Varela S, Zhao M, Wagner JE, Zipperer W (2010) Analyzing the efficacy of subtropical urban forests in offsetting carbon emissions from cities. Environmental Science & Policy 13: 362-372.

Escobedo FJ, Nowak DJ (2009) Spatial heterogeneity and air pollution removal by an urban forest. Landscape and Urban Planning 90: 102-110.

Faeth SH, Bang C, Saari S (2011) Urban biodiversity: patterns and mechanisms. Annals of the New York Academy of Sciences 1223: 69-81.

Fang C, Ma H, Wang J (2015) A Regional Categorization for "New-Type Urbanization" in China. PLoS ONE 10: e0134253.

Fang Y, Yoh M, Koba K, Zhu W, Takebayashi Y, Xiao Y, Lei C, Mo J, Zhang W, Lu X (2011) Nitrogen deposition and forest nitrogen cycling along an urban-rural transect in southern China. Global Change Biology 17: 872-885.

Fernandez V, Brown PH (2013) From plant surface to plant metabolism: The uncertain fate of foliar-applied nutrients. Frontiers in Plant Science 4: 289.

Fontana S, Sattler T, Bontadina F, Moretti M (2011) How to manage the urban green to improve bird diversity and community structure. Landscape and Urban Planning 101: 278-285.

Freer-Smith PH, Holloway S, Goodman A (1997) The uptake of particulates by an urban woodland: Site description and particulate composition. Environmental pollution (Barking, Essex: 1987) 95: 27-35.

Freer-Smith PH, El-Khatib AA, Taylor G (2004) Capture of particulate pollution by trees: A comparison of species typical of semi-arid areas (*Ficus nitida* and *Eucalyptus globulus*) with European and North American species. Water Air and Soil Pollution 155: 173-187.

Gao Q, Yu M (2014) Discerning fragmentation dynamics of tropical forest and wetland during reforestation, urban sprawl, and policy shifts. PLoS ONE 9: e113140 .

Gong C, Yu S, Joesting H, Chen J (2013) Determining socioeconomic drivers of urban forest fragmentation with historical remote sensing images. Landscape and Urban Planning 117: 57-65.

Good R (1964) The Geography of Flowering Plants. 3rd Ed. London: Longmans, Green and Co.

Gounaridis D, Zaimes GN, Koukoulas S (2014) Quantifying spatio-temporal patterns of forest fragmentation in Hymettus Mountain, Greece. Computers, Environment and Urban Systems 46: 35-44.

Greene CS, Millward AA (2016) Getting closure: The role of urban forest canopy density in moderating summer surface temperatures in a large city. Urban Ecosystems 20: 1-16.

Griew P, Hillsdon M, Foster C, Coombes E, Jones A, Wilkinson P (2013) Developing and testing a street audit tool using Google Street View to measure environmental supportiveness for physical activity. International Journal of Behavioral Nutrition and Physical Activity 10: 103.

Groffman PM, Cavender-Bares J, Bettez ND, Grove JM, Hall SJ, Heffernan JB, Hobbie SE, Larson KL, Morse JL, Neill C (2014) Ecological homogenization of urban USA. Frontiers in Ecology and the Environment 12: 74-81.

Groffman PM, Pouyat RV, McDonnell MJ, Pickett ST, Zipperer WC (1995) Carbon pools and trace gas fluxes in urban forest soils.//Lal R, Kimble J, Levine E, Stewart BA. Advances in Soil Science: Soil Management and Greenhouse Effect. Boca Raton: CRC Press, Inc.

Hamada S, Tanaka T, Ohta T (2013) Impacts of land use and topography on the cooling effect of green areas on surrounding urban areas. Urban Forestry & Urban Greening 12: 426-434.

Han W, Fang J, Guo D, Zhang Y (2005) Leaf nitrogen and phosphorus stoichiometry across 753

terrestrial plant species in China. New Phytologist 168: 377-385.
He C, Zhang D, Huang Q, Zhao Y (2016) Assessing the potential impacts of urban expansion on regional carbon storage by linking the LUSD-urban and InVEST models. Environmental Modelling & Software 75: 44-58.
Honnay O, Landuyt KPWV, Hermy M, Gulinck H (2003) Satellite based land use and landscape complexity indices as predictors for regional plant species diversity. Landscape and Urban Planning 63: 241-250.
Hoover CM, Heath LS (2011) Potential gains in C storage on productive forestlands in the northeastern United States through stocking management. Ecological Applications 21: 1154-1161.
Houghton RA, House J, Pongratz J, Van der Werf G, DeFries R, Hansen M, Quéré CL, Ramankutty N (2012) Carbon emissions from land use and land-cover change. Biogeosciences 9: 5125-5142.
Huang M, Cui P, He X (2018) Study of the cooling effects of urban green space in Harbin in terms of reducing the heat island effect. Sustainability 10, 1101.doi: 10.3390/su10041101.
Iida S, Nakashizuka T (1995) Forest fragmentation and its effect on species diversity in sub-urban coppice forests in Japan. Forest Ecology and Management 73: 197-210.
Jandl R, Lindner M, Vesterdal L, Bauwens B, Baritz R, Hagedorn F, Johnson DW, Minkkinen K, Byrne KA (2007) How strongly can forest management influence soil carbon sequestration? Geoderma 137: 253-268.
Janhäll S (2015) Review on urban vegetation and particle air pollution—Deposition and dispersion. Atmospheric Environment 105: 130-137.
Jim CY (2015) Thermal performance of climber greenwalls: Effects of solar irradiance and orientation. Applied Energy 154: 631-643.
Jim CY, Chen WY (2009a) Diversity and distribution of landscape trees in the compact Asian city of Taipei. Applied Geography 29: 577-587.
Jim CY, Chen WY (2009b) Ecosystem services and valuation of urban forests in China. Cities 26: 187-194.
Jim CY, Liu HT (2001) Species diversity of three major urban forest types in Guangzhou City, China. Forest Ecology & Management 146: 99-114.
Jim CY, Zhang H (2013) Species diversity and spatial differentiation of old-valuable trees in urban Hong Kong. Urban Forestry & Urban Greening 12: 171-182.
Jim CY, Zhang H (2015) Urbanization effects on spatial-temporal differentiation of tree communities in high-density residential areas. Urban Ecosystems 18: 10811-1101.
Jo H-K (2002) Impacts of urban greenspace on offsetting carbon emissions for middle Korea. Journal of Environmental Management 64: 115-126.
Johnson PT, Hoverman JT, McKenzie VJ, Blaustein AR, Richgels KL (2013) Urbanization and wetland communities: Applying metacommunity theory to understand the local and landscape effects. Journal of Applied Ecology 50: 34-42.
Jokimäki J (1999) Occurrence of breeding bird species in urban parks: effects of park structure and broad-scale variables. Urban Ecosystems 3: 21-34.
Jonsson P (2004) Vegetation as an urban climate control in the subtropical city of Gaborone, Botswana. International Journal of Climatology 24: 1307-1322.
Kaye JP, McCulley RL, Burke IC (2005) Carbon fluxes, nitrogen cycling, and soil microbial communities in adjacent urban, native and agricultural ecosystems. Global Change Biology 11: 575-587.
Kendal D, Dobbs C, Lohr VI (2014) Global patterns of diversity in the urban forest: Is there evidence

to support the 10/20/30 rule? Urban Forestry & Urban Greening 13: 411-417.

Kendall M, Pala K, Ucakli S, Gucer S (2011) Airborne particulate matter ($PM_{2.5}$ and PM_{10}) and associated metals in urban Turkey. Air Quality, Atmosphere & Health 4: 235-242.

Kenney WA, van Wassenaer PJ, Satel AL (2011) Criteria and indicators for strategic urban forest planning and management. Arboriculture & Urban Forestry 37: 108-117.

Knapp S, Kühn I, Schweiger O, Klotz S (2008) Challenging urban species diversity: Contrasting phylogenetic patterns across plant functional groups in Germany. Ecology Letters 11: 1054-1064.

Knapp S, Kühn I, Stolle J, Klotz S (2010) Changes in the functional composition of a Central European urban flora over three centuries. Perspectives in Plant Ecology, Evolution and Systematics 12: 235-244.

Koerner BA, Klopatek JM (2010) Carbon fluxes and nitrogen availability along an urban-rural gradient in a desert landscape. Urban Ecosystems 13: 1-21.

Kong F, Nakagoshi N (2006) Spatial-temporal gradient analysis of urban green spaces in Jinan, China. Landscape and Urban Planning 78: 147-164.

Konijnendijk CC, Ricard RM, Kenney A, Randrup TB (2006) Defining urban forestry—A comparative perspective of North America and Europe. Urban Forestry & Urban Greening 4(3-4): 93-103.

Larondelle N, Haase D (2013) Urban ecosystem services assessment along a rural-urban gradient: A cross-analysis of European cities. Ecological Indicators 29: 179-190.

Li J, Min Q, Li W, Bai Y, Dhruba BGC, Yuan Z (2014) Spatial variability analysis of soil nutrients based on GIS and geostatistics: A case study of Yisa Township, Yunnan, China. Journal of Resources & Ecology 5: 348-355.

Li WF, Bai Y, Chen QW, He K, Ji XH, Han CM (2014) Discrepant impacts of land use and land cover on urban heat islands: A case study of Shanghai, China. Ecological Indicators 47: 171-178.

Li X, Zhang C, Li W, Ricard R, Meng Q, Zhang W (2015) Assessing street-level urban greenery using Google Street View and a modified green view index. Urban Forestry & Urban Greening 14: 675-685.

Li X, Zhou W, Ouyang Z (2013) Relationship between land surface temperature and spatial pattern of greenspace: What are the effects of spatial resolution? Landscape and Urban Planning 114: 1-8.

Li X, Zhou W, Ouyang Z, Xu W, Zheng H (2012) Spatial pattern of greenspace affects land surface temperature: evidence from the heavily urbanized Beijing metropolitan area, China. Landscape Ecology 27: 887-898.

Li Y, Wang H, Wang W, Yang L, Zu Y (2013) Ectomycorrhizal influence on particle size, surface structure, mineral crystallinity, functional groups, and elemental composition of soil colloids from different soil origins. The Scientific World Journal 2013, doi: 10.1155/2013/698752.

Liu C, Li X (2012) Carbon storage and sequestration by urban forests in Shenyang, China. Urban Forestry & Urban Greening 11: 121-128.

Liu GR, Peng X, Wang RK, Tian YZ, Shi GL, Wu JH, Zhang P, Zhou LD, Feng YC (2015) A new receptor model-incremental lifetime cancer risk method to quantify the carcinogenic risks associated with sources of particle-bound polycyclic aromatic hydrocarbons from Chengdu in China. Journal of Hazardous Materials 283: 462-468.Liu S, Hite D (2013) Measuring the effect of green space on property value: An application of the hedonic spatial quantile regression. Orlando: Southern Agricultural Economics Association, Annual Meeting Paper.

Liu XL, Li T, Zhang SR, Jia YX, Li Y, Xu XX (2016) The role of land use, construction and road on terrestrial carbon stocks in a newly urbanized area of western Chengdu, China. Landscape and

Urban Planning 147: 88-95.
Lv H, Wang W, He X, Xiao L, Zhou W, Zhang B (2016) Quantifying tree and soil carbon stocks in a temperate urban forest in Northeast China. Forests 7: 200.
Magnago LFS, Magrach A, Laurance WF, Martins SV, Meira-Neto JAA, Simonelli M, Edwards DP (2015) Would protecting tropical forest fragments provide carbon and biodiversity cobenefits under REDD plus? Global Change Biology 21: 3455-3468.
Magurran AE (2003) Measuring Biological Diversity. Massachusetts: Blackwell Publishing Ltd.
Matos FAR, Magnago LFS, Gastauer M, Carreiras J, Simonelli M, Meira-Neto JAA, Edwards DP (2016) Effects of landscape configuration and composition on phylogenetic diversity of trees in a highly fragmented tropical forest. Journal of Ecology 10.1111/1365-2745.12661.
McKinney ML (2002) Urbanization, biodiversity, and conservation. BioScience 52: 883-890.
McKinney ML (2006) Correlated non-native species richness of birds, mammals, herptiles and plants: Scale effects of area, human population and native plants. Biological Invasions 8: 415-425.
McPherson EG, Simpson JR, Xiao Q, Wu C (2011) Million trees Los Angeles canopy cover and benefit assessment. Landscape and Urban Planning 99: 40-50.
McPherson EG, Xiao QF, Aguaron E (2013) A new approach to quantify and map carbon stored, sequestered and emissions avoided by urban forests. Landscape and Urban Planning 120: 70-84.
Meineke EK, Dunn RR, Sexton JO, Frank SD (2013) Urban warming drives insect pest abundance on street trees. PLoS ONE 8: e59687.
Melles S, Glenn S, Martin K (2003) Urban bird diversity and landscape complexity: Species-environment associations along a multiscale habitat gradient. Conservation Ecology 7: 5-28.
Miller MD (2012) The impacts of Atlanta's urban sprawl on forest cover and fragmentation. Applied Geography 34: 171-179.
Millward AA, Sabir S (2011) Benefits of a forested urban park: What is the value of Allan Gardens to the city of Toronto, Canada? Landscape and Urban Planning 100: 177-188.
Mooney HA, Hobbs RJ (2000) Invasive Species in A Changing World. Washington DC: Island Press.
Mullaney J, Lucke T, Trueman SJ (2015) A review of benefits and challenges in growing street trees in paved urban environments. Landscape and Urban Planning 134: 157-166.
Myers AA, Giller PS (1988) Analytical Biogeography: An Integrated Approach to the Study of Animal and Plant Distributions. London & New York: Chapman & Hall.
Nagendra H, Gopal D (2010) Street trees in Bangalore: density, diversity, composition and distribution. Urban Forestry & Urban Greening 9: 129-137.
Nasir RA, Ahmad SS, Zain-Ahmed A, Ibrahim N (2015) Adapting human comfort in an urban area: The role of tree shades towards urban regeneration. Procedia-Social and Behavioral Sciences 170: 369-380.
Nowak DJ (1993) Atmospheric carbon-reduction by urban trees. Journal of Environmental Management 37: 207-217.
Nowak DJ, Crane DE (2002) Carbon storage and sequestration by urban trees in the USA. Environmental Pollution 116: 381-389.
Nowak DJ, Greenfield EJ, Hoehn RE, Lapoint E (2013a) Carbon storage and sequestration by trees in urban and community areas of the United States. Environmental Pollution 178: 229-236.
Nowak DJ, Hirabayashi S, Bodine A, Hoehn R (2013b) Modeled $PM_{2.5}$ removal by trees in ten U.S. cities and associated health effects. Environmental Pollution 178: 395-402.
Nowak DJ, Hoehn RE, Bodine AR, Greenfield EJ, O'Neil-Dunne J (2013c) Urban forest structure, ecosystem services and change in Syracuse, NY. Urban Ecosystems 19: 1455-1477.

Nowak DJ, Stevens JC, Sisinni SM, Luley CJ (2002) Effects of urban tree management and species selection on atmospheric carbon dioxide. Journal of Arboriculture 28: 113-122.
Oliveira S, Andrade H, Vaz T (2011) The cooling effect of green spaces as a contribution to the mitigation of urban heat: A case study in Lisbon. Building & Environment 46: 2186-2194.
Ottelé M, van Bohemen HD, Fraaij ALA (2010) Quantifying the deposition of particulate matter on climber vegetation on living walls. Ecological Engineering 36: 154-162.
Pautasso M, Böhning-Gaese K, Clergeau P, Cueto VR, Dinetti M, Fernández-Juricic E, Kaisanlahti-Jokimäki M-L, Jokimäki J, McKinney ML, Sodhi NS (2011) Global macroecology of bird assemblages in urbanized and semi-natural ecosystems. Global Ecology and Biogeography 20: 426-436.
Peng G, Bing W, Guangpo G, Guangcan Z (2013) Spatial distribution of soil organic carbon and total nitrogen based on GIS and geostatistics in a small watershed in a hilly area of northern China. PLoS ONE 8: e83592.
Perini K, Ottelé M, Haas EM, Raiteri R (2013) Vertical greening systems, a process tree for green façades and living walls. Urban Ecosystems 16: 265-277.
Popek R, Gawronska H, Wrochna M, Gawronski SW, Saebo A (2013) Particulate matter on foliage of 13 woody species: deposition on surfaces and phytostabilisation in waxes. International Journal of Phytoremediation 15: 245-256.
Potchter O, Cohen P, Bitan A (2006) Climatic behavior of various urban parks during hot and humid summer in the mediterranean city of Tel Aviv, Israel. International Journal of Climatology 26: 1695-1711.
Poudyal NC, Siry JP, Bowker JM (2010) Urban forests' potential to supply marketable carbon emission offsets: A survey of municipal governments in the United States. Forest Policy and Economics 12: 432-438.
Pouyat R, Groffman P, Yesilonis I, Hernandez L (2002) Soil carbon pools and fluxes in urban ecosystems. Environmental Pollution 116: S107-S118.
Pouyat RV, Yesilonis ID, Nowak DJ (2006) Carbon storage by urban soils in the United States. Journal of Environmental Quality 35: 1566-1575.
Primack RB, Miller-Rushing AJ, Dharaneeswaran K (2009) Changes in the flora of Thoreau's Concord. Biological Conservation 142: 500-508.
Przybysz A, Saebo A, Hanslin HM, Gawronski SW (2014) Accumulation of particulate matter and trace elements on vegetation as affected by pollution level, rainfall and the passage of time. The Science of the Total Environment 481: 360-369.
Raciti SM, Groffman PM, Jenkins JC, Pouyat RV, Fahey TJ, Pickett STA, Cadenasso ML (2011) Accumulation of carbon and nitrogen in residential soils with different land-use histories. Ecosystems 14: 287-297.
Raciti SM, Hutyra LR, Finzi AC (2012) Depleted soil carbon and nitrogen pools beneath impervious surfaces. Environmental Pollution 164: 248-251.
Raupp MJ, Cumming AB, Raupp EC (2006) Street tree diversity in eastern North America and its potential for tree loss to exotic borers. Arboriculture and Urban Forestry 32: 297-304.
Reisinger TW, Simmons GL, Pope PE (1988) The impact of timber harvesting on soil properties and seedling growth in the South. Southern Journal of Applied Forestry 12: 58-67.
Ren Y, Wei X, Wang D, Luo Y, Song X, Wang Y, Yang Y, Hua L (2013) Linking landscape patterns with ecological functions: A case study examining the interaction between landscape heterogeneity and carbon stock of urban forests in Xiamen, China. Forest Ecology and Management 293: 122-131.

Ren Y, Wei X, Wei XH, Pan JZ, Xie PP, Song XD, Peng D, Zhao JZ (2011) Relationship between vegetation carbon storage and urbanization: A case study of Xiamen, China. Forest Ecology and Management 261: 1214-1223.

Ren Y, Yan J, Wei XH, Wang YJ, Yang YS, Hua LH, Xiong YZ, Niu X, Song XD (2012) Effects of rapid urban sprawl on urban forest carbon stocks: Integrating remotely sensed, GIS and forest inventory data. Journal of Environmental Management 113: 447-455.

Ren Z, He X, Zheng H, Zhang D, Yu X, Shen G, Guo R (2013) Estimation of the relationship between urban park characteristics and park cool island intensity by remote sensing data and field measurement. Forests 4: 868-886.

Ren Z, Zheng H, He X, Zhang D, Yu X (2015) Estimation of the relationship between urban vegetation configuration and land surface temperature with remote sensing. Journal of the Indian Society of Remote Sensing 43: 89-100.

Richards DR, Edwards PJ (2017) Quantifying street tree regulating ecosystem services using Google Street View. Ecological Indicators 77: 31-40.

Saebo A, Popek R, Nawrot B, Hanslin HM, Gawronska H, Gawronski SW (2012) Plant species differences in particulate matter accumulation on leaf surfaces. Science of the Total Environment 427-428: 347-354.

Santamour Jr FS (2004) Trees for urban planting: Diversity, uniformity, and common Sense.//Elevitch CR. The Overstory Book: Cultivating Connections with Trees, 2nd Edition. Holualoa: Permanent Agriculture Resources.

Scharenbroch BC, Lloyd JE, Johnson-Maynard JL (2005) Distinguishing urban soils with physical, chemical, and biological properties. Pedobiologia 49: 283-296.

Scott Shafer C, Scott D, Baker J, Winemiller K (2013) Recreation and amenity values of urban stream corridors: implications for green infrastructure. Journal of Urban Design 18: 478-493.

Setala H, Viippola V, Rantalainen AL, Pennanen A, Yli-Pelkonen V (2013) Does urban vegetation mitigate air pollution in northern conditions? Environmental Pollution 183: 104-112.

Sgrigna G, Baldacchini C, Esposito R, Calandrelli R, Tiwary A, Calfapietra C (2016) Characterization of leaf-level particulate matter for an industrial city using electron microscopy and X-ray microanalysis. The Science of the Total Environment 548-549: 91-99.

Sgrigna G, Saebo A, Gawronski S, Popek R, Calfapietra C (2015) Particulate matter deposition on *Quercus ilex* leaves in an industrial city of central Italy. Environmental Pollution 197: 187-194.

Shah PS, Balkhair T (2011) Air pollution and birth outcomes: A systematic review. Environment International 37: 498-516.

Shahid M, Dumat C, Khalid S, Schreck E, Xiong T, Niazi NK (2017) Foliar heavy metal uptake, toxicity and detoxification in plants: A comparison of foliar and root metal uptake. Journal of Hazardous Materials 325: 36-58.Shakeel T, Conway TM (2014) Individual households and their trees: Fine-scale characteristics shaping urban forests. Urban Forestry & Urban Greening 13: 136-144.

Sharma CM, Baduni NP, Gairola S, Ghildiyal SK, Suyal S (2010) Tree diversity and carbon stocks of some major forest types of Garhwal Himalaya, India. Forest Ecology and Management 260: 2170-2179.

Shashua-Bar L, Hoffman ME (2000) Vegetation as a climatic component in the design of an urban street: An empirical model for predicting the cooling effect of urban green areas with trees. Energy & Buildings 31: 221-235.

Sjöman H, Nielsen AB (2010) Selecting trees for urban paved sites in Scandinavia—A review of information on stress tolerance and its relation to the requirements of tree planners. Urban

Forestry & Urban Greening 9: 281-293.

Solecki WD, Rosenzweig C, Parshall L, Pope G, Clark M, Cox J, Wiencke M (2005) Mitigation of the heat island effect in urban New Jersey. Environmental Hazards 6: 39-49.

Song Y, Maher BA, Li F, Wang X, Sun X, Zhang H (2015) Particulate matter deposited on leaf of five evergreen species in Beijing, China: Source identification and size distribution. Atmospheric Environment 105: 53-60.

Standley LA (2003) Flora of Needham, Massachusetts -100 years of floristic change. Rhodora 105: 354-378.

Strassburg BB, Kelly A, Balmford A, Davies RG, Gibbs HK, Lovett A, Miles L, Orme CDL, Price J, Turner RK (2010) Global congruence of carbon storage and biodiversity in terrestrial ecosystems. Conservation Letters 3: 98-105.

Su S, Xiao R, Jiang Z, Zhang Y (2012) Characterizing landscape pattern and ecosystem service value changes for urbanization impacts at an eco-regional scale. Applied Geography 34: 295-305.

Sutherland WJ, Newton I, Green R (2004) Bird Ecology and Conservation: A Handbook of Techniques. Oxford and New York: Oxford University Press.

Tallis M, Taylor G, Sinnett D, Freer-Smith P (2011) Estimating the removal of atmospheric particulate pollution by the urban tree canopy of London, under current and future environments. Landscape and Urban Planning 103: 129-138.

Tang Y, Chen A, Zhao S (2016) Carbon storage and sequestration of urban street trees in Beijing, China. Frontiers in Ecology and Evolution 4: 53.

Terzaghi E, Wild E, Zacchello G, Cerabolini BEL, Jones KC, Di Guardo A (2013) Forest Filter Effect: Role of leaves in capturing/releasing air particulate matter and its associated PAHs. Atmospheric Environment 74: 378-384.

Tilghman NG (1987) Characteristics of urban woodlands affecting breeding bird diversity and abundance. Landscape and Urban Planning 14: 481-495.

Timilsina N, Escobedo FJ, Staudhammer CL, Brandeis T (2014) Analyzing the causal factors of carbon stores in a subtropical urban forest. Ecological Complexity 20: 23-32.

Tran H, Uchihama D, Ochi S, Yasuoka Y (2006) Assessment with satellite data of the urban heat island effects in Asian mega cities. International Journal of Applied Earth Observation & Geoinformation 8: 34-48.

Trumble JT, Butler CD (2009) Climate change will exacerbate California's insect pest problems. California Agriculture 63: 73-78.

Tscharntke T, Steffan-Dewenter I, Kruess A, Thies C (2002) Contribution of small habitat fragments to conservation of insect communities of grassland-cropland landscapes. Ecological Applications 12: 354-363.

Tsiros IX (2010) Assessment and energy implications of street air temperature cooling by shade trees in Athens (Greece) under extremely hot weather conditions. Renewable Energy 35: 1866-1869.

Tucker D, Gage SH, Williamson I, Fuller S (2014) Linking ecological condition and the soundscape in fragmented Australian forests. Landscape Ecology 29: 745-758.

Turner MG (1989) Landscape ecology: The effect of pattern on process. Annual Review of Ecology and Systematics 20: 171-197.

Tzoulas K, Korpela K, Venn S, Yli-Pelkonen V, Kaźmierczak A, Niemela J, James P (2007) Promoting ecosystem and human health in urban areas using Green Infrastructure: A literature review. Landscape and Urban Planning 81: 167-178.

United Nations (2014) Department of Economic and Social Affairs Population Division. New York: World Population Prospects: The 2014 Revision.

Uuemaa E, Mander Ü, Marja R (2013) Trends in the use of landscape spatial metrics as landscape indicators: A review. Ecological Indicators 28: 100-106.

Vailshery LS, Jaganmohan M, Nagendra H (2013) Effect of street trees on microclimate and air pollution in a tropical city. Urban Forestry and Urban Greening 12: 408-415.

Valdez VC, Ruiz-Luna A (2016) Effects of land use changes on ecosystem services value provided by coastal wetlands: Recent and future landscape scenarios. Journal of Coastal Zone Management doi: 10.4172/2473-3350.1000418.

Van Meter KJ, Basu NB (2015) Signatures of human impact: Size distributions and spatial organization of wetlands in the Prairie Pothole landscape. Ecological Applications 25: 451-465.

Walker JS, Grimm NB, Briggs JM, Gries C, Dugan L (2009) Effects of urbanization on plant species diversity in central Arizona. Frontiers in Ecology and the Environment 7: 465-470.

Wang CK (2006) Biomass allometric equations for 10 co-occurring tree species in Chinese temperate forests. Forest Ecology and Management 222: 9-16.

Wang HX, Wang YH, Yang J, Xie BZ (2015) Morphological structure of leaves and particulate matter capturing capability of common broad-leaved plant species in Beijing. International Conference on Industrial Technology and Management Science: 581-584.

Wang L, Gong H, Liao W, Wang Z (2015) Accumulation of particles on the surface of leaves during leaf expansion. The Science of the Total Environment 532: 420-434.

Wang L, Liu L-y, Gao S-y, Hasi E, Wang Z (2006) Physicochemical characteristics of ambient particles settling upon leaf surfaces of urban plants in Beijing. Journal of Environmental Sciences 18: 921-926.

Wang Q, Wang Y, Wang S, He T, Liu L (2014) Fresh carbon and nitrogen inputs alter organic carbon mineralization and microbial community in forest deep soil layers. Soil Biology and Biochemistry 72: 145-151.

Wang W, Huang MJ, Kang Y, Wang HS, Leung AO, Cheung KC, Wong MH (2011a) Polycyclic aromatic hydrocarbons (PAHs) in urban surface dust of Guangzhou, China: Status, sources and human health risk assessment. The Science of the Total Environment 409: 4519-4527.

Wang W, Qiu L, Zu Y, Su D, An J, Wang H, Zheng G, Sun W, Sun X (2011b) Changes in soil organic carbon, nitrogen, pH and bulk density with the development of larch (*Larix gmelinii*) plantations in China. Global Change Biology 17: 2657-2676.

Wang W, Lu J, Du H, Wei C, Wang H, Fu Y, He X (2017) Ranking thirteen tree species based on their impact on soil physiochemical properties, soil fertility, and carbon sequestration in Northeastern China. Forest Ecology and Management 404: 214-229.

Wang W, Su D, Qiu L, Wang H, An J, Zheng G, Zu Y (2013) Concurrent changes in soil inorganic and organic carbon during the development of larch (*Larix gmelinii*) plantations and their effects on soil physicochemical properties. Environmental Earth Sciences 69: 1559-1570.

Wang W, Wang H, Xiao L, He X, Zhou W, Wang Q, Wei C (2018a) Microclimate regulating functions of urban forests in Changchun City (north-east China) and their associations with different factors. iForest-Biogeosciences and Forestry 11: 140-147.

Wang W, Wang Q, Zhou W, Xiao L, Wang H, He X (2018b) Glomalin changes in urban-rural gradients and their possible associations with forest characteristics and soil properties in Harbin City, Northeastern China. Journal of Environmental Management 224: 225-234.

Wang W, Xiao L, Zhang J, Yang Y, Tian P, Wang H, He X (2018c) Potential of internet street-view images for measuring tree sizes in roadside forests. Urban Forestry & Urban Greening 35:

211-220.

Wang W, Zhang B, Xiao L, Zhou W, Wang H, He X (2018d) Decoupling forest characteristics and background conditions to explain urban-rural variations of multiple microclimate regulation from urban trees. PeerJ 6: e5450.

Wang W, Wang H, Zu Y (2014) Temporal changes in SOM, N, P, K, and their stoichiometric ratios during reforestation in China and interactions with soil depths: Importance of deep-layer soil and management implications. Forest Ecology and Management 325: 8-17.

Wang YF, Bakker F, Groot RD, Wortche H, Leemans R (2015) Effects of urban trees on local outdoor microclimate: synthesizing field measurements by numerical modelling. Urban Ecosystems 18: 1305-1331.

Wu KY, Ye XY, Qi ZF, Zhang H (2013) Impacts of land use/land cover change and socioeconomic development on regional ecosystem services: The case of fast-growing Hangzhou metropolitan area, China. Cities 31: 276-284.

Xiao J, Shen Y, Ge J, Tateishi R, Tang C, Liang Y, Huang Z (2006) Evaluating urban expansion and land use change in Shijiazhuang, China, by using GIS and remote sensing. Landscape and Urban Planning 75: 69-80.

Xiao L, Wang W, He X, Lü H, Wei C, Zhou W, Zhang B (2016) Urban-rural and temporal differences of woody plants and bird species in Harbin city, northeastern China. Urban Forestry & Urban Greening 20: 20-31.

Yan H, Liu J, Huang HQ, Tao B, Cao M (2009) Assessing the consequence of land use change on agricultural productivity in China. Global and Planetary Change 67: 13-19.

Yang J, McBride J, Zhou J, Sun Z (2005) The urban forest in Beijing and its role in air pollution reduction. Urban Forestry & Urban Greening 3: 65-78.

Ye Y, Lin S, Wu J, Li J, Zou J, Yu D (2012) Effect of rapid urbanization on plant species diversity in municipal parks, in a new Chinese city: Shenzhen. Acta Ecologica Sinica 32: 221-226.

Yoon TK, Park CW, Lee SJ, Ko S, Kim KN, Son Y, Lee KH, Oh S, Lee WK, Son Y (2013) Allometric equations for estimating the aboveground volume of five common urban street tree species in Daegu, Korea. Urban Forestry & Urban Greening 12: 344-349.

Zerbe S, Maurer U, Schmitz S, Sukopp H (2003) Biodiversity in Berlin and its potential for nature conservation. Landscape and Urban Planning 62: 139-148.

Zhai C, Wang W, He X, Zhou W, Xiao L, Zhang B (2017) Urbanization Drives SOC Accumulation, Its Temperature Stability and Turnover in Forests, Northeastern China. Forests 8: 130.

Zhang D, Zheng H, He X, Ren Z, Zhai C, Yu X, Mao Z, Wang P (2015a) Effects of forest type and urbanization on species composition and diversity of urban forest in Changchun, Northeast China. Urban Ecosystems 19: 455-473.

Zhang D, Zheng H, Ren Z, Zhai C, Shen G, Mao Z, Wang P, He X (2015b) Effects of forest type and urbanization on carbon storage of urban forests in Changchun, Northeast China. Chinese Geographical Science 25: 147-158.

Zhang H, Jim CY (2014) Contributions of landscape trees in public housing estates to urban biodiversity in Hong Kong. Urban Forestry & Urban Greening 13: 272-284.

Zhang J, Huang XY (2009) Measuring method of tree height based on digital image processing technology.//ICISE'09 Proceedings of the 2009 First IEEE International Conference on Information Science and Engineering. Washington DC: IEEE Computer Society: 1327-1331.

Zhang S, Xia C, Li T, Wu C, Deng O, Zhong Q, Xu X, Yun L, Jia Y (2016) Spatial variability of soil

nitrogen in a hilly valley: Multiscale patterns and affecting factors. Science of the Total Environment 563-564: 10-18.
Zhang Z, Lv Y, Pan H (2013) Cooling and humidifying effect of plant communities in subtropical urban parks. Urban Forestry and Urban Greening 12: 323-329.
Zhao M, Kong ZH, Escobedo FJ, Gao J (2010) Impacts of urban forests on offsetting carbon emissions from industrial energy use in Hangzhou, China. Journal of Environmental Management 91: 807-813.
Zhou Y, Biswas A, Ma Z, Lu Y, Chen Q, Shi Z (2016) Revealing the scale-specific controls of soil organic matter at large scale in Northeast and North China Plain. Geoderma 271: 71-79.

编 后 记

《博士后文库》（以下简称《文库》）是汇集自然科学领域博士后研究人员优秀学术成果的系列丛书。《文库》致力于打造专属于博士后学术创新的旗舰品牌，营造博士后百花齐放的学术氛围，提升博士后优秀成果的学术和社会影响力。

自《文库》出版资助工作开展以来，得到了全国博士后管理委员会办公室、中国博士后科学基金会、中国科学院、科学出版社等有关单位领导的大力支持，众多热心博士后事业的专家学者给予了积极的建议，工作人员做了大量艰苦细致的工作。在此，我们一并表示感谢！

《博士后文库》编委会